ÖSTERREICHISCHE AKADEMIE DER WISSENSCHAFTEN
MATHEMATISCH-NATURWISSENSCHAFTLICHE KLASSE,
DENKSCHRIFTEN, 111. BAND.

Ergebnisse der Botanischen Expedition der kaiserlichen Akademie der Wissenschaften nach Südbrasilien 1901

II. Band (Thallophyta und Bryophyta), herausgegeben von
PROF. DR. V. SCHIFFNER†

Hepaticae (Lebermoose)

Bearbeitung begonnen von V. SCHIFFNER†, fortgeführt von S. ARNELL, Stockholm

Für die Drucklegung vorbereitet von K. FITZ,
Botanische Abteilung des Naturhistorischen Museums, Wien

Mit 158 Abbildungen auf XIV Tafeln

WIEN 1964

IN KOMMISSION bei Springer-Verlag Wien

ISBN-13: 978-3-211-86303-9   e-ISBN-13: 978-3-7091-5790-9
DOI: 10.1007/978-3-7091-5790-9

Vorwort

Prof. Dr. Viktor Schiffner †*), Wien, brachte als Teilnehmer an der Botanischen Expedition der kaiserlichen Akademie der Wissenschaften in Wien nach Südbrasilien im Jahre 1901 daselbst eine umfangreiche Sammlung von Lebermoosen zustande, die nach seinem Ableben an die Botanische Abteilung des Naturhistorischen Museums in Wien kam. Einen großen Teil seiner Aufsammlungen hat Schiffner noch selbst bearbeitet, seine Ergebnisse sind jedoch nie veröffentlicht worden. Schiffners hinterlassene Aufzeichnungen hierüber umfassen fertiggestellte Bearbeitungen einer Reihe von Gattungen sowie begonnene Bearbeitungen einer Reihe weiterer Gattungen, ferner eine große Zahl mit dem Zeichenapparat skizzenhaft ausgeführter mikroskopischer Bleistiftzeichnungen zu untersuchten Originalexemplaren und neubeschriebenen oder kritischen Arten.

Durch freundliche Vermittlung von Dr. Herman Persson hat sich Herr Dr. Sigfrid Arnell, Stockholm, in dankenswerter Weise der mühevollen Arbeit unterzogen, diese Aufzeichnungen zu einem Manuskript zusammenzustellen, Unvollendetes zu Ende zu führen und Fehlendes an Hand des Schiffnerschen Pflanzenmaterials zu ergänzen. Dabei wurde der von Schiffners Hand bereits vorliegende Text nur in sprachlicher oder formeller Hinsicht geändert, nicht aber in sachlicher Hinsicht; seine Auffassung von Arten, Varietäten und Formen ist die zu seiner Zeit übliche; sie entspricht daher nicht der heute herrschenden. Insbesondere war ihm der Begriff der Modifikation (etwa im Sinne Buchs) ganz fremd.

Die vorliegende Veröffentlichung bezweckt nicht nur, das von Schiffner gesammelte reiche Material bekannt und damit für weitere Untersuchungen nutzbar zu machen, sondern sie schien auch im Hinblick auf die geringe Zahl einschlägiger Publikationen über südamerikanische Lebermoose von Wert zu sein. In der dafür zur Verfügung gestandenen verhältnismäßig kurzen Zeitspanne war es natürlich nicht möglich gewesen, den Inhalt der einzelnen Konvolute auch auf solche Arten hin genau zu überprüfen, die nur in kleiner Menge beigemischt sind; dies hätte wohl die Arbeit eines Lebens erfordert.

Zur Kennzeichnung der Autorschaft wurden die von S. Arnell stammenden Ergänzungen absatzweise durch die in Klammern beigefügte Signatur (S. Arn.) gekennzeichnet; nicht besonders gekennzeichnete Textstellen (Absätze) stammen in jedem Fall von Schiffner. Bei den Fundortsangaben bezeichnen die in runde Klammern gesetzten Ziffern die Schiffnerschen Sammelnummern. Die Typen der neuen Taxa befinden sich im Herbar des Naturhistorischen Museums in Wien (Hb. W.).

Das Manuskript wurde abgeschlossen mit 31. Dezember 1962.

Für die Österreichische Akademie der Wissenschaften
Der Generalsekretär:
Fr. Knoll

---

*) Professor Schiffner verstarb am 1. Dezember 1944 in den Wirren zu Ende des zweiten Weltkrieges. Ein Nachruf bzw. ein Schriftenverzeichnis ist unseres Wissens nicht erschienen. Sein privates Moosherbar kam an das Farlow Herbarium of Cryptogamic Botany, Harvard University, Cambridge, Massachusetts, U. S. A.

Die vorliegende Veröffentlichung stellt die letzte noch erscheinende Bearbeitung der botanischen Ausbeute der brasilianischen Expedition von 1901 dar. Das restliche, jedoch unbearbeitet gebliebene Material ist durch Ereignisse des letzten Weltkrieges vernichtet worden. Bisher sind folgende Bearbeitungen unter dem Titel „Ergebnisse der Botanischen Expedition der kaiserlichen Akademie der Wissenschaften nach Südbrasilien 1901" in den Denkschriften der mathem.-naturw. Klasse der Akademie der Wissenschaften in Wien erschienen:

I. Band. Pteridophyta und Anthophyta.

Denkschriften Band 79. I. Halbband:

> Wettstein R. v. u. a., Filicinae bis Dicotyledones partim.
> 1908, Seite 1—313, 26 Taf., 12 Textfig.

Denkschriften Band 79. II. Halbband:

> Witasek J., Solanaceae.
> 1910, Seite 313—375, 5 Taf., 11 Textfig.

> Handel-Mazzetti H., Asclepiadeceae.
> 1910, Seite 377—383, 1 Taf.

> Handel-Mazzetti H., Apocynaceae.
> 1910, Seite 384—388, 1 Taf.

> Porsch O., Araceae. I. Die Anatomie der Nähr- und Haftwurzeln von Philodendron Sclloum C. Koch.
> Ein Beitrag zur Biologie der Epiphyten.
> 1910, Seite 389—454, 8 Taf.

II. Band. Thallophyta und Bryophyta.

Denkschriften Band 83:

> Höhnel F. v., Eumycetes et Myxomycetes.
> 1907, Seite 1—45, 1 Taf.

> Theiszen F., Xylariaceae austro-brasilienses. I. Xylaria.
> 1909, Seite 47—86, 11 Taf., 7 Textfig.

> Zahlbruckner A., Lichenes.
> 1909, Seite 87—211, 5 Taf.

> Theiszen F., Polyporaceae austro-brasilienses imprimis rio-grandenses.
> 1911, Seite 213—250, 7 Taf., 8 Textfig.

> Brotherus V. F., Musci.
> 1924, Seite 251—358.

Hepaticae (Lebermoose)

Genus **Ricciocarpus** Corda.

Ricciocarpus natans (L.) Corda.

São Paulo: 1) Prope ostium fluminis Rio Aguapihú prope Conceição de Itanhaëm, in aqua submarina (855). 2) In flumine Rio Comprido prope Piruhibe, 10—100 *m* (325). 3) In flumine Tieté prope S. Anna haud procul ab urbe São Paulo, ca. 800 *m* (331). 4) In stagno prope vicum Ilha Grande do Paranapanema (2261).

Genus **Riccia** Michx.

Subgenus **Ricciella** (A. Braun) Steph.

Riccia fluitans L. forma **terrestris.**

São Paulo: Loco dicto „Os Engenhios" prope urbem Iguapé, ad terram humidam, 5 *m* (293).

Riccia canaliculata Hoffm.

Syn. *Ricciella fluitans* (L.) A. Braun var. *canaliculata* (Hoffm.) Lindnbg.

São Paulo: 1) Santos, in horto domini Julio Conceição, ad terram, ca. 3 *m*, c. fr. (853). 2) Ad flumen Rio Branco prope Santos, ad terram subhumidam, ca. 20 *m*, ster. (276). 3) In flumine Rio Branco prope Conceição de Itanhaëm, ad truncos irrigatos, c. fr. (848). 4) In Fazenda Bella Vista in districtu Sa. Cruz, ad flumen Rio Padro, locis irrigatis, ca. 500 *m*, c. fr. (1438, 2262). 5) Infra Salto Grande do Rio Paranapanema, in insula magna, ad terram humidam, ca. 500 *m*, c. fr. (2254). 6) Iporanga (Puiggari 850).

R. fluitans ist bekanntlich eine höchst variable Pflanze bezüglich der Größe und Breite der Frons, der Farbe (so ist z. B. die Pflanze vom Fundort 2) deutlich rot angehaucht), aber auch bezüglich der Sporen. Die brasilianischen und javanischen Pflanzen haben durchwegs kleinere Sporen als die europäischen. So haben von unseren Pflanzen diejenigen vom Fundort 1) Sporen von meistens nur 63—65 μ, bisweilen aber 70—73 μ; vom Fundort 3) von 65—70 μ; vom Fundort 4) von 63—66 μ; die Sporen europäischer Pflanzen messen dagegen 75—85 μ. Auch die Skulptierung der Sporen-Außenfläche ist variabel; die Felderchen sind in gewissen Grenzen größer oder kleiner, 3—5 μ im Querdurchmesser. Bei der Pflanze von Iporanga (Puiggari 850) sind die Felderchen scheinbar nur halb so groß wie bei anderen Formen, weil hier die sekundären Lamellen, welche sonst nur durch einen Punkt oder durch eine kurze Linie angedeutet sind, sehr gut entwickelt erscheinen. Neben derartigen Sporen gibt es aber bei derselben Pflanze auch solche von ganz gewöhnlichem Aussehen. Ich glaube nicht, daß sich auf diese Unterschiede hin Arten oder auch nur Varietäten abtrennen lassen, da dies alles auch an ein und derselben Pflanze bedeutend variiert und der Einfluß des verschiedenen Reifezustandes noch nicht festgestellt ist. Schließlich sei erwähnt, daß unsere brasilianischen Pflanzen sicher monözisch sind; die Ostiola stehen meist dicht bei den Sporogonen und ragen weit hervor. Stephani bezeichnet sie in Spec. Hep. I, p. 41, fälschlich als diözisch.

Riccia echinatispora Schffn., n. spec. — Taf. I/1.

Monoica, magna, viridissima, subtus pallidior, frons ad 17 *mm* longa, in ramos divisa obcuneatos 4 *mm* (et ultra) latos apice brevissime furcatos rotundatos, plana, tenuis et tenerrima, subtus radicellosa, squamis ventralibus omnino nullis, supra spongioso-reticulata, poris magnis. Stratum basale (costa) tenuissimum 1—2 cellulas (50—60 μ) crassum, stratum aeriferum e cancellis magnis polyedricis uni- vel bistratosis valde inaequalibus, ca. 0,3 *mm* altum; margo frondis membranaceus undulatus, angustissimus, e triplici cellularum serie constans. Sporogonia irregulariter dispersa, tandem in pagina inferiore prominentia. Sporae mox e tetradibus solutae, omnino rotundatae sine lineis tetraedricis, rufescentes, 50—55 μ, breviter et dense echinatae. Antheridia juxta archegonia dispersa, creberrima, strato basali insidentia, omnino globosa, ostiola epidermidis rupturis longe prominentia, hyalina.

Typus: S c h f f n. 854, Hb. W.

S ã o P a u l o : 1) Santos, in horto domini Julio Conceição, ad terram, ca. 3 m, c. fr. (854). 2) Infra cataractas Salto Grande do Paranapanema in insula magna, ad terram humidam, ca. 500 m, c. fr. (2253).

Blaß bläulichgrün, etwas glänzend. Thallus in unvollständigen Rosetten, 1—2mal dichotom verzweigt, ca. 1—2 cm im Durchmesser. Äste etwa 5 mm lang und 3—4 mm breit, spitzenwärts an Breite zunehmend, dünn und flach, durch Zerstörung des Epithels bald mit grubiger Oberfläche. Sporogone im Thallus zerstreut, niedrige Verwölbungen der dorsalen Oberfläche verursachend. Sporen rund, blaßbraun, ungefähr 60μ im Durchmesser, mit spitzen oder abgestutzten, 2—3 μ langen Papillen bedeckt, häufig in Tetraden zusammenhängend. (S. A r n.)

Die obige Beschreibung und die Zeichnungen sind nach ausgezeichnet gutem Spiritusmateriale angefertigt. Zweifellos steht unsere Pflanze der *Riccia membranacea* G. et L i n d n b g. sehr nahe. Von letzterer habe ich das minimale Orig. Ex. im Herb. L i n d e n b e r g (n. 9031) studiert. Diese Pflanze ist wesentlich kleiner als unsere, sonst aber nicht unähnlich, obwohl über den feineren anatomischen Bau aus diesem Materiale nichts Sicheres zu entnehmen ist. Die Sporen stimmen bei beiden Pflanzen in Skulptur und Größe überein, sie sind bei dem Orig. Ex. von *R. membranacea* nicht 42 μ (wie S t e p h a n i in Spec. Hep. I, p. 36 angibt), sondern mindestens 48 μ, meistens aber bis 53 μ groß. Diese große Übereinstimmung in den Sporen ließe vielleicht vermuten, daß beide Pflanzen identisch sein könnten, doch ist mir weder aus dem Vergleich mit dem (allerdings sehr dürftigen) Orig. Ex. noch aus der Diagnose von L i n d e n b e r g (in G o t t s c h e, Hepat. Mexic.) noch aus der Diagnose von S t e p h a n i l. c., die Identität sicher geworden. S t e p h a n i beschreibt z. B. die *R. membranacea* als diözisch und an dem Orig. Ex. konnte auch ich keine Ostiola finden. S t e p h a n i zitiert *R. lanigera* S p r. als Synonym für *R. membranacea,* was voraussetzen würde, daß entweder die Beschreibung von S p r u c e in Hep. Amaz., p. 570, vollkommen falsch wäre oder, daß S t e p h a n i eine ganz andere Pflanze vorgelegen hätte. S p r u c e beschreibt z. B. die Fronsäste als 0,7 mm breit, „intus vix cavernosa", die Sporen „epidermide pulchre reticulata". Bei recht reifen Sporen sieht man wohl auch bei der von mir gesammelten Pflanze hie und da schwache Verbindungslinien zwischen den Stacheln, aber von einer „epidermide pulchre reticulata" kann keine Rede sein.

Subgenus Riccia.

Riccia brasiliensis S c h f f n., n. spec. — Taf. I/2.

Monoica, minor, vix rosulans, saepissime intricate crescens; supra eximie caesia, lateribus et basi obscure rubro-violacea. Frons ad 7 mm longa, furcata vel bifurcata, ramis paulo divergentibus, elongatis, apice non dilatatis, margine obtusis, intumescentibus, supra sulco lato abrupte definito percursis, lateribus c r e b r e spinosis; spinis inaequalibus ad 150 μ longis, juxta insertionem exteriorem squamarum ventralium positis, ideo ad speciem e margine ipsarum squamarum ortis. Squamae posticae majores, frondis marginem non attingentes, margine libero sublacerato-dentatae vel integerrimae, hyalinae, saepissime violaceo-variegatae. Frondis sectio 2—3-plo latior quam alta, circumscripta fere elliptica, dorso sulco lato plano abrupte definito interrupta, ventre fere semicircularis, marginibus late rotundata. Stratum epidermidis plus duplo altius quam stratum basale, cellulae (juniores) mamillatae, i. e. pyriformes. Ostiola mascula immersa hyalina. Sporae magnae 95—100 μ, brunneolae, reticulatae, foveolis 10—11 ad diametrum sporarum, parvis 9—10 μ in diametro, ex angulis conspicue obtuse papillatis, limbo angusto scabro.

Typus: S c h f f n. 2395, Hb. W.

P a r a n á : In ripa sinistra fluminis Paranapanema ad cataractas Salto Grande, ad rupes humidas terra obtectas creberrime, ca. 500 m (2395).

Mittelgroß, blaß bläulichgrün, an den älteren Teilen braunpurpurn, 2—3mal regelmäßig dichotom verzweigt, in großen, ± regelmäßigen, einen Durchmesser bis zu 2,5 *cm* erreichenden Rosetten, oder gedrängt stehend und Überzüge bildend. Äste gegen den Scheitel zu etwas an Breite zunehmend, 1—2 *mm* lang, ungefähr 1 *mm* breit, 2—3mal so breit wie dick. Scheitel abgerundet, schwach zweilappig; Ränder dick und aufgebogen, abgerundet, mit bis 250 μ langen, lang dreiseitigen und fein papillösen Zilien besetzt, von purpurnen Ventralschuppen bedeckt; Mittelpartie der dorsalen Oberfläche konvex. Epithelzellen einschichtig, dünnwandig, 30×30 bis 40×40 μ, mit halbkugelig gewölbter Dorsalwand. Ältere Thallusteile mit flacher bis schwach konkaver Mittelpartie, 1—1,2 *mm* breit; Ränder abgerundet, von dunkel-purpurnen Schuppen bedeckt. Sporen 70—100 μ, blaßbraun; Flügel schmal und oft unvollständig oder ganz fehlend, etwas krenuliert; Areolen 6—10 μ, rundlich-eckig, 10—11 am Durchmesser der Spore, manchmal mit Papillen in den Ecken (S. A r n.).

Die Pflanze steht zweifellos der *R. Lindmanii* S t e p h. aus Paraguay sehr nahe, ist aber von ihr (falls die Beschreibung dieser Spezies in allen Punkten richtig ist) durch folgende Merkmale spezifisch verschieden: *R. brasiliensis* ist monözisch, kleiner, ausgezeichnet blaugrün, die Sporen sind viel größer, die Netzfelderchen nur 9—10 μ im Durchmesser (bei *R. Lindmanii* 15—18 μ).

Die obige Beschreibung ist nach Notizen über die lebende Pflanze und nach ausgezeichnet schönem Spiritusmaterial angefertigt. — Im aufgekochten Zustande erscheinen alle Riccien des Subg. *Riccia* oberseits lebhaft grün, da die für manche (so auch für *R. brasiliensis*) sehr bezeichnende bläuliche Farbe vom Vorhandensein von Luft in den dorsalen Schichten abhängt. Alle Färbungsangaben, die nicht ausdrücklich von lebendem Materiale stammen, sind also unzuverlässig. Ein erfahrener Kenner wird jedoch an gut getrocknetem, nicht zu altem Materiale gut auf die ursprüngliche Farbe schließen können. Die wallartig geschwollenen Ränder, die ganz scharf gegen die breite, am Grunde ebene Mittelfurche abgegrenzt sind, hat *R. brasiliensis* mit *R. Michelii* R a d. gemein, der sie nicht unähnlich ist, besonders auch in der Größe und dem Bau der Sporen. *R. Michelii* ist aber größer, diözisch; auch die Felderchen der Sporen sind größer. Die dornigen Zilien des Randes scheinen auf den ersten Blick aus dem Rande der Ventralschuppen zu entspringen, gute Präparate zeigen aber, daß sie zu 2—4 neben der äußeren Ansatzstelle der Schuppen abgehen.

Die Geschlechtsverhältnisse sind ziemlich schwierig festzustellen, da die Antheridien (an dem vorliegenden Materiale) nicht so reichlich sind wie die Archegonien und überdies die hyalinen, sehr kurzen Ostiola ganz zwischen den Epidermiszellen versenkt sind.

Riccia Weinionis S t e p h. — Taf. I/3.

P a r a n á : In ripa sinistra fluminis Paranapanema ad cataractas Salto Grande, copiose ad terram et ad rupes humidas terra obtectas, ca. 500 *m* (2394, 2107).

Die Untersuchung einer kleinen Probe des Orig. Ex. von *R. Weinionis* stellt außer Zweifel, daß unsere Pflanze damit identisch ist. Jedoch weist die augenscheinlich nach sehr mangelhaft erhaltenem Materiale angefertigte Original-Beschreibung (S t e p h a n i, Spec. Hep. I, p. 18) einige Mängel und Unrichtigkeiten auf, die ich nach meinen an lebendem Materiale gemachten Notizen und einem tadellosen Alkoholmateriale ergänzen und berichtigen kann. Die Farbe ist oben lebhaft grasgrün, nur schwach bläulich, „intense viridis", nicht „fusco-viridis", gegen die dünnen, etwas welligen Ränder zu violett und der äußerste schmale Randsaum, der durch die etwas vortretenden Ventralschuppen gebildet wird, meistens weißlich (wie ausgebleicht). Die Unterseite ist auch ± violettrot, ich sah sie aber nie tief schwarzrot, wie das bei anderen Riccien vorkommt. Die Ventralschuppen könnte ich nicht als „parvae" bezeichnen; sie ragen sogar ein wenig über den Rand hervor; die jüngeren sind völlig ganzrandig. Die Furche der glatten, kompakten Oberseite ist gegen die Spitzen allmählich tiefer, rückwärts seichter, aber überall deutlich. Die Unterseite des Querschnittes ist nur sanft gewölbt (konvex), ohne in der Mitte auffällig vorgewölbt zu sein. Die Oberseite (Epidermis) ist der von *R. nigrella* DC. nicht unähnlich, die Epidermiszellen sind (auch an ganz jungen Exemplaren) rundlich-abgeflacht, nie mammillös vortretend, ohne Spitzenmammille. Die Pflanze ist, wie Stephani richtig angibt, monözisch. Die Ostiola sind hyalin, an älteren Fronsteilen deutlich vortretend. Sporen 120 μ (nicht 102 μ) im Durchmesser (bisweilen etwas darüber), rotbraun, Rand schmal, Innenseite mit sehr scharfen Tetraederkanten, Außenseite netzfelderig, Felderchen groß, ca. 18 μ (nicht etwa 12 μ), etwa 6 auf den Durchmesser der Spore. — Nach zahlreichen Stichproben, die ich durch Nachmessungen der Mikrometer-Angaben Stephanis an von ihm selbst herrührenden Orig. Exemplaren gemacht habe, ist es sicher, daß seine Angaben um rund $1/_5$ zu gering sind. Ich habe darauf auch schon anderwärts aufmerksam gemacht. Ein Irrtum meinerseits ist ausgeschlossen; meine Messungen stimmen auch mit denen anderer Bryologen gut überein.

Genus **Dumortiera** Reinw., Bl. et Nees.

Dumortiera hirsuta (Sw.) Reinw., Bl. et Nees.

Var. **brasiliensis** Schffn., n. var.

Frons minus crassa, medio 1:7—8:1 cellulas, ad alas 1:1:1 (hic inde tractu brevi 1:3:1) cellulas metiens. Squamae ventrales nullae vel rudimentissimae. Reticulum cavernarum et cellulae papillatae strati dorsalis desunt. Carpocephala minora, ± regularia, centro plerumque nudo, 6-radiata; pedunculus tenuis.

Typus: Schffn. 2244, Hb. W.

São Paulo: 1) Ilha de S. Amaro prope Santos, ad saxa, 5—50 m, ster. (1831). 2) In silvaticis Serra São João prope Santos, ad cataractam, c. fr. jun. (902). 3) In silvaticis Serra do Cayazique prope Santos, c. fr. jun. (556). 4) Ad cataractas prope Itú ad flumen Rio Buturoba prope Santos, ca. 10 m, ster. (1991). 5) Ad flumen Rio Branco (Sitio Bülow) prope Santos, ad saxa in rivulo, ca. 20 m (286). 6) Ad flumen Rio Branco prope Conceição de Itanhaëm, 200—100 m, ster. (846). 7) Prope Lapa haud procul a São Paulo, ad saxa, c. fr. mat. (2244). 8) In silvis primigeniis ad Brasso Grande in districut urbis Itapecirica, apud cataractas ad saxa, ca. 1000 m, c. fr. jun. (1896). 9) Apud cataractam Salto dos Treis Ranjos prope Cerqueira-Cesar, ad saxa irrorata, ca. 500 m, c. fr. jun. (2381).

Stephani (Spec. Hep. I, p. 150) stellt zu *D. hirsuta* als synonym auch die europäische *D. irrigua* (Wils.) Nees, welche aber von unserer brasilianischen Pflanze sicher verschieden ist durch die dickere Frons (Mitte 1:13—14:1), an jungen Fronsteilen sehr deutliche Ausbildung der Ventralschuppen und des Luftkammernetzes, ± reichliche Papillenzellen, größeren, oben gegen den Rand mit einigen Borsten besetzten Fruchtkopf mit 10—12 ungleichen Strahlen und dickerem Träger. Verglichen wurde sehr schönes Spiritusmaterial von Itatiaya, Serravezo (Archangeli 1895) und lebendes Material, kultiviert im botanischen Garten zu Wien. Über die Rhizoiden von *Dumortiera* vergl. meine Studien über die Rhizoiden der *Marchantiales* (Ann. Jard. Buitenz. 2. Serie, Suppl. III, 1909, p. 481).

Die Art findet sich im Gebiet an schattigen Waldbächen, besonders auf feuchten Steinen im Küstenstriche und auf der Hochfläche bis an die Grenze des Campos-Gebietes (Cerqueira-Cesar). In der Serra Paranapiacaba anscheinend selten; am Itatiaya von mir nicht beobachtet, jedoch von P. Dusén daselbst bei ca. 900 m aufgefunden (Stephani, Hepatiques de la Serra do Itatiaya in P. Dusén, Sur la Flore de la Serra do Itatiaya, Archivos do Museo Nacional do Rio de Janeiro XIII, 1903).

Genus **Marchantia** L.

Marchantia chenopoda L. — Taf. I/4, j.

São Paulo: 1) Ad flumen Rio Branco, Sitio Bülow, ad saxa in rivulo (287) et ad terram, ♂ (289). 2) Prope Raiz da Serra, ad muros vetustos, ca. 30 m (152). 3) Prope Parnahyba ad flumen Tieté, ad terram lateriticam, ca. 700 m (782). 4) Ad declivia silvae apud Cantareira non procul a São Paulo, ad terram lateriticam, 800 m, ♂ (721). 5) Prope Alto da Serra, ad aggerem ferroviae ad terram lateriticam, ca. 900 m, c. fr. et ♂ (392). 6) Prope Rio Grande ad „São Paulo Railway", ad terram lateriticam, 800 m, c. fr. (949). 7) In pago Apiahy, ad terram, 1100 m, ♂ (314). 8) Silvis prope Apiahy, ad terram, ca. 1100 m, c. fr. et ♂ (2322). 9) In monte Morro d'Oro prope Apiahy, 1200—1400 m, c. fr. et ♂ (315, 935). — Ad confines Rio de Janeiro — Minas Geraës: 10) Prope Fazenda Monteserrate in monte Itatiaya, 1000 m, ♂ (805).

M. chenopoda findet sich von der Meeresküste bis auf die Hochfläche von São Paulo und in der Serra Paranapiacaba bis 1400 m, am Itatiaya in der unteren Waldregion bis ca. 1000 m; sie fehlt im Campos-Gebiet. Die Art tritt im Gebiete in verschiedenen Formen auf: a) klein, ± starr, lederartig (so von den Fundorten 1, 2, 7, 10); b) groß, mit dünnerer Frons, z. T. Schattenform (so von den Fundorten 4, 5, 6, 8, 9); c) mit tiefer eingeschnittenen Fruchtköpfen, deren Zwischenlappen deutlich über den Rand hervortreten und bisweilen sogar vorn deutlich ausgerandet sind (so von den Fundorten 1, 6, 8). Vielleicht sollte letztere Form als eigene Varietät unterschieden werden.

Unter *M. brasiliensis* Lehm. et Lindnbg. heißt es bei Stephani Spec. Hep. I, p. 175: „*M. chenopoda* ist eine viel größere Pflanze, welche unsymmetrische Capitula hat und sich schon durch die gezähnten Appendicula leicht unterscheiden läßt." Dabei werden als Größe für *M. brasiliensis* 3 cm × 10 mm, für *M. chenopoda* (l. c., p. 190) 3 cm × 5 mm angegeben und die Appendicula werden als „integerrima" bzw. als „integerrima vel plus minus dentata" beschrieben.

Marchantia faxinensis Schffn., n. spec. — Taf. I/4.

E minoribus, fronde coriacea, subplana, 2,5 cm longa, ± 4 mm lata; costa lata medio 0,5 mm crassa. Stratum aeriferum ± 60 μ altum, epidermide tenui, stomatibus parvis, poro externo 30—35 μ, interno subquadrato, i. e. cellulis 4 convexis circumdato, haud prominulis, sub lente simplici vix conspicuis. Squamae rubrae parvae. Appendicula squamarum ovalia apiculata margine irregulariter denticulata. Capitula feminea juniora tantum visa, pedunculo 10—15 mm longo suffulta, valde convexa, subtus paleis rubris magnis densissimis vestita, radiis brevibus 4—6 oblique descendentibus, haud planis sed supra convexis, apice parum dilatatis rotundatis. Involucra margine crenulato-denticulata. Scyphulos invenire mihi non contigit.

Typus: Schffn. 2349, Hb. W.

São Paulo: Prope Faxina, ad terram lateriticam, ca. 650 m (2349).

Ich vergleiche *M. faxinensis* mit folgenden Marchantien aus demselben Gebiete: 1) In der Größe und im Aussehen erinnert sie an *M. papillata* Rad., diese hat aber 6—8 mehr flache, tief geteilte Fruchtköpfe mit langen, verkehrt keilförmigen, flachen Strahlen (ähnlich *M. emarginata* Nees). Im Bau der Frons, der Stomata und Ventralschuppen-Anhängsel stimmen beide ziemlich überein. — 2) *M. chenopoda* ist größer, hat nie so tief eingeschnittene Fruchtköpfe, nicht so stark gezähnelte Anhängsel und viel größere Stomata. Sie ist daher schon steril sofort zu unterscheiden, indem ihre Stomata, mit der Lupe besehen, auf der trockenen oder aufgekochten Frons sofort als hell berandete ziemlich große Poren auffallen, während die Fronsoberseite bei *M. faxinensis* unter der Lupe lederig erscheint und die Stomata kaum wahrnehmbar sind. Die Zähnung des Randes der Involucra ist auch ein sehr gutes Unterscheidungsmerkmal. — 3) *M. Bescherellei* Steph. ist eine große Pflanze, hat kleine, kaum gezähnte Anhängsel, andere Stomata, anderen Bau der Fruchtköpfe. — 4) *M. brasiliensis* hat (nach der Beschreibung) große Stomata, ganz ungezähnte Anhängsel und kurz gefransten Rand der Involucra.

Ich habe diese Pflanze nur an einem Orte im Campos-Gebiete angetroffen, wo sie in zwei Formen wuchs, einer kleineren, mehr lederigen und einer etwas größeren Schattenform mit breiterer, aber dünnerer Frons. Merkwürdigerweise habe ich an dem ziemlich reichlichen Materiale keine Brutbecher finden können.

Trotz des verschiedenen Baues der Fruchtköpfe ist wohl *M. faxinensis* mit *M. papillata* nächst verwandt.

Genus **Riccardia** Gray.

Bisher aus Süd-Brasilien bekannt:

Von mir während der Expedition gesammelt:

R. alata (Steph., sub *Aneura*)	R. alata (Steph.) Schffn.
R. amazonica (Spr., sub *Aneura*)	R. amazonica (Spr.) Schffn.
R. bogotensis (G., sub *Pseudoneura*)	
R. cataractarum (Spr., sub *Aneura*)	R. cataractarum (Spr.) Schffn.
	R. devexa Schffn., n. spec.
R. digitiloba (Spr., sub *Aneura*)	R. digitiloba (Spr.) Schffn.
R. emarginata (Steph., sub *Aneura*)	R. emarginata (Steph.) Schffn.
R. fucoides (Sw., sub *Jungermannia*)	R. fucoides (Sw.) Schffn.
	R. gemmipara Schffn., n. spec.
R. Glaziovii (Spr., sub *Aneura*)	
R. hirtiflora (Steph., sub *Aneura*)	R. hirtiflora (Steph.) Schffn.
	R. insignis Schffn., n. spec.
R. intermedia (Steph., sub *Aneura*)	R. intermedia (Steph.) Schffn.
R. latissima (Spr., sub *Aneura*)	R. latissima (Spr.) Schffn.
	R. Loefgrenii Schffn., n. spec.
R. metzgeriaeformis (Steph., sub *Aneura*)	
	R. paulensis Schffn., n. spec.
R. pseudopinguis Herz.	
R. Puiggarii (Steph., sub *Aneura*)	
R. Regnellii (Ångstr., sub *Pseudoneura*)	
R. Schwaneckei (Steph., sub *Aneura*)	R. Schwaneckei (Steph.) Schffn.
	R. squamifera Schff., n. spec.
R. tenuicula (Spr., sub *Aneura*)	R. tenuicula (Spr.) Schffn.
R. tenuifrons (Steph., sub *Aneura*)	
R. Uleana (Steph., sub *Aneura*)	

Es werden aus dem Gebiete 6 neue Arten beschrieben.

Schlüssel (S. Arn.)

1. Hauptachse des Thallus und seiner Auszweigungen deutlich differenziert, selten die Thallusmitte in die Thallusseiten allmählich übergehend: 2.
* Hauptachse des Thallus und seiner Auszweigungen schwach oder gar nicht differenziert, die Thallusmitte öfter in die Thallusseiten allmählich übergehend: 17.
2. Monözisch: 3.
* Diözisch: 7.
3. Achse geflügelt: 4.
* Achse nicht geflügelt: 5.
4. Rein grün, dem Substrat angepreßt. Flügel der Achse bis 5 Zellen breit: *R. Loefgrenii*
* Gelblichbraun, locker gebüschelt. Flügel der Achse 3 Zellen breit: *R. intermedia*
5. (3.) Gelblich- oder oliv-grün. Letzte Auszweigungen des Thallus nicht gezähnt: 6.
* Braun. Achse 8 Zellen dick. Letzte Auszweigungen des Thallus gezähnt: *R. emarginata*

6. Blaß gelblichgrün, 15 mm lg. Achse 5 Zellen dick: R. Regnellii
* Olivgrün. Achse 16 Zellen dick. Auszweigungen kurz und dick: R. bogotensis
7. (2.) Achse geflügelt: 8.
* Achse nicht geflügelt: 12.
8. Große, bis 10 cm lange Pflanzen. Achse plan-konvex: 9.
* Mittelgroße Pflanzen: 10.
9. Flügel der Achse 4—5 Zellen breit; Zweige entfernt stehend; Färbung rotbraun: R. insignis
* Flügel der Achse 7—8 Zellen breit; Zweige einander genähert; Färbung blasser: R. Glaziovii
10. (8.) Gelblichgrün. Achse 4—5 Zellen dick. Zellen der Flügel ca. 40 μ: R. amazonica
* Rotbraun. Achse 8—10 Zellen dick: 11.
11. Zellen der Flügel 40—45 μ. Pflanzen mittelgroß: R. alata
* Zellen der Flügel 20—30 μ. Pflanzen klein: R. paulensis
12. (7.) Achse 14—16 Zellen dick: 13.
* Achse 3—6 Zellen dick: 15.
13. Achse fast stielrund. Rippe der Zweige schmal, scharf begrenzt: R. andina
* Achse an den Flanken etwas zugeschärft: 14.
14. Letzte Auszweigungen gezähnt: R. fucoides
* Letzte Auszweigungen ganzrandig: R. devexa
15. (12.) Achse 3—4 Zellen dick, plan-konvex; Auszweigungen geflügelt: R. tenuicola
* Achse 6 Zellen dick, bi-konvex: 16.
16. Pflanzen braun, 1 cm lg.; Auszweigungen nicht geflügelt: R. Puiggarii
* Pflanzen blaßgrün, 1—4 cm lg.; Auszweigungen ± geflügelt: R. cataractarum
17. (1.) Thallus samt Auszweigungen flach: 18.
* Thallusmitte oberseits konvex: 20.
18. Pflanzen groß: 19.
* Pflanzen mittelgroß. Achse 4 Zellen dick: R. Schwaneckei
19. Achse ca. 10 mm breit; Auszweigungen 5 mm breit: R. latissima
* Thallus gewöhnlich kleiner, von den Ausmaßen einer R. pinguis: R. pseudopinguis
20. (17.) Achse konvex-konkav, 5 Zellen dick: R. tenuifrons
* Achse plan-konvex oder bi-konvex: 21.
21. Achse geflügelt, 7 Zellen dick: R. Uleana
* Achse nicht geflügelt: 22.
22. Pflanzen Metzgeria-ähnlich. Achse bi-konvex, 5 Zellen dick. Auszweigungen entfernt stehend, lang: R. metzgeriaeformis
* Pflanzen anders: 23.
23. Rindenzellen von ungefähr gleicher Größe wie die Innenzellen (nach Stephani), olivgrün: R. hirtiflora
* Rindenzellen kleiner als die Innenzellen: 24.
24. Achse 4—7 Zellen dick; Auszweigungen bis 5 (6) Zellen dick. Flügel der Auszweigungen 1—2 Zellen breit: 25.
* Achse 12—17 Zellen dick. Flügel der Auszweigungen bis 8 Zellen breit: R. Glaziovii
25. Achse bis 7 Zellen dick; Auszweigungen 5 (6) Zellen dick. Flügelzellen der Auszweigungen 40 × 50 μ: R. squamifera
* Achse 4—5 Zellen dick; Auszweigungen 4 Zellen dick. Flügelzellen der Auszweigungen ca. 25 × 40 μ: R. gemmipara.

Riccardia emarginata (S t e p h.) S c h f f n.

S ã o P a u l o : In silvaticis prope Raiz da Serra, rarissime inter bryophyta alia, ad arbores, ca. 20 *m* (2428). 2) In silvaticis prope Alto da Serra, ad truncos putridos copiose, 900 *m* (1617).

Überall mit ♂ Ästen und ± entwickelten Calyptren. Die ♂ Äste gehen subopponiert von der Basis der Primäräste ab; sie sind an den Rändern schwach krenuliert. Die ♀ Äste stehen subopponiert an der Hauptachse. Die letzten Auszweigungen sind flach; die ganze Pflanze hat einen federigen Habitus. Der Hauptstamm ist stielrundlich, am Querschnitt etwas breiter als hoch.

Riccardia fucoides (S w.) S c h f f n.

S ã o P a u l o : 1) Prope Mongaguá inter Santos et Conceição de Itanhaëm, in litoribus, 5—25 *m* (224). 2) In silvaticis prope Rio Grande ad „São Paulo Railway", ad truncos putridos, 800 *m* (121). 3) In silvaticis prope Alto da Serra, ad arbores, 900 *m* (418). 4) Ibidem, iuxta ripam rivuli, ad saxa (412). 5) Ad cataractam Brasso Grande in districtu urbis Itapecirica, ad saxa (1898). 6) In monte Morro d'Oro prope Apiahy, 1200—1400 *m* (322); ibidem, ad terram (fo. diminuta, habitu fere *R. andinae*) (941). 8) Apiahy, Coba de Agua limpa (P u i g g a r i 36).

Fo. **subaquatica** S c h f f n., n. fo.

Costa pinnarum latior, minus bene definita; cellulae alares minores, chlorophyllosae; margo pinnularum dentatus.

Una cum typo et in typum transiens in loco citato sub 4), ad saxa humida (184), Hb. W.

Im Gebiet wächst die Art meistens an Bäumen und faulen Stämmen, kommt aber hie und da auch reichlich auf feuchten Steinen vor. Fast überall finden sich ♂ und ♀ Pflanzen. Die letzten Auszweigungen sind gegen die Ventralfläche zu umgekrümmt. Die weiblichen Äste gehen paarweise vom dorsalen Teil der Seiten des Hauptstammes ab. Die männlichen Äste entspringen den Rändern der letzten Auszweigungen; sie sind ziemlich lang und gegen die Ventralfläche zu umgekrümmt, am Rande krenuliert-gesägt. Der Hauptstamm ist am Querschnitt doppelt so breit wie hoch.

Riccardia devexa S c h f f n., n. spec. — Taf. I/5.

Dioica. Depresso-caespitans, viridis, medio in caule ± rufa, siccate haud nigricans. Mediocris, frons 2,5—3 *cm* longa, ca. 8 *mm* lata, convexa, pinnis paulum devexis, tripinnata; caule rigido haud alato, nisi pinnarum alis in trunco angustissime breviterque decurrentibus, in sectione transversa alte, acute vel obtuse, biconvexo, medio ad 14 cellulas crasso, cellulae corticales tenues, subcorticales incrassatae minores, medianae tenerae majores. Pinnae pro more densissimae, p. p. sese tegentes, oppositae, oblique triangulares, pinnulis 5—6 in pinna, linearibus obtusis, costa 8—10 (— 12) cellulas lata, medio 4 (raro 5) cellulas crassa, alae integerrimae, 4 cellulas latae, cellulae alarum subaequimagnae isodiametricae ca. 45 μ, trigonis conspicuis. Rami feminei breves in caule saepe oppositi margine laciniato-ciliati, archegoniis 7—12-jugis, calyptra clavata apice depresso-coronulata, superficie papillis sparsissimis recurvis, fere laevis. Rami masculi ad basin pinnarum saepe oppositi, raro etiam in caule, curvati, alis fere integerrimis hic illic cellula prominula crenulatis, antheridiis ad 7-jugis.

Typus: S c h f f n. 766, Hb. W.

S ã o P a u l o : In silvulis campestribus prope Campo Grande ad „São Paulo Railway", ad truncos putridos copiose, ca. 700 *m* (766, 858).

Zweifellos steht unsere Art der *R. laticostata* (S p r.) aus Dominica (S p r u c e, Hepat. Elliottianae in Journ. Linn. Soc. [Bot.] XXX, p. 367 [1895]; S t e p h a n i, Spec. Hep. I, p. 217) äußerst nahe, letztere ist aber etwas größer, die Pinnulae sind breiter, ihre Rippe ist von 16 Zellenreihen bedeckt (bei *R. devexa* nur 8—10), die Zellen der Alae sind kleiner (nur 37 μ nach S t e p h a n i) und die Eckenverdickungen viel geringer, der Hauptstamm ist an den Seiten im Querschnitte scharf zugespitzt. Von den vier Exemplaren der *Aneura laticostata* im Herb. S t e p h a n i entspricht nur eins (E l l i o t 1026, mixta cum *A. diablotina*

Spr.) der Beschreibung; die übrigen sind ganz andere Pflanzen. *R. alata* (Steph.) Schffn. ist in Farbe und Verzweigung ähnlich, aber kleiner und zarter, die Pinnulae besitzen eine sehr schmale (4—5 Zellen breite), scharf begrenzte Rippe und viel breitere (5—6 Zellen breite) Alae aus viel größeren Zellen. Der Hauptstamm ist hier deutlich geflügelt. *R. andina* (Spr.) ist auch ähnlich, aber lockerer gefiedert und die Fiederchen besitzen sehr schmale, scharf abgesetzte Rippen. *R. devexa* ist dicht gefiedert und ähnelt im Habitus mehr der *R. emarginata,* ist aber größer und mehr rigid; *R. emarginata* ist einhäusig.

R. devexa umfaßt mittelgroße Pflanzen, die in lockeren Rasen andere Bryophyten überziehen. Die Farbe wird als grün mit brauner Achse bezw. Zentralpartie der Äste beschrieben, im getrockneten Zustand ist sie gelblichbraun mit braunen älteren Achsenteilen. Der rigide Teil des Hauptstammes ist niederliegend oder am Ende etwas aufsteigend und setzt sein Wachstum unbegrenzt fort; der lebende Teil ist bis 3 *cm* lg. Die Breite des Thallus beträgt ca. 0,5 *mm*, seine Dicke ca. 0,25 *mm*. Die dorsale Oberfläche ist etwas stärker konvex als die ventrale, die Seitenkanten sind scharf oder fast scharf. Der apikale Teil ist dicht mit Schleimpapillen besetzt. Bei gut entwickelten Pflanzen erreicht der Hauptstamm eine Dicke von 14 Zellen; die dorsalen Rindenzellen und die Binnenzellen haben eine durchschnittliche Größe von 20 × 30 μ, die ventralen Rindenzellen von 20 × 20 μ. Die äußeren Zellen haben nur schwach verdickte und gebräunte Wände oder sie sind dünnwandig, die folgenden Schichten haben verdickte und braun gefärbte Wände; in der dorsalen Rinde sind gewöhnlich 1—2 dickwandige Zellschichten, im Ventralteil des Achsenkörpers 3—4 Schichten. Die pigmentierte Zone geht in allmählichem Übergang in den blassen inneren Teil mit unbedeutend größeren, dünnwandigen Zellen über. Die Oberfläche des Hauptstammes ist im allgemeinen glatt. In ziemlich regelmäßigen Abständen von etwa 2 *mm* entspringen ihm dicht einfach- oder doppelt-gefiederte, schief abstehende zusammenschließende Astsysteme von dreieckigem Umriß. Diese Astsysteme stehen angenähert opponiert und stellen bald ihr Wachstum ein, wobei sie eine Länge von 5 *mm* erreichen. Sie sind ventralseitig leicht konkav bis fast flach. Die Primäräste sind stark abgeflacht, ca. 0,5 *mm* breit, in großer Erstreckung geflügelt, mit gewöhnlich eine kurze Strecke weit an der Hauptachse herablaufenden Flügeln. Die letzten Auszweigungen sind den Primärästen ähnlich, jedoch nur 0,2—0,3 *mm* breit. Sie sind im medianen Teil 4 (—5) Zellen dick, mit 4 Zellen breiten Flügeln und ganzen Rändern. Die Zellen der Oberfläche im medianen Teil messen ca. 26 × 34 μ (häufig mit deutlichen gelblichbraunen Eckenverdickungen), die Zellen des Randes sind häufig größer, bis zu 26 × 50 μ, die Zellen der Flügel haben einen Durchmesser von etwa 45 μ.

Die Art ist diözisch. Die ♀ Äste stehen paarweise an der Hauptachse oder manchmal auch an den Primärästen. Sie sind kurz, mit klein-gelappten Flügeln. Die ♂ Äste stehen an den Primärästen oder selten an der Hauptachse. Sie sind gegen die Ventralseite zu zurückgekrümmt, haben 3—4 Zellen breite Flügel, sind aufrecht oder etwas eingekrümmt, an den Rändern schwach krenuliert und tragen bis zu 7 Antheridien-Paare (S. Arn.).

Riccardia tenuicula (Spr.) Schffn.

São Paulo: 1) In silvaticis prope Barra Mansa in districtu urbis Itapecirica, ad ligna putrida, 1000 *m*, c. cal. et ♂ (1799, 1853). 2) Ad Brasso Grande prope Barra Mansa, ad truncos putridos, ca. 1000 *m*, c. cal. et ♂ (1260).

Diese Pflanzen stimmen nicht ganz mit dem Orig. Ex. von Spruce überein, wohl aber vollständig mit dem Ex. leg. Ule (354) im Herb. Stephani. Die Pflanze vom Fundort 1) wächst gemischt mit *R. digitiloba* (Spr.) fo. *propagulifera;* letztere wird beim Anfeuchten starr und bleichgelblich, was sie sofort von *R. tenuicula* unterscheidet, bei der dies nicht eintritt. Stephani gibt in Spec. Hep. diese Spezies nicht aus Süd-Brasilien an, in seinem Herbar liegt sie aber von Ule (354) und von Sellow (ex Herb. Berlin); letztere Pflanze ist allerdings sicher *R. digitiloba*.

Riccardia intermedia (Steph.) Schffn.

São Paulo: 1) In silva juxta Guarujá prope Santos, ad terram argillosam, una cum *R. digiti-*

loba (1115). 2) Serra São João prope Santos, ad saxa apud cataractam, plantulae paucae inter *R. hirtifloram* (1992). 3) Apud Sitio Bülow ad flumen Rio Branco prope Santos, ad muros vetustos, ca. 20 *m*, c. fr. (284). 4) In silva prope Cantareira non procul a São Paulo, ad terram lateriticam, 800 *m* (720). 5) In monte Jaraguá prope São Paulo, ad terram lateriticam, supra 800 *m* (1026). 6) In silvaticis prope Barra Mansa, ad truncos putridos, 1000 *m* (352). 7) Prope Alto da Serra, ad truncos putridos, 900 *m* (165). 8) In silvulis campestribus apud Fazenda Paranapanema non procul a Capão Bonito, ad terram argillosam (1668). 9) In regione inferiore montis Itatiaya, ad terram argillosam, ca. 1200 m (838). 10) Prope Apiahy (P u i g g a r i 107 b, 309).

Diese Pflanze wächst sowohl auf bloßer Erde (Laterit) und selbst alten Mauern als auch auf faulen Stämmen. Im ersten Falle ist sie kleiner und minder gut entwickelt, wie dies auch bei anderen Arten stets der Fall ist, welche beiderlei Substrate bewohnen. Verbreitet ist sie von der heißen Strandregion bis in die Gebirgsregion (Itatiaya, 1200 *m*). Sie trägt stets reichlich ♂ und ♀ Sprosse (autözisch).

Riccardia Loefgrenii S c h f f n., n. spec. — Taf. I/6.

Autoica. In corticibus laevibus putridis laxe et depresse caespitosa. Amoene viridis, ad 3 *cm* longa, saepissime unilateraliter evoluta, pinnis uno latere abbreviatis radicantibus. Caulis planus alis e pinnis descendentibus latiuscule (ad 5 cell. lat.) alatus, medio 7—8 cellulas crassus, cellulae corticales planae, internae paulum minores. Pinnae contiguae 5 *mm* longae, subdigitatim 3—5-pinnulatae; pinnulae ad 1 *mm* latae, lanceolatae, integerrimae, costa tenuissima 3—5 cellulas tantum lata, 3 cellulas tantum alta, ala latissima (3-plo latior quam costa) 7—9 cellulas lata, cellulis mediis $45 \times 60\,\mu$, versum costam majoribus, marginalibus haud prominulis multo minoribus, $30 \times 25\,\mu$, omnibus parum incrassatis, chlorphyllosis. Rami ♀ in caule primario saepe oppositi, brevissime cupuliformes, margine squamis ciliiformibus 1—3 cellulas latis saepe ramosis; calyptra (valde juvenilis) glabra, coronula lata laevis. Rami ♂ ad basin pinnarum, parvi, 3—4-jugi, stricti, marginibus incurvis subcrenatis.

Typus: S c h f f n. 2425, Hb. W.

S ã o P a u l o: Prope Alto da Serra, in silva primigenia ad cortices arborum emortuorum, 900 *m*, una cum *R. latissima* (S p r.) S c h f f n. et inter muscos, raro (2425).

Steht der *R. intermedia* in Habitus und Infloreszenz am nächsten, ist aber sicher von ihr verschieden durch viel bedeutendere Größe, die dünne Rippe der Pinnulae, die 3mal so breiten Flügel, die viel größeren Zellen etc. *R. emarginata* ist schon wegen der gezähnten Flügel und des anderen Wuchses sofort zu unterscheiden.

R. Loefgrenii ähnelt im allgemeinen Habitus in hohem Grade der *R. intermedia*, ist jedoch viel größer und schön grün gefärbt. Der niederliegende Hauptstamm erreicht eine Länge von 3 *cm*, ist stark abgeflacht und in ganzer Länge deutlich geflügelt, wobei der Flügel der einen Seite besser entwickelt ist. Er ist ca. 0,5 *mm* breit und weist im medianen Teil eine Dicke von $80—90\,\mu$ auf. Die Dorsalfläche ist schwach konvex, die Ventralfläche plan bis schwach konkav. Die mediane Partie ist ca. 5—8 Zellen dick, die medianen dorsalen Zellen sind verlängert, bis $100\,\mu$ lang und $20—37\,\mu$ im Durchmesser, ihre Zellwände sind braun und manchmal schwach verdickt. Die Zellen der ventralen Oberfläche sind geringfügig größer, am Querschnitt etwa $24 \times 46\,\mu$, gewöhnlich dünnwandig; gelegentlich entspringen der Ventralfläche Rhizoiden. Die Binnenzellen sind am Querschnitt bis $24 \times 46\,\mu$ groß, dünnwandig; die ventralen Zellen enthalten manchmal Pilzhyphen. Die gut entwickelten Flügel sind 1 Zellschicht dick und bis 5 Zellen breit, die Randzellen sind kleiner, gewöhnlich 20—30 (bis 20×50) μ; die Zellen nehmen gegen den Zentralstrang an Größe zu und sind dort gewöhnlich etwa $40 \times 60\,\mu$ groß, mit dünnen und farblosen Wänden (S. Arn.).

In Abständen von etwa 2—3 *mm* gehen vom Hauptstamm schief abstehende photosynthetische Astsysteme ab, die dem Substrat aufliegen und einander oft paarweise genähert sind, wobei das System der einen Seite besser entwickelt ist. Diese Astsysteme haben gewöhnlich ein kurz begrenztes Wachstum, wobei sie eine Länge von ca. 5 *mm* erreichen. Sie sind im Umriß schmal eiförmig und bestehen aus einem Primärast, der in engen Abständen eine Reihe von Sekundärästen trägt. Diese nehmen allmählich an Länge ab und bleiben gewöhnlich unverzweigt. Gelegentlich setzt ein Primärast sein Längenwachstum fort und bildet eine neue Hauptachse; echte Stolonen wurden jedoch nicht beobachtet. Der Bau der Primäräste gleicht im Prinzip dem des Hauptstammes, ihre mediane Partie ist jedoch nur halb so breit (ca. 10 Zellen breit) und 4—5 Zellen dick und sie haben auch breitere Flügel (bis 10 Zellen breit). Die Randzellen entsprechen denen der Flügel des Hauptstammes, die anderen Zellen nehmen gegen den medianen Teil allmählich an Größe zu, sie sind ziemlich dünnwandig, ohne Eckenverdickungen. Die letzten Auszweigungen sind ungefähr 1 *mm* breit mit einem schmalen Mittelstrang von gewöhnlich nur 2—3 Zellen Breite. Die Ränder sind in der Nähe des Scheitels schwach krenuliert bis schwach gezähnt (S. Arn.).

Die Art ist autözisch. Die weiblichen Äste entspringen gewöhnlich subopponiert dem Hauptstamme, sie sind kurz und schalenförmig gelappt mit 2—3 Zellen breiten Läppchen und durch 3—4 Zellen lange Zilien gewimpert. Die Calyptra ist nackt. Die männlichen Äste entspringen den Rändern der Basis von Primärästen, sie sind kurz, am Rande ± eingekrümmt und ganzrandig oder schwach krenuliert. Die Antheridien stehen in 3—4 Paaren; die Alveolen sind durch je zwei Zellreihen geschieden (S. Arn.).

Riccardia alata (S t e p h.) S c h f f n.

S ã o P a u l o : 1) In silvaticis prope Alto da Serra, ad arbores, 900 *m* (998). 2) In monte Itatiaya, ad saxa umbrosa, ca. 2750 *m* (2340).

Die Pflanze vom Fundort 1) weicht geringfügig vom Orig. Ex. ab durch etwas schmäleren Saum des Hauptstammes und durch die im trockenen Zustande olivgrüne (nicht rotbraune) Farbe; in Habitus und Größe stimmt sie vollkommen überein.

Riccardia insignis S c h f f n., n. spec. — Taf. I/7.

Dioica. Elata, prostrata vel inter muscos erecta, siccate rufo-brunnea, ca. 10 *cm* alta, tripinnata. Caulis rigidus, 1—1,2 *mm* latus ubique alatus, biconvexus supra minus quam ventre, medio 15—17 cellulas altus, cellulae epidermidis magnae tenerae, sequentes multo minores incrassatae, intimae sensim majores et tenerae; ala integerrima 4—5 cellulas lata, cellulae laevissimae 60 × 32 μ vel minores. Pinnae remotae oblique patentes, oblique triangulares ad 1 *cm* longae, pinnulae anguste lineares, 0,5 *mm* latae costa tenui, ala latissima, ca. 7 cellulas lata integerrima, cellulis ellipticis 60 × 32 μ vel minoribus, trigonis parvis. Ramuli ♂ copiosi ad pinnulas, parvi curvati limbo subcrenato, antheridiis ad 6-jugis.

Typus: S c h f f n. 431, Hb. W.

Ad confines R i o d e J a n e i r o — M i n a s G e r a ë s : In monte Itatiaya, in fauce bryophytis abundante, ca. 21000 *m* (431). S a. C a t a r i n a : Serra Geral, juxta fines eius (E. U h l e, Herb. Brasiliense n. 336, sub. nom. *Aneurae fucoidis*).

Die Pflanzen der *R. insignis* sind groß und ansehnlich; sie kriechen entweder über anderen Bryophyten oder sie wachsen in lockeren Rasen und sind dann ± aufrecht. Ihre Farbe ist im getrockneten Zustand rotbraun und dunkelt im Alter nach. Der Thallus ist hoch differenziert. Der steile Hauptstamm ist aufsteigend und wächst unbegrenzt weiter, sein lebender apikaler Teil ist bis 10 *cm* lang. Seine Breite beträgt 1—1,2 *mm*, die Dicke ca. 150 μ; er ist am Querschnitt bikonvex mit stärker gewölbter Ventralseite, und ringsum mit einem ein-zellschichtigen und 4—5 Zellen breiten Flügel versehen. Die mediane Partie ist 15—17 Zellen dick. Die Zellen der Oberfläche sind 14—16 × 24—30 μ groß, mit dünnen oder manchmal verdickten Außenwänden und gewöhnlich verdickten und braunen Innenwänden. Die nach innen zu folgenden Zellschichten haben gewöhnlich verdickte braune Wände, besonders im ventralen Teil des Hauptstammes, der häufig auch einen zentralen Streifen von Zellen mit verdickten Wänden führt. Die übrigen Binnenzellen sind 14 × 20 bis 32 × 60 μ groß, mit dünnen Wänden. Die Zellen der Flügel sind gewöhnlich ca. 30 × 40 (bis 32 × 60) μ groß; sie haben dünne Wände mit kleinen Eckenverdickungen. In ziemlich regelmäßigen

Abständen von 4—11 *mm* entspringen vom Hauptstamm eng einfach- oder gewöhnlich doppelt-gefiederte, schief abstehende Astsysteme von breit dreieckigem Umriß, mit gewöhnlich nicht aneinanderschließenden Verzweigungen. Diese photosynthetischen Astsysteme stehen subopponiert und haben ein bald abgeschlossenes Wachstum, wobei sie bis zu 10 *mm* Länge erreichen. Gegen die Enden zu sind die Zweige oft, besonders gegen das Scheitelende der Pflanze zu, etwas herabgekrümmt. Die Primäräste sind ca. 0,5 *mm* breit und dünn geflügelt; die Flügel sind etwa 7 Zellen breit, ihre Zellen bis 32 × 60 μ groß, mit kleinen Eckenverdickungen. Die letzten Auszweigungen sind am Scheitel schwach ausgerandet, haben breite Flügel und einen schmalen Medianstrang. Die männlichen Geschlechtsäste stehen reichlich an den Primär- und Sekundärästen, sind herabgekrümmt und haben 3—4 Zellen breite, schwach krenulierte Ränder; die Antheridien stehen paarweise bis 6-paarig, die Alveolen sind durch ein-zellschichtige Wände getrennt (S. A r n.).

Riccardia insignis steht der *Aneura Glaziovii* S p r. (Syn. *Aneura tripinnata* S t e p h.) sehr nahe und ist vielleicht eine Subspecies derselben. Sie steht zu dieser in einem ähnlichen Verwandtschaftsverhältnis wie *R. grossidens* (S t e p h.) zu *R. fucoides* und verdient ebensogut als Art betrachtet zu werden wie *R. grossidens*. *R. Glaziovii* [ich sah ein Orig. Ex. der *A. tripinnata* S t e p h. von Blumenau in Brasilien (O. U l e 1889; Herb. J a c k)] ist kleiner, weißer; die Flügel des Hauptstammes sind viel breiter (7—8 Zellen); die Pinnulae sind breiter (7—10 Zellen breit) geflügelt und berühren sich fast mit den Rändern, wodurch ein ganz anderer Habitus bedingt wird. Im Bau des Hauptstammes kann ich keinen wesentlichen Unterschied finden. Es ist daher die Beschreibung S t e p h a n i's in Spec. Hep. I, p. 234 unrichtig: „truncus antice planus, postice convexus, medio 12 cellulas crassus (ich finde bei kräftigen Pflanzen 15—17 Zellen), cellulis aequimagnis formatus, anguste alatus." Die Zellen sind nicht gleich groß, sondern genau so beschaffen, wie es unsere Figur zeigt; auch sind die Flügel des Hauptstammes nicht „angustae", sondern fast so breit wie bei den Fiederchen. *R. fucoides* unterscheidet sich sofort durch im trockenen Zustande schwärzliche (nicht rotbraune) Farbe, ungeflügelten Hauptstamm, gezähnte Ränder der Pinnulae etc. Sehr ähnlich und nahestehend ist unsere Pflanze auch *R. trichomanoides* (S p r.), die sich aber schon durch die gezähnten Flügel sofort unterscheidet.

Riccardia paulensis S c h f f n., n. spec. — Taf. II/8.

Dioica. Intricate caespitosa vel aliis hepaticis immixta, siccate rufofusca. Parva, frons 10—15 *mm* longa, fere regulariter bipinnata, pinnis oblique triangularibus, remotiusculis, pinnulis paucis. Caulis anguste alatus (ala superne 3 cellulas, inferne 1—2 cellulas lata vel hic illic evanida) in sectione transversa biconvexus ca. 0,13 *mm* crassus, medio 8—10 cellulas altus; cellulae corticales et internae vix diversae. Pinnulae lineari-lanceolatae saepe angustatae, apice rotundatae vel subemarginatae; alae integerrimae vel subcrenulatae ± 4 cellulas latae, cellulae ovales 27—30 × 20—23 μ, cuticula laevi trigonis subnullis. Rami ♂ in caule vel ad basin pinnarum, breves, antheridiis 2—4-jugis, margine inciso-crenato 2—3 cellulas lato. Cetera desunt.

S ã o P a u l o: In monte Jaraguá juxta Taipas prope São Paulo, ad terram turfosam, ca. 1000 *m* (1014). Typus in Hb. W.

Die Pflanze ist in getrocknetem Zustande rotbraun; sie wächst in lockeren Rasen oder zwischen anderen Moosen, mit niederliegendem oder etwas aufsteigendem Hauptstamm, von fester Textur. Der lebende Teil des Hauptstammes ist gewöhnlich 10—15 *mm* lang, 0,25 *mm* breit und bis 0,1 *mm* dick. Die mediane Partie ist 8—10 Zellen dick, sie nimmt an Dicke gegen die gewöhnlich abgerundeten Ränder zu allmählich und wenig ab. Manchmal wird jederseits ein 1—3 Zellen breiter Flügel entwickelt, besonders im apikalen Teil. Die Dorsalfläche ist schwach konvex, die Ventralfläche plan bis schwach konvex. Die Zellen der dorsalen Oberfläche sind verlängert und schmal, 14—16 × bis 70 μ, am Querschnitt 24—26 μ hoch, mit braunen und gewöhnlich dünnen Wänden. Die Zellen der ventralen Oberfläche sind unregelmäßig, gewöhnlich dünnwandig und Pilzhyphen enthaltend. Binnenzellen dünnwandig, am Querschnitt

12 × 16 bis 16 × 34 μ groß. Zu beiden Seiten des Hauptstammes gehen Astsysteme in Abständen von 1—2 mm ab. Primäräste bis 200 μ breit, mit einem 3—4 Zellen breiten Flügel versehen, der gewöhnlich nur am basiskopen Rande entwickelt ist. Mediane Partie von prinzipiell gleichem Bau wie beim Hauptstamm, nur dünner. Gelegentlich entwickelt sich ein Ast zu einem neuen Hauptstamm und zeigt dann unbegrenztes Wachstum, die meisten Äste stellen aber ihr Wachstum bald ein und erreichen eine Länge bis zu 2 mm. Die Sekundäräste sind ungefähr ebenso breit wie die Primäräste, sie sind am Scheitel abgerundet oder ausgerandet, in der medianen Partie ungefähr 3—4 Zellen dick, die Flügel sind ein-zellschichtig und 3—4 Zellen breit, am Rande ganz oder schwach krenuliert; die Randzellen sind ca. 20 μ groß, die übrigen Flügelzellen 20—23 × 27—30 μ, ohne Eckenverdickungen. Die männlichen Geschlechtsäste stehen am Hauptstamm oder an der Basis von Primärästen, mit 2—3paarigen Antheridien und krenulierten Rändern (S. A r n).

Die neue Art ist nahe verwandt mit *R. alata* und weist im trockenen Zustande dieselbe rotbraune Farbe auf, unterscheidet sich aber von dieser sofort durch die viel geringere Größe und die viel kleineren Zellen der Flügel. *R. humilis* (G.) und *R. emarginata* sind kräftiger, in getrocknetem Zustande schwärzlich (nicht rotbraun), die Fiedern sind dicht, die Fiederchen am Rande meistens gezähnt, die Zellen viel größer, der Hauptstamm nicht geflügelt, etc. *R. emarginata* ist übrigens monözisch.

Riccardia amazonica (S p r.) S c h f f n.

S ã o P a u l o : 1) Prope Mongaguá in litoralibus inter Santos et Itanhaëm, ad truncos putridos (1355). 2) In silvaticis prope Apiahy, ad truncos putridos, 1100 m (2313).

Diese Pflanze aus Süd-Brasilien stimmt mit dem Orig. Ex. von S p r u c e (von San Carlos am Rio Negro) gut überein, unterscheidet sich aber durch etwas größere Saumzellen der Pinnulae, den weniger scharf von der Rippe abgesetzten Saum und durch etwas höheren Wuchs. Sie wäre vielleicht als eigene Varietät zu unterscheiden. Die Art vom Fundort 1) hat einen minder gut entwickelten Saum.

Riccardia digitiloba (S p r.) S c h f f n.

S ã o P a u l o : 1) Prope Santos in vicinitate sanatorii Guarujá, ad terram argillosam (2429). 2) In declivitatibus silvae circa Cantareira prope São Paulo, ad terram lateriticam, 800 m (1178). 3) Prope Rio Grande ad „São Paulo Railway", ad terram lateriticam, 800 m (419). 4) In monte Morro d'Oro prope Apiahy, ad terram lateriticam, 1200—1400 m (320, 321). 5) In silvulis campestribus ad Fazenda Paranapanema prope Capão Bonito, ad terram argillosam (2430). 6) Prope Itapetininga, ad terram lateriticam, ca. 550 m (2183).

Die Pflanze ist gewöhnlich erdbewohnend, kommt aber auch auf Baumrinden und faulen Stämmen vor. Im Gebiet ist sie verbreitet von der heißen Küstenregion bis in die Gebirge (über 1200 m); ich kenne sie auch aus der Campo-Region.

Fo. **lignicola** S c h f f n., n. fo.

Melius evoluta et major, saepe ultra 1 cm; pinnae latiores; ligna putrida inhabitans. Typus: S c h f f n. 915, Hb. W.

S ã o P a u l o : 7) In silvaticis prope Raiz da Serra, 20—50 m (915). 8) In silvaticis prope Alto da Serra, 900 m, una cum *R. squamifera* S c h f f n., *R. Schwaneckei* (S t e p h.) S c h f f n., *R. emarginata*, *R. fucoides* (2431). 9) In silvaticis prope Barra Mansa in districtu urbis Itapecirica, 1000 m (1567). 10) In silvaticis ad Brasso Grande prope Barra Mansa, c. fr. (1548, 1864).

Fo. **propagulifera** S c h f f n., n. fo.

Magis etiolata; in pinnis elongatis et attenuatis proveniunt propagula creberrima, bicellularia, 40—50 μ longa, 20—25 μ lata. Calyptra ut in forma typica. Ligna putrida inhabitans. Typus: S c h f f n. 1871, Hb. W.

S ã o P a u l o : 11) In silvaticis prope Barra Mansa in districtu urbis Itapecirica, ad truncos putridos, 1000 m (1871). 12) In itinere Cerqueira Cesar — Fazenda Bella Vista, in silvis primigeniis (1492). 13) Prope Apiahy (P u i g g a r i 281).

Ein sehr gutes Merkmal dieser Spezies sind die ziemlich langen weiblichen Äste, welche einen breiten, bis zur Basis eingerissenen, gelappten Saum haben. Von *R. gemmipara* S c h f f n. und *R. squamifera* S c h f f n. ist sie durch die dort angeführten Merkmale sicher verschieden.

Im Herb. S t e p h a n i liegen 17 Exemplare von *Aneura digitiloba* S p r., die ich alle revidiert habe, Vier davon sind Orig. Exemplare (G l a z i o u 7228, 9262); ferner gehören sicher zu *R. digitiloba:* Rio Janeiro, G l a z i o u (Herb. H a m p e); Apiahy, P u i g g a r i (281) und 2 Exemplare aus dem Herb. Berlin; Puerto Rico, S c h w a n e c k e (55 c). Alle übrigen gehören n i c h t zu *R. digitiloba,* und zwar: Apiahy, P u i g g a r i (232, 1121, beide autözisch!, 805); Ins. Dominica, E l l i o t (Hepaticae Dominicenses Elliottianae, beide Exemplare); Ins. Guadeloupe, F u n c k e t S c h l i m, L e f e b o r e; schließlich Cuba, W r i g h t. Es sind also aus der Verbreitung dieser Art auszuscheiden: Ins. Dominica, Ins. Guadeloupe, Cuba. Die Pflanze von P u i g g a r i (281) war von G o t t s c h e als *Aneura palmata γ. 2. β. concinna* bestimmt. Reife Sporogone sah ich an den Pflanzen von den Fundorten 7) und 10). Die Sporogonklappen sind ebenso gebaut wie bei *R. multifida* (L.) G r a y.

Riccardia cataractarum (S p r.) S c h f f n.

S ã o P a u l o: Prope Yporanga in valle fluminis Ribeira, ad terram humidam, ca. 130 *m* (2427).

Ich habe die Orig. Ex. (Paraguay, B a l a n s a 4245, 4246) untersucht. Dieselben sind zumeist etwas mehr in die Länge gestreckt (bis 5 *cm*) als unsere Pflanze, aber sonst vollkommen mit dieser übereinstimmend. S p r u c e vergleicht (Hep. nov. Amer. trop. in Bull. Soc. Bot. France, 1889, p. CXCV) seine *Aneura cataractarum* mit *A. tenuicula;* sie steht aber verwandtschaftlich der *A. digitiloba* am nächsten. Sie stimmt in den Details und besonders auch in den ziemlich langen ♀ Ästen mit dem breiten laziniaten Saume sehr gut überein, ist aber 3—5mal so groß wie *A. digitiloba* und von dieser schon dadurch sofort zu unterscheiden.

Riccardia gemmipara S c h f f n., n. spec. — Taf. II/9.

Dioica. Minor vel mediocris, 6—25 *mm* longa, dense caespitosa in terra humida vel paludosa, dilute luteo-viridis, irregulariter pinnata ad bipinnata, caule $^1/_3$ *mm* ad ultra 1 *mm* lato, plano-convexo vel etiam canaliculato, subexalato, 4—5 cellulas crasso, quarum internae duplo majores quam corticales. Pinnae angustiores 0,2—0,7 *mm* latae, obtusae, angustissime alatae (1—2 cellulas), medio 4 cellulas crassae, cellulae marginales non prominulae, $18 \times 20 \mu$ vel majores, medianae multo majores $40 \times 25 \mu$, omnes parietibus tenuibus. Propagula bicellularia, 42×28 ad $50 \times 30 \mu$, ad apices pinnarum fere semper copiose adsunt. — Rami ♀ breves in caule et ad pinnas, margine latissimo crenulato-inciso, cupulam amplam formantes; calyptra 2—2,5 *mm* longa, cellulis utriculatis scabris ± dense obtecta, coronula e cellulis similibus mammilatim prominentibus. Capsula longe pedicellata, valvis ad 16 cellulas latis, bistratosis (typus *R. multifidae* [L.] Gray). Sporae 13 μ, laeves; elateres longe attenuati, medio 13 μ crassi, spira lata rufa. Rami ♂ in caule, rarius ad pinnas, antheridiis 3—16-jugis, margine lato inciso-crenulato.

Typus: S c h f f n. 413, Hb. W.

Species valde variabilis.

Formae minores:

Plantae minores, 6—10 *mm* longae, pinnulis angustis haud canaliculatis, ditissime propaguliferis. Crescunt ad terram lateriticam subhumidam ad viarum et ferroviae latera, caespites humiles densissimos formantes. Plantam masculam tantum vidi.

S ã o P a u l o: 1) Prope Raiz da Serra, 20—50 *m* (681). 2) Prope Alto da Serra, 900 *m* (413). 3) Prope Cantareira, in silva ad declivitates, 800 *m* (715).

Forma cochleata:

Paulum major, pinnis concavis, pinnulis abbreviatis. Crescit ut formae minores. Vidi sporogonia matura.

São Paulo: 4) Prope Alto da Serra, ad terram argillosam, 900 m (176).

Forma alpina:

Formae cochleatae subsimilis, sed minor, obscure viridis, in sicco nigrescens, ramis basi constrictis valde concavis, epidermide dorsali versus pinnarum apices omnino destructa (ob propagulorum praesentiam). Crescit ad terram turfosam. Omnino sterilis.

Ad confines Rio de Janeiro — Minas Geraës: 5) In regione superiore montis Itatiaya, ad terram turfosam, 2500 m (650).

Formae luxuriantes:

Duplo vel triplo majores quam formae minores, ad 25 mm longae, caules 1 mm vel ultra lati, rami elongati; cellulae marginales paulum majores; gemmae rariores, non semper praesentes. Caespites laxos ad fossas vel ad terram paludosam formantes.

São Paulo: 6) Prope Alto da Serra, ad terram humidissimam, 900 m, ♂ (402). 7) Serra do Piruhibe, ad fossas, ca. 100 m (310). 8) Prope Cerqueira-Cesar, in palude inter muscos, ca. 500 m (1445). 9) Prope Conceição de Itanhaëm in silvaticis litoralibus, ad terram paludosam inter muscos (114).

Diese Art ist außerordentlich variabel, so daß man ihre Formen auf den ersten Blick für verschiedene Arten halten könnte. Sie stimmen aber in den Details vollkommen überein und scheinen durch Übergänge verbunden zu sein. Die Form „minor" ist depauperiert, in Größe und Habitus der R. digitiloba sehr ähnlich, aber blasser und sofort durch die viel kleineren und dünnwandigen Zellen zu unterscheiden. Die Formen „cochleata" und „alpina" sind etwas größer und durch die angegebenen Merkmale leicht zu unterscheiden, zwischen „cochleata" und „minor" gibt es Übergänge. Die Form „luxurians" ist durch die Größe sehr verschieden, sie gleicht in Größe und Tracht unserer R. sinuata Trevis. Sie ist auch R. Regnellii (Ångstr.) (Orig. Ex. verglichen!) sehr ähnlich; letztere ist aber autözisch. Gemmenbildung kommt auch in ähnlicher Weise bei anderen Arten der Gattung vor, ist hier aber eine nahezu konstante Erscheinung.

Querschnitte durch den Hauptstamm und die Äste erscheinen nicht verschieden von solchen bei R. digitiloba, die Größe der Oberflächenzellen ist bei beiden ungefähr die gleiche. Auch die Gestalt der weiblichen und männlichen Geschlechtsäste ist gleich. Meiner Meinung nach handelt es sich bei R. gemmipara und R. digitiloba um Modifikationen ein und derselben Art (S. Arn.).

Riccardia hirtiflora (Steph.) Schffn.

Syn.: *Aneura hirtiflora* Steph., Hepat. de la Serra do Itatiaya p. 10, 1903.

São Paulo: Serra São João prope Santos, in silvaticis, apud cataractam ad saxa (900).

Diese Pflanze ist meiner Meinung nach nahe verwandt mit R. squamifera Schffn.

Riccardia squamifera Schffn., n. spec. — Taf. II/10.

Dioica. Depresso-caespitosa, olivacea, rigida, mediocris, ad 2 cm (et ultra) longa, irregulariter bipinnata (rarius tripinnata), saepe unilateraliter evoluta et pinnis fere digitatis, pinnis singulis stoloniformibus et radicantibus. Caulis subexalatus, in sectione transversa late ellipticus ad 7 cellulas crassus. Pinnulae lanceolatae, ad 1 mm latae, medio 5 (—6) cellulas crassae, anguste alatae, ala 1 (—2) cellulas lata; cellulae alares $40 \times 50\,\mu$, parietibus crassis, submarginales majores, mediae angustiores sed longiores. Rami ♀ ad caulem et ad pinnas, interdum etiam ad stolones, ad vel ultra 0,5 mm longi, margine lato, ad basin inciso-laciniato. Calyptra cylindrica squamis pluricellularibus ad 0,4 mm longis squarrosissimis dense obruta, coronula longissima (ad 0,4 mm). Rami ♂ ad caulem et ad pinnas saepe etiam ad stolones, curvati, alati, ala crenato-incisa, antheridia ad 8-juga.

Typus: Schffn. 420, Hb. W.

São Paulo: 1) Ilha de S. Amaro prope Santos, ad arbores, una cum *Riccardia Schwaneckei* Steph. (1833). 2) Prope Rio Grande ad „São Paulo Railway", in silva ad truncos putridos, ca. 800 m, copiosissime (420). 3) In silvaticis prope Alto da Serra, ad truncos putridos et ad arbores, 900 m (182, 187). 4) In silvaticis ad Brasso Grande in districtu urbis Itapecirica, ad truncos putridos, ca. 1000 m (1906).

An faulen Stämmen, seltener an Rinden oder auf bloßer Erde, stellenweise sehr reichlich.

Fo. terricola S c h f f n., n. fo.

Minor et angustior, ala pinnarum angusta.

S ã o P a u l o : 5) Prope Raiz ad Serra, ad terram argillosam, 20—25 m (1726). Typus in Hb. W.

Diese ausgezeichnete Art ist recht variabel in der Größe und Verzweigung, die bald sehr dicht, bald recht locker ist. Die kleineren Formen (besonders die fo. *terricola*) sind großen Formen der *R. digitiloba* ähnlich, die viel größeren Randzellen und die Calyptra unterscheiden sie aber sofort. Von allen brasilianischen Arten der Gattung unterscheidet sich unsere Pflanze sofort durch die mit vielzelligen squarrösen Schuppen (nicht Schlauchzellen!) bedeckte Calyptra und das mehrere Zellen hohe Krönchen.

Sicher ganz nahe verwandt ist unsere Pflanze mit *R. stipatiflora* (S t e p h.) aus West-Indien. Letztere ist aber viel größer und der Randsaum der Fiederchen ist meistens minder breit, weil die Randzellen fast zur Hälfte von den submarginalen Zellen bedeckt werden, während sie bei unserer Pflanze ganz frei liegen, ja stellenweise ist der Saum hier zwei Zellen breit. Die Saumzellen sind bei *R. stipatiflora* größer, die übrigen Epidermiszellen aber kleiner als bei unserer Pflanze. Die ♀ Äste sind lang (scheinbar gestielt) und ihr Saum hat fast doppelt so große Zellen. Seine Lappen laufen oft in mehrere Zellen lange Zilien aus. Die Calyptra war bisher unbekannt. Ich fand eine Pflanze mit zwei gut entwickelten Calyptren. Wie beim Orig. Ex. der *Aneura stipatiflora* von S t e p h a n i (Martinique, Père D u s s n. 56) ist die Calyptra mit mehrzelligen Schuppen dicht bedeckt, die aber meist nur aus einer Zellreihe von 2—4 fast doppelt so großen, aufgeblasenen, an ihren Enden stark eingeschnürten Zellen bestehen, die eine deutlich quergefaltete Cuticula haben, während sie bei *R. squamifera* nahezu glatt ist. Alle diese Unterschiede zusammen mit dem Umstand, daß beide Pflanzen weit getrennte Gebiete bewohnen, rechtfertigen ihre spezifische Trennung.

Riccardia Schwaneckei (S t e p h.) S c h f f n.

S ã o P a u l o : 1) In silvaticis prope Alto da Serra, ad truncos putridos rarissime, 900 m, c. fr. jun. (411, 984, 1009, 2426; inter *R. squamiferam* n. 187). 2) Ilha S. Amaro prope Santos, ad ligna putrida (inter *R. squamiferam* n. 1833).

Ganz sicher ist unsere Pflanze identisch mit der Pflanze von Rio Grande do Sul, S. Leopoldo, leg. L i n d m a n (I. R e g n e l l. Exped.), von der ich schöne ♂ Exemplare aus dem Herb. S t e p h a n i untersuchen konnte. Unsere Pflanze ist nur etwas kräftiger und die Pinnulae sind mehr genähert, in allen Details stimmt sie aber vollkommen überein. Das Orig. Ex. von Puerto Rico (S c h w a n e c k e 55) besteht aus wenigen Stengelfragmenten. Es ist eine wesentlich kleinere Pflanze, die aber im Zellnetz gut mit unserer übereinstimmt. Die Diagnose bei S t e p h a n i, Spec. Hep. I, p. 273, kann ich durch folgende Angaben ergänzen: Ala pinnularum bene definita 4 cellulas lata, cellulae marginales duplo minores paulum prominulae. Rami ♂ parvi, margine lato (3—4 cellulas) subcrenulato, antheridiis 3—4-jugis. Calyptra cellulis paucis mammillosis scabra demum fere laevis, coronula parva scabra.

Die Pflanzen der n. 411 sind z. T. etwas etioliert, und daher die Pinnae gegen die Spitzen etwas verschmälert und der Saum schlechter entwickelt; solche etiolierte (♂) Pflanzen tragen mitunter Gemmen und werden *R. gemmipara* fo. *luxurians* etwas ähnlich. *R. Schwaneckei* gehört sicher nicht in den Verwandtschaftskreis der *R. pinguis*, dem sie S t e p h a n i l. c. zuordnet.

Riccardia latissima (S p r.) S c h f f n.

S ã o P a u l o : 1) Serra São João prope Santos, in silvaticis ad saxa (1997). 2) Ilha S. Amaro prope Santos, ad terram lapidosam, 5—50 m (1832). 3) Serra do Cayazique prope Santos, ad truncos putridos (564). 4) In silva primigenia prope Rio Grande ad „São Paulo Railway", ad truncos putridos, 820 m (427). 5) In silvaticis prope Alto da Serra, ad truncos putridos, 900 m (407). 6) In silva juxta Cantareira prope

São Paulo, in declivitatibus ad terram, 800 m (716). 7) Prope Barra Mansa in districtu urbis Itapecirica, in silvis primigeniis ad truncos putridos, 1000 m (1800). 8) Prope Barra Mansa, non procul a fodina micae apud flumen Ribirão dos Couros, ad truncos putridos, 1000 m, c. fr. (1870). 9) Prope Apiahy, c. fr. (Puiggari 1125).

R. latissima scheint durch das ganze tropische Amerika verbreitet zu sein. Ihre nördliche Verbreitungsgrenze gegen *R. pinguis* ist noch nicht sicher festgestellt. Im Gebiete wächst sie zumeist auf faulenden Stämmen in den Urwäldern, seltener auf feuchten Steinen oder auf bloßer Erde. Letztere Formen sind bisweilen bedeutend kleiner und derber, aber immer noch den großen Formen der *R. pinguis* gleichkommend. So kleine Formen, wie etwa var. *minor* von *R. pinguis*, kommen bei *R. latissima* nie vor.

Ich kann Stephani (Spec. Hep. I, p. 272) nicht beipflichten, der *Aneura latissima* Spr. als Synonym zu *A. pinguis* Dum. stellt, denn beide Pflanzen zeigen konstante Unterschiede. Stephani führt *A. pinguis* auch aus Java an, wo sie sicher nicht vorkommt. Ich habe auf Java sehr viele Lebermoose gesammelt, unter diesen aber nicht ein einziges Stämmchen von *R. pinguis* gesehen, hingegen drei andere mit *R. pinguis* verwandte Arten: *R. viridissima* (Schffn.), *R. lobata* (Schffn.) und *R. maxima* (Schffn.). *R. latissima* ist viel größer (auch depauperierte erdbewohnende Formen sind immer noch so groß wie große Formen der *R. pinguis*). Die Epidermiszellen sind größer (der Querschnitt der Frons ist gleich). Die Sporen sind nur halb so groß (20 μ, bei *R. pinguis* 40 μ), gelbbraun, durchscheinend und gröber gekörnelt (bei *R. pinguis* rotbraun, wenig durchscheinend und sehr fein gekörnelt). Die Elateren sind kurz und um die Hälfte dicker, mit breiter, scharf begrenzter rotbrauner Spire (bei *R. pinguis* 2—3mal so lang, mit sehr langgezogener Spire). Die Innenzellen der Sporogonwand zeigen sehr schräg und unregelmäßig verlaufende Halbringfasern (bei *R. pinguis* verlaufen sie horizontal).

Genus **Metzgeria** Rad.

Bisher aus Südbrasilien bekannt:

M. acuminata Steph.
M. adscendens Steph.
M. albinea Spr.
M. angusta Steph.
M. aurantiaca Steph.

M. conjugata Lindb.
M. convoluta Steph.

M. dichotoma (Sw.) Nees*)
M. effusa Steph.

M. hamata Lindb.
M. Jackii Steph.

M. Liebmanniana Lindnbg. et G.
M. myriopoda Lindb.
M. polytricha Spr.

M. Uleana Steph.

Von mir während der Expedition gesammelt:

M. adscendens Steph.
M. albinea Spr.
M. angusta Steph.
M. aurantiaca Steph.
M. brasiliensis Schffn., n. spec.

M. convoluta Steph.
M. cratoneura Schffn., n. spec.
M. crenatiformis Schffn., n. spec.

M. grandiretis Schffn., n. spec.
M. hamata Lindb. var.
M. Jackii Steph.
M. leptomitra Spr.

M. myriopoda Lindb.

M. psilocraspeda Schffn., n. spec.
M. subaneura Schffn., n. spec.

Es sind also für das Gebiet neu 7 Arten, überhaupt neu 6 Arten.

*) *M. dichotoma* ist bei Stephani, Spec. Hep. I, p. 291, mehrfach aus Brasilien angegeben. Ich habe alle diesbezüglichen Belegexemplare des Herb. Stephani geprüft; keine dieser 8 Pflanzen gehört zu *M. dichotoma*, welche also als Bürger des Gebietes zu streichen ist (vgl. Schiffner: Über einige neotropische *Metzgeria*-Arten, in Österr. Bot. Zeitschr. 61, 1911, p. 262).

Metzgeria aurantiaca S t e p h.

São Paulo: 1) Prope Mongaguá ad litora inter Santos et Conceição de Itanhaëm (2412). 2) Ilha Comprida prope Iguape, ♂ et ♀ (2413). 3) Prope Lapa in circuitu urbis São Paulo (2414). 4) In silvaticis prope Cantareira non procul a São Paulo, 800 *m* (1148). 5) In monte Jaraguá juxta Taipas prope São Paulo, 800 *m*, ♂ (2415). 6) Apud São Bernardo prope São Paulo, 800 *m* (2366). 7) Prope Rio Grande ad „São Paulo Railway", apud casas ad arbores, 800 *m* (1593); forma peculiaris alis latioribus cellulisque minoribus, fortasse huc non pertinens. 8) In silvaticis prope Barra Mansa in districtu urbis Itapecirica, ca. 1000 *m* (499).

Das Orig. Ex. der Art stammt von Caraça. Ich sah die Pflanze nur aus dem Küstenstriche und vom Plateau um São Paulo; aus der Serra do Paranapiacaba liegt sie nur von einem Fundort vor. Sie wächst an Baumrinden mit anderen Moosen gemeinsam und scheint überall spärlich vorzukommen.

Die rötlichgelbe Farbe ist für diese Spezies gewiß nicht charakteristisch; das Orig. Ex. meines Herbars ist grünlichgelb.

Metzgeria subaneura S c h f f n., n. spec. — Taf. II/11.

Dioica. In foliis vivis arcte repens ramis obtusis vel ad margines folii adscendens ibidemque ramis sensim attenuatis (cornutis) et marginibus propagula lentiformia proferrentibus. Ad 2 *cm* longa, pluries dichotoma, hyalina tenerrima, ad 0,75 *mm* lata. Costa tenuissima, 42 μ tantum lata, dorso et ventre binis seriebus cellularum valde elongatarum (20 × 60—70 μ) tecta, ventre sparse pilosa; costa per spatia omnino deest, saepe versus apices ramulorum tantum obvia. Alae planae, ad 12 cellulas latae, cellulae tenerrimae, mediae 30 × 40—50 μ, marginales saepe elongatae, 30 × 50 μ, vix prominulae, subtus sparse pilis vel rhizoidis hirsuta, margine hic illic pilis (vel rhizoidis) simplicibus longis flaccidis hirta. Rami ♀ parvi profunde emarginati, dorso marginique setis paucis instructi. Calyptra pyrifomis apice setis longissimis porrectis (penicillatis) hirta. Rami ♂ (etiam ad ramulos cornutos) globosi magni, antheridia 2 (—3) globosa breviter stipitata foventes.

Typus: S c h f f n. 200, Hb. W.

São Paulo: In silvaticis prope Alto da Serra, ad folia viva, 900 *m* (200, 970, 975, 976).

Scheint eine sehr gute Art zu sein, die mit keiner anderen verwechselt werden kann. Mit *M. aurantiaca* durch die Rippe mit oben und unten je 2 Deckzellenreihen und die einfachen Randborsten übereinstimmend, aber durch die viel geringere Größe, Zartheit, Durchsichtigkeit, die sehr dünne — stellenweise ganz fehlende — Rippe, das Vorkommen auf lebenden Blättern etc. auffällig verschieden. *M. longitexta* S t e p h. (Ins. Dominica) ist größer und schon durch die riesigen Zellen (bei S t e p h a n i, Spec. Hep. I, p. 288, steht infolge eines Druckfehlers: 25 × 68 μ statt 55 × 68 μ) zu unterscheiden. Von *M. albinea* S p r., bei deren var. *aberrans* (siehe diese!) die Rippe ebenfalls streckenweise ganz fehlt, ist *M. subaneura* durch viel geringere Größe und Breite (Pflanzen etwa halb so breit) verschieden, ferner durch nur etwa 12 (bei *M. albinea* 17—18) Zellen breite Ala, stark hyaline Zellen, viel dünnere Rippe und durch einfache Randborsten (*M. albinea* gehört in die Gruppe mit Doppelborsten, ebenso wie *M. polytricha* S p r., die unserer Pflanze noch ferner steht).

Metzgeria brasiliensis S c h f f n., n. spec. — Taf. II/12.

Dioica. Ad arbores et ramulos caespitosa, luteo-viridis, tenax, e majoribus, ± elongata, ca. 3 *cm* longa, ad 0,45 *mm* lata (sed ob margines valde involutos in speciem angustior), regulariter bis dichotoma, ramis divaricatis. Costa robusta, ultra 100 μ lata, supra duobus, subtus 2—3 cellulis tecta ibidemque dense setosa, cellulae tegentes pro more duplo latiores quam longae (30 × 54 μ). Cellulae internae parvae 6-stratosae, valde incrassatae. Alae valde convexae et convolutae subtus nudae vel pilis ± raris obtectae, 10—12 cellulas latae, margine setis rigidis simplicibus (rarissime una alterave geminata) ca. 100 μ longis ornatae. Cellulae fere isodiametricae, mediae ca. 35 μ, subincrassatae, trigonis parvis. Rami ♀ obcordati, versus margines dense setosi, setis brevibus; calyptra pyriformis setis crebis sed non densis, longis (100—200 μ). Capsula breviter pedicellata, valvis late lanceolatis 0,7 mm longis, strato interno sine ullis fibris semicircularibus. Sporae viridiflavae laevissimae 17 μ, elateres longissimi, tenuissimi (6,5 μ), spira lata simplici rufa. Rami ♂ normales, globosi, nudi.

Typus: S c h f f n. 512, Hb. W.

S ã o P a u l o : 1) Vargem do Rio da Fazenda juxta fortificationem prope Santos, 5—25 m (103). 2) Serra São João prope Santos, in silvaticis copiosissime, partim c. fr. mat. (512). 3) Serra do Cayazique prope Santos, in silvaticis, partim c. fr. mat., una cum var. *subnuda* (555). 4) Apud Sitio Bülow ad flumen Rio Branco prope Santos (1946). 5) Ad ripas fluminis Aguapihú prope Conceição de Itanhaëm, 20 m (1185). 6) Alto da Serra, in silvaticis (1619). 7) Prope Rio Grande ad „São Paulo Railway", 800 m (2408). 8) In silvaticis ad Brasso Grande in districtu urbis Itapecirica, ca. 1000 m (1322). 9) In circuitu urbis Itapetininga, ca. 550 m (2409). 10) Prope Yporanga in valle fluminis Rio Ribeira, ad arbores, ca. 130 m (2158). 11) Prope Lapa in circuitu urbis São Paulo, ad arbores (307, 2010).

Var. **subnuda** S c h f f n., n. var.

Subplana, cellulis saepe magis chlorophyllosis, ciliis marginalibus brevibus (interdum geminis) vel per spatia nullis, costa autem dense setosa.

Typus: S c h f f n. 566, Hb. W.

S ã o P a u l o : 12) Serra do Cayazique prope Santos, in silvaticis copiosissime, cum forma typica, partim c. fr. mat. (566). 13) Apud Sitio Bülow ad flumen Rio Branco prope Santos (1968). 14) In silvaticis ad flumen Rio Mambú in districtu urbis Conceição de Itanhaëm, ca. 100 m (1679).

Ist in dem erforschten Gebiete eine vom heißen Küstenstriche — wo sie oft massenhaft auftritt — bis in die Serra do Paranapiacaba verbreitete Art. Im Campogebiete, wo Metzgerien sehr selten sind, sah ich sie nur bei Itapetininga; vom Itatiaya kenne ich sie nicht. Ich besitze auch schöne fruchtende Exemplare aus Sa. Catarina (prope Joinville, leg. K. G r o s s m a n n), comm. M o e n k e m e y e r sub nom. *M. dichotomae* (Sw.) N e e s, det. S t e p h a n i, zu welcher Art unsere Pflanze schon wegen der Rippe mit oben 2 und unten 2—3 (nicht oben 4 und unten 6) Deckzellenreihen nicht gehören kann. Auch sah ich sie von „Rio Janeiro n. 63" im Herbar des Naturhistorischen Museums in Wien als *Jungermannia dichotoma* S w.

M. brasiliensis ist sicher eine gute Art, die in ihren Merkmalen zwischen *M. convoluta* S t e p h., *M. Jackii* S t e p h. und *M. aurantiaca* die Mitte hält. *M. convoluta* ist größer, fast doppelt so breit, die Zellen sind größer, die Randborsten stets einfach (bei *M. brasiliensis* sind einzelne bisweilen geminat), die Rippe ist dicker (normal oben mit 2, unten mit 4 Deckzellenreihen). Bei *M. brasiliensis* hat die Rippe normal oben und unten 2 Deckzellenreihen (man lasse sich nicht durch die reichlichen, oft vielreihigen Borsten der Unterseite irreführen!), an kräftigen Pflanzen stellenweise unten 3 Deckzellenreihen. Daß beide Pflanzen verschieden sind, geht schon daraus hervor, daß ich vom Fundort 3) Rasen besitze, in welchen beide Arten gemeinsam wachsen und beide schon mit freiem Auge zu unterscheiden sind. *M. aurantiaca* ist (nach dem Orig. Ex. meines Herbars) eine zartere, schlaffere, weniger verlängerte Pflanze mit größeren Zellen; die Rippe ist dünner, stets oben und unten mit 2 Deckzellenreihen; die Deckzellen sind beiderseits nicht querbreiter wie bei *M. brasiliensis*, sondern meistens länger als breit. Die für *M. aurantiaca* angegebene gelbe Färbung kommt mitunter auch bei *M. brasiliensis* (aber auch bei anderen Arten) vor; sie entsteht (wie bei *Radula)* durch einen in den Zellinhalt austretenden gelben Farbstoff und ist weder für *M. aurantiaca* noch für *M. brasiliensis* charakteristisch. S t e p h a n i hat unsere Pflanze unbegreiflicher Weise mit seiner *M. convoluta* konfundiert; ich sah sie, von S t e p h a n i a. 1905 als *M. convoluta* bestimmt, im Herb. des Hofmuseums in Wien (Santos, leg. H j. M o s é n) (V. S c h f f n.).

Vom Thallusrand entspringen Brutkörper ohne Mittelrippe (S. A r n.).

Metzgeria convoluta S t e p h.

S ã o P a u l o : Serra do Cayazique prope Santos, in silvaticis, una cum *M. brasiliensis* (1793). 2) In silvaticis prope Alto da Serra, ad truncos et ramos arborum copiosissime, 900 *m* (1018). 3) Ibidem, ad folia viva et emortua (fo. foliicola) (393). 4) In silvulis campestribus prope Campo Grande ad „São Paulo Railway", ca. 700 *m* (768). 5) In silvaticis prope Rio Grande ad „São Paulo Railway", 800 *m* (125, 800).

Die Unterschiede dieser Spezies gegenüber *M. brasiliensis* sind bei letzterer nachzusehen. Sobald die Pflanze auf Blätter übergeht, entwickelt sie unterseits auf der Ala reichlichere Haare und unterscheidet sich von *M. Jackii* (siehe diese) kaum anders als durch die bedeutendere Größe. An sehr starken Pflanzen von *M. convoluta* sind stellenweise auch 5 (selten bis 6) Deckelzellenreihen der Rippe vorhanden.

Metzgeria Jackii S t e p h.

S ã o P a u l o : 1) Prope Hygienopolis apud São Paulo, ad arbores inter bryophyta (340). 2) Prope São Bernardo in districtu urbis São Paulo, 800 *m* (2401). 3) In silvaticis ad Brasso Grande in districtu urbis Itapecirica, ca. 1000 *m* (1297).

Var. **subnuda** S c h f f n., n. var.

Magis plana, margine nuda vel parce setosa, setis brevibus.

Typus: S c h f f n. 2198, Hb. W.

S ã o P a u l o : 4) Ad cataractas Salto Grande fluminis Paranapanema, ad arbores inter bryophyta, ca. 500 *m* (2198).

Var. **valida** S c h f f n., n. var.

Flavescens, magis elongata (magnetudine habituque *M. brasiliensis* similis), vlade convoluta, costa valida per spatia etiam cellulis corticalibus in sectione dorsaliter 2, ventraliter 5 (6); cellulae minores, firmiores.

Typus: S c h f f n. 2411, Hb. W.

S ã o P a u l o : Prope Rio Grande ad „São Paulo Railway", 800 *m* (2411).

M. Jackii dürfte sich kaum als Spezies rechtfertigen lassen, es handelt sich wohl nur um eine Form von *M. convoluta*. Die Beschreibung von *M. Jackii* (S t e p h a n i, Spec. Hep. I, p. 289) gibt nur zwei Unterschiede gegenüber *M. convoluta* an: die geringere Größe und die unterseits behaarte Ala. Der Vergleich der Orig. Ex. beider in meinem Herbar hat auch keine gewichtigeren Unterschiede ergeben, man könnte also *M. Jackii* ohne weiteres als Varietät zu *M. convoluta* stellen, mit der sie im wesentlichen morphologisch übereinstimmt und mit der sie dasselbe Verbreitungsgebiet teilt.

Die von mir als Varietäten bezeichneten Abänderungen scheinen vom Standorte verursacht zu sein. Die var. *subnuda* ist eine der gleichnamigen Varietät von *M. brasiliensis* analoge ombrophile Form. Die weiter abweichende var. *valida* scheint eine subxerophile, dem Lichte ausgesetzte Form zu sein.

Metzgeria cratoneura S c h f f n., n. spec. — Taf. II/13.

Dioica. Intricate caespitosa. Mediocris, tenax, olivacea, ad 3 *cm* longa, 1 *mm* lata, pluries dichotoma, ± elongata. Costa valida, 120 μ lata, subtus dense setosa, setis strictis longis, cellulis corticalibus in sectione dorsaliter 4, ventraliter 6, parvis, paulo longioribus quam latis, internis 6—7 stratosis valde incrassatis. Alae valde convexae, subtus ubique setosae, setis strictis, margine subinvolutae, setis simplicibus (rarissime una etiam gemina) strictis 80—120 μ longis ornatae. Cellulae sexangulares ca. 35 μ, subplanae, parietibus validis, trigonis conspicuis. Ramuli ♀ profunde obcordati, dense setosi; calyptra crasse pyriformis, 0,8 *mm* longa, 0,6 *mm* crassa, setis densis sed brevibus et valde incrassatis, lumine tenui tantum. Capsula breviter pedicellata, valvis ovato-lanceolatis, 0,9 *mm* longis, 0,3 *mm* latis, strato interno sine vestigio fibrorum semicircularium. Sporae 18 μ, viridiflavae, laevissimae, elateres 5 μ crassi, spira lata, pallide rufa. Rami ♂ globosi normales, interdum dorso setis nonnullis.

Typus: S c h f f n. 1283, Hb. W.

S ã o P a u l o : 1) In silvaticis prope São Bernardo in districtu urbis São Paulo, ad arbores, 800 *m*, c. fr. mat. (2417). 2) In silvaticis ad Brasso Grande in districtu urbis Itapecirica, ca. 1000 *m* (1283). — R i o d e J a n e i r o : 3) (G l a z i o u, ex Herb. B e s c h e r e l l e).

M. cratoneura ist eine ausgezeichnete Art, die habituell der *M. myriopoda, M. brasiliensis, M. Jackii* (unter anderen Arten) ähnlich ist, sich aber durch den Bau der Rippe sofort unterscheidet. *M. dichotoma* ist im Bau der Rippe ähnlich, hat aber sonst nicht die geringste Ähnlichkeit. Die Randborsten sind bei *M. cratoneura* einfach, selten kommt aber auch ein hie und da eingestreutes Doppelhaar vor. Die Pflanze von Rio de Janeiro ist männlich und daher im allgemeinen etwas schwächer (Rippe am Querschnitt oben mit 3, unten mit 5 [4] Rindenzellen); sie wächst zusammen mit *M. angusta* S t e p h. (unter letzterem Namen erhielt ich das Exemplar). Ferner gehört zu *M. cratoneura* die von S t e p h a n i als *M. dichotoma* fo. *angusta* bestimmte Pflanze von Rio Grande do Sul (C. A. M. L i n d m a n 157, I. Regnell. Exped.).

Metzgeria psilocraspeda S c h f f n., n. spec.

Dioica, corticola vel muscicola, mediocris tenera, ad 20 *mm* longa, 1,2—1,5 *mm* lata, pluries dichotoma (interdum ex apice vel e ventre innovans) haud elongata, subplana, costa cellulis corticalibus in sectione dorsaliter 3 (4), ventraliter 5—6 (in ramis minus validis par spatia etiam dorsaliter 2, ventraliter 4), alae ad 30 cellulas latae, subtus ± dense pilosae, marginibus omnino nudis vel per spatia setis paucis simplicibus (raro crebrioribus) ornatis. Cellulae alares hexagonae ubique aequales 27—30 μ, trigonis parvis. Rami ♀ squarrosi vel imo recurvati, dorso et margine dense setosi, calyptra pyriformis setis longis densissimis obtecta. Rami ♂ globosi normales.

Typus: S c h f f n. 1764, Hb. W.

S ã o P a u l o : 1) Prope Mongaguá inter Santos et Conceição de Itanhaëm (2404). 2) „Os Engenhios" ad flumen Ribeira prope Iguapé, ad *Pandanum utilem,* ca. 20 *m* (297). 3) In monte Jaraguá prope São Paulo, 800—1000 *m* (2403, 2405). 4) Prope Pirituba non procul a Taipas prope São Paulo, 750 *m*, c. fr. jun. (1746). 5) In silvaticis prope Barra Mansa in districtu urbis Itapecirica, ca. 1000 *m* (2044). 6) In silvaticis ad Brasso Grande prope Barra Mansa, ca. 1000 *m*, ♀ (1323). 7) Apud flumen Juquiá prope Barra Mansa, ad truncos *Araucariae angustifoliae,* 800—900 *m*, ♀ (1809). 8) In itinere S. Amaro — Barra Mansa, prope Capella Nova, 800—900 *m*, ♀ (1526). 9) Apiahy, ca. 1100 *m* (151). 10) Ad ripas fluminis Rio Branco prope Conceição de Itanhaëm, ad arbores, 20—100 *m* (1636). — Ad confines R i o d e J a n e i r o — M i n a s G e r a ë s : 11) In silvaticis regionis superioris montis Itatiaya, 1400—2000 *m* (626).

Var. **cornuta** S c h f f n., n. var.

Rami ultimi attenuati, cornuti. Ceteris notis cum typo convenit.

Typus: S c h f f n. 1536, Hb. W.

S ã o P a u l o : In cacumine montis Jaraguá prope Taipas, 1050 *m* (1536).

Die Art ist verbreitet von der Küstenregion bis in die Serra Paranapiacaba und auf den Itatiaya, aber nirgends reichlich, wie es scheint. An Baumrinden oder zwischen Moosen an Bäumen.

Der Name ist abgeleitet von ψιλός (kahl) und κράσπεδον (Rand), weil dieses Merkmal unsere Art besonders gut charakterisiert. Im Zellnetz stimmt sie mit *M. effusa* S t e p h. überein, die durch verworren dünnzweigigen Wuchs, ganz andere Rippe und unten ganz kahle Ala weit abweicht. Im Zellnetz und Bau der Rippe gleicht sie auch *M. Uleana* S t e p h. Letztere ist aber doppelt so groß, verlängert, fast $1\frac{1}{2}$ mal so breit, Ala unten dichter behaart, am Rande mit dichten, oft geminaten Borsten; sie gehört also in die Gruppe mit Doppelhaaren, während unsere Pflanze in die Gruppe mit einfachen Randborsten gehört. *M. imberbis* S t e p h. hat ganz kahlen Rand und unterseits kahle Ala, auch sind die Zellen kleiner und die ♀ Äste immer vegetativ verlängert; die Rippe zeigt nach dem Orig. Ex. nicht immer oben 5, unten 6, sondern oft auch oben 4, unten 5 Deckzellenreihen.

Die var. *cornuta* ist sehr interessant, da sie beweist, daß cornute Formen bei verschiedenen Arten auftreten (vgl. auch *M. consanguinea* S c h f f n., *M. adscendens* S t e p h.). S t e p h a n i hat vollkommen recht, wenn er diese Eigenschaft nicht als charakteristisches Speziesmerkmal betrachtet (vgl. S t e p h., Sp. Hep. I, p. 295). Die Pflanze n. 2405 vom J a r a g u á ist eine kompaktere Form mit zahlreicheren Randborsten, reichlich mit jungen Sporogonen.

Metzgeria angusta S t e p h.

S ã o P a u l o : 1) Ad ripam fluminis Rio Branco prope Conceição de Itanhaëm, ad truncos aurantiorum, 20—100 *m* (88). 2) Ad flumen Rio Mambú, ca. 100 *m* (1776). 3) Ad flumen Aguapihú prope Conceição de Itanhaëm (2419). 4) In silvaticis prope Alto da Serra, 900 *m* (1704). 5) Prope Rio Grande ad „São Paulo Railway", 800 *m* (584, 2420). 6) In silvaticis prope Barra Mansa in districtu urbis Itapecirica, ca. 1000 *m* (800). 7) Ibidem, una cum. *M. brasiliensi* (349). 8) In silvaticis in itinere Apiahy—Yporanga, 900—400 *m* (1206). 9) Ad flumen Rio Turvo in itinere Cerqueira Cesar—Fazenda Bella Vista (1498). 10) Prope Fazenda Bella Vista in districtu urbis Sa. Cruz ad flumen Rio Pardo, ca. 500 *m* (2303). 11) Ad cataractas Salto Grande fluminis Paranapanema, ca. 500 *m* (2421).

Var. **pectinata** S c h f f n., n. var.

Differt a typo ala subtus nuda, setis costae longissimis curvatis, setis marginalibus longissimis curcatis valde divaricatis.

Typus: S c h f f n. 2422, Hb. W.

S ã o P a u l o : 12) Apud Sitio Bülow ad flumen Rio Branco prope Santos, ca. 20 *m* (2422). 13) Ad cataractam prope Itú ad flumen Rio Buturoba prope Santos, ca. 10 *m* (1974). 14) In silvaticis apud flumen Rio Mambú in districtu urbis Conceição de Itanhaëm, ca. 100 *m* (751). 15) In silvaticis prope Alto da Serra, 900 *m* (1012). 16) In silvaticis prope Rio Grande ad „São Paulo Railway", 800 *m* (703, 1100). 17) In monte Jaraguá prope São Paulo, ad arbores, 800—1000 *m* (1049). 18) Ibidem, ad terram nudam lateriticam (2423). 19) In silvaticis prope São Bernardo in districtu urbis São Paulo, 800 *m* (2424). 20) Ad flumen Juquiá prope Barra Mansa in districtu urbis Itapecirica, ad truncos *Araucariae angustifoliae*, ca. 1000 *m* (2279). 21) In silvaticis ad Brasso Grande prope Barra Mansa, 1000 *m* (1281). 22) In monte Morro d'Oro prope Apiahy, 1200—1400 *m* (943). 23) Prope Ypanema in districtu urbis Sorocaba (M. W a c k e t 1450).

Metzgeria angusta ist in Süd-Brasilien eine der verbreitetsten Arten an Bäumen, selten auch auf bloßer Erde; sie wurde für das Gebiet schon mehrfach angegeben. Außerdem ist sie bekannt von Louisiana, West-Indien, Mexico, Venezuela, Chile und Patagonien.

Die Varietät stellt eine sehr auffällige Form dar, die einer in allen Teilen verkleinerten *M. hamata* L i n d b. gleicht, von der sie sich aber durch viel kleinere Zellen unterscheidet. Sie ist möglicherweise taxonomisch höher zu bewerten.

Metzgeria albinea S p r. — Taf. II/14.

S ã o P a u l o : 1) Prope Mongaguá inter Santos et Conceição de Itanhaëm, ad arbores, ♂ (1347). 2) In silvis prope Alto da Serra, epiphylla (205).

Das Orig. Ex. von S p r u c e habe ich nicht erlangen können, ich sah nur die Pflanze, welche S t e p h a n i, Spec. Hep. I, p. 296, als *M. albinea* beschreibt; von dieser liegen zwei Exemplare im Herb. S t e p h a n i (Brasilia, G l a z i o u 18689, während in Spec. Hep. l. c. als Sammler-Nummer „7378" angegeben ist) und S t e p h a n i bemerkt auf beiden Convoluten ausdrücklich „in folio" (was auch wegen der anhaftenden Alge *Phycopeltis* sicher ist), während sie in Spec. Hep. als „muscicola" bezeichnet wird. Es ist nicht sicher, ob die Pflanze von S p r u c e mit dieser identisch ist, denn S p r u c e bezeichnet seine Pflanze ausdrücklich als autözisch, während die von S t e p h a n i sicher diözisch ist.

Unsere Pflanze weicht von der genannten im Herb. S t e p h a n i ein wenig ab. Sie ist etwas schmäler, die Flügel sind unterseits kahl, die Randborsten deutlich geminat und nicht in Rhizoiden umgewandelt; die ♂ Äste sind kugelförmig, normal. Bei der Pflanze im Herb. S t e p h a n i sind die Randborsten stets als Rhizoiden ausgebildet, was mit der Lebensweise auf Blättern zusammenhängt.

Var. **aberrans** S c h f f n., n. var. — Taf. II/14, e—h.

Differt cellulis alarum majoribus, mediis 42 × 55 μ, costa teneriore interdum per spatia deficiente, ciliis marginalibus crebris plerumque geminis. Rami ♂ permagni, longi, paulum curvati sed non globosi, saepe alae marginem superantes. Inter muscos ad arbores.

Typus: S c h f f n. 1821, Hb. W.

S ã o P a u l o : 1) In silvaticis prope Barra Mansa in districtu urbis Itapecirica, ca. 1000 m, ♂ (1821). 2) In silvaticis prope Alto da Serra, 900 m (2406).

Die mittleren Zellen der Flügel sind bei der typischen Form 35 × 50 μ groß; Stephani gibt (Spec. Hep. I, p. 297) 54 μ an, was auf die Pflanzen seines Herbars nicht paßt; übrigens sind auch die Flügel nicht „nackt", wie in der Diagnose angegeben.

Die Varietät wäre vielleicht besser als eigene Art zu betrachten, es war aber nicht zu ermitteln, inwieweit die Unterschiede durch den anderen Standort (nicht auf Blättern!) verursacht sind.

Metzgeria hamata L i n d b.

Var. **breviseta** S c h f f n., n. var. — Taf. II/15.

Cum typo convenit magnitudine habituque, costae structura necnon cellularum magnitudine sed differt insigniter setis marginalibus perbrevibus 50—90 μ longis, triplo brevioribus quam in typo, non curvatis, setis costae ventralibus brevibus et strictis. Setae calyptrae autem longissimae et densissimae, ad 450 μ longae.

Typus: S c h f f n. 2416, Hb. W.

S ã o P a u l o : 1) In silvaticis prope Raiz da Serra, inter muscos ad ramos, 20—50 m (2416). 2) In monte Jaraguá prope Taipas, 800—1050 m (1031). — R i o d e J a n e i r o : 3) Prope Rio de Janeiro (D ö r i n g 1863, Herb. S c h i f f n e r ex Herb. J a c k sub nom. *M. furcatae*).

Die typische Form vom *M. hamata* habe ich im Gebiete nicht gefunden, S t e p h a n i gibt sie aber vom I t a t i a y a an (Hep. de la Serra do Itat. p. 3), wo sie an Steinen bei 2200 m bisweilen häufig vorkommen soll. Mit *M. angusta* ist unsere Pflanze schon wegen der doppelten Größe und der viel größeren Zellen nicht zu verwechseln. Über *M. leptoneura* S p r. habe ich mich in Bryol. Fragm. (Öst. Bot. Zeitschr. 1911, p. 263) ausführlich geäußert; dieselbe ist eine hygrophile Form von *M. hamata*.

Die von mir in Expos. pl. itineris Indici I, p. 28, aufgestellte var. *angustior* kommt der var. *breviseta* durch die kurzen, nicht gekrümmten Randborsten nahe, unterscheidet sich aber durch die viel schmälere Frons. Die oben erwähnte Pflanze von Rio Janeiro stimmt mit unseren Exemplaren vollständig überein; die Seten sind oft außerordentlich kurz.

Metzgeria adscendens S t e p h.

S ã o P a u l o : 1) Prope Mongaguá inter Santos et Conceição de Itanhaëm, ad ramos tenues (222). 2) Prope Rio Grande ad „São Paulo Railway", ad ramos tenues, 800 m (116). In monte Jaraguá, epiphylla (158, 159, 160).

Unsere Pflanze zeigt stets 2 obere und 2 untere Deckzellenreihen der Rippe, stimmt aber in Größe, Wuchs und Zellnetz mit dem Orig. Ex. (Apiahy, leg. P u i g g a r i) im Herb. S t e p h a n i sehr gut überein. Aber auch das Orig. Ex. zeigt nur an ganz kräftigen Stengeln an der Rippe 4 untere Deckzellenreihen, schwächere Pflanzen sowie schwächere Sprosse der kräftigen Pflanzen zeigen unten durchwegs nur deren 2. Ein solches Schwanken ist bei einer gewiß nicht unter normalen Verhältnissen gewachsenen Pflanze nicht zu verwundern. Ein anderes Exemplar im Herb. S t e p h a n i (Brasilia, G l a z i o u 2017 p. p.) zeigt beiderseits 2 Deckzellenreihen und stimmt mit unserer Pflanze völlig überein. Ein drittes Exemplar (Brit. Guayana, leg. Goebel) ist blattbewohnend und dürfte wegen der sehr dünnen Rippe (mit stets beiderseits 2 Deckzellenreihen) zu *M. albinea* gehören. An den hornartig zugespitzten Ästen entstehen am Rande und auf der Oberseite linsenförmige Brutkörper, so auch beim Orig. Ex.

Metzgeria leptomitra Spr.

São Paulo: 1) Bauery prope São Paulo, ad truncos *Schini*, 780 m, c. fr. jun. (780). 2) Lapa prope São Paulo, c. fr. jun. (304, 2011). 3) In silvaticis prope Cantareira in districtu urbis São Paulo (1165). 4) In monte Jaraguá prope Taipas in districtu urbis São Paulo (2418). 5) Prope São Lourenzo in itinere S. Amaro—Barra Mansa in districtu urbis Itapecirica, 800—900 m (1476). 6) In silvaticis prope Apiahy, 1100 m (2323). 7) Ad flumen Rio Turvo in itinere Cerqueira Cesar—Fazenda Bella Vista, ca. 500 m (1502). 8) In insula magna fluminis Paranapanema, c. 500 m (1246). 9) Prope Itapetininga, 500 m, c. fr. jun. (570, 2182). 10) Prope Faxina, ad saxa arenae, ca. 650 m (2346). 11) Prope Yporanga in valle fluminis Ribeira, 130 m, c. fr. jun. (2152). — Paraná: 12) In ripa sinistra fluminis Paranapanema ad cataractas Salto Grande, ca. 500 m (2092).

Neu für Brasilien, wo sie auf dem Plateau und im Gebirge zu den verbreitetsten Arten gehört. Ich sah sie nicht von der Küstenzone und vom Itatiaya, sie kommt jedoch in der Campo-Region vor. Bisher war sie bekannt aus den Anden von Peru und Ecuador, vom Rio Negro und aus Mexico.

Spruce hat (Hep. Amaz. p. 554) unter *M. leptomitra* verschiedene Formen vereinigt, von denen er selbst sagt: „probabiliter melius pro speciebus habendae". Ich besitze das Orig. Ex. vom Rio Negro, und diese Pflanze ist mit unserer aus Süd-Brasilien sicher identisch. In unserem Gebiet scheint übrigens die Pflanze nur sehr wenig zu variieren; etwas abweichend durch die längeren Randborsten ist nur die felsenbewohnende Form vom Fundort 11). Die Borsten der Calyptra werden von Spruce und Stephani als lang beschrieben, was bei unserer Pflanze nicht der Fall ist.

Verwandtschaftlich dürfte *M. leptomitra* der *M. myriopoda* Lindb. am nächsten stehen.

Metzgeria crenatiformis Schffn., n. spec. — Taf. II/16—17.

Dioica; inter muscos ad arbores, flaccida, dilute viridis, major, ad 3,5 cm longa, ad 2 mm lata, dichotoma elongata. Costa valde variabilis: in plantis ♀ robustioribus ca. 150 μ lata, dorso 4 (3), ventre 5 (4) cellulis tecta, in plantis debilioribus et ♂ 100 μ lata, saepe dorso 2 (3), ventre 3 (2—4) cellulis tecta, subtus longe pilosa. Alae planae, ad 22 cellulas latae, subtus hic illic pilosae, margine insigniter crenatae, dense setosae, setis brevibus (ad 100 μ) geminis. Cellulae pellucidae, parietibus tenuibus, mediae 40 × 60 μ, submarginales 40 × 45 μ. Rami ♀ parvi obcordati, margine dense longeque setosi; calyptra parva, apice densissime et longissime setosa, setis longitudine calyptram saepe adaequantibus. Capsula breviter petiolata longe ellipsoidea 0,75 mm longa, 0,45 mm crassa, valvae elliptico-lanceolatae 0,75 mm longae, 0,3 mm latae, e duobus stratis cellularum aedificatae; cellulae internae rectangulares 25 μ latae fibris semicircularibus vix bene definitis ornatae, externae angustiores 20 μ latae sed longiores tenerae, secus parietes longitudinales (radiales) seriebus punctorum brunneorum instructae. Sporae subangulosae viridiflavae granulosae, 20 μ; elateres ad 300 μ longi, 10 μ lati, spira simplici lata rufa. Rami ♂ aut normales (globosi, glabri) aut magni, minus involuti et saepe dorso paucisetosi.

Typus: Schffn. 663, Hb. W.

São Paulo: 1) Ad cataractam Salto dos Treis Ranjos prope Cerqueira—Cesar, copiose, ca. 500 m, ♀ et ♂ (663). 2) In monte Jaraguá prope São Paulo, ca. 800 m (2407). 3) In silvaticis inter Apiahy et Yporanga, ca. 400—900 m, c. fr. mat. et ♂ (1205). 4) In insula Ilha Comprida prope urbem Iguapé, 5—10 m, c. cal. et ♂ (520).

Zweifellos steht diese Pflanze der *M. crenata* Steph. (aus Venezuela) nach dem Orig. Ex. derselben in meinem Herbar sehr nahe und ist vielleicht eine **geographische Rasse** derselben. Ihre Merkmale sind aber so konstant, daß sie als eigene Art unterschieden werden muß. *M. crenata* ist etwas kleiner, die Ala gewölbt, am Rande umgebogen, nur höchstens 15 Zellen breit (nicht bis 22 Zellen), unterseits reichlich langhaarig, Zellen größer (mittlere 45 × 70 μ), Rippe ziemlich konstant mit oben 2, unten 4 Deckzellenreihen, Rand mit doppelt so langen Doppelhaaren. Ferner ist *M. crenatiformis* noch zu vergleichen mit *M. dichotoma* (siehe weiter unten), *M. albinea* (schmäler, Rippe sehr dünn, oben und unten mit 2 Deckzellenreihen, Randborsten doppelt so lang, Rand nicht gekerbt etc.), *M. polytricha* S p r. (Rippe dünn, oben und unten mit 2 Deckzellenreihen, Rand mit zu 3—5 stehenden, sehr langen verfilzten Haaren), *M. Uleana* S t e p h. (Rippen oben mit 4, unten mit 6 Deckzellenreihen, Zellen viel kleiner, Rand nicht gekerbt etc.) und mit *M. grandiretis* S c h f f n. (Rippe oben und unten mit 2 Deckzellenreihen, Zellen viel größer, Ala nur 8—11 Zellen breit, Borsten der Rippe und des Randes 3—5mal so lang).

Sehr auffallend ist bei unserer Pflanze der sehr variable Bau der Rippe. Es handelt sich gewiß nicht um einen Irrtum, hervorgerufen durch das Durcheinanderwachsen verschiedener Arten im gleichen Rasen oder dergleichen, sondern man kann diese Verschiedenheiten am selben Stengel an verschieden starken Sprossen beobachten. So sah ich vom Fundort 1) sehr kräftige ♀ Pflanzen mit Rippen mit oben 4, unten 4—5 Deckzellenreihen, an schwächeren Ästen derselben Pflanze mit oben 3, unten 3—4, oder streckenweise sogar mit oben 2, unten 3 Deckzellenreihen; die immer schwächeren ♂ Pflanzen zeigen Rippen mit oft oben 2, unten 3—4, streckenweise allerdings auch mit oben 3, unten 4 Deckzellenreihen. Genau so verhalten sich die Pflanzen vom Fundort 3). Die Pflanzen von den Fundorten 2) und 4) zeigen gewöhnlich Rippen mit oben 2, unten 4 oder selbst 3 Deckzellenreihen, stimmen aber sonst in allen Punkten überein. Ähnliche Unregelmäßigkeiten im Bau der Rippe zeigt (nach den Orig. Ex. von S w a r t z und anderen Ex. aus Westindien) auch *M. dichotoma*, mit welcher unsere Pflanze öfters verwechselt worden zu sein scheint; in Habitus und Größe sind beide allerdings sehr ähnlich, aber *M. dichotoma* ist sofort zu unterscheiden durch den nicht gekerbten Rand, die einfachen weicheren und längeren Randborsten und zartere Zellen (nur ganz ausnahmsweise ist eine Randborste geminat: „marginales vix usquam gemini" L i n d b e r g, Monogr. Metz., p. 20).

Prachtvolle Exemplare von *M. crenatiformis* sah ich im Herb. des Hofmuseums in Wien von Minas Geraës, Caldas, ad terram abruptam umbrosam (H j. M o s é n sub nom. *M. polytrichae* S p r., det. S t e p h a n i a. 1895; letztere Art kommt schon wegen der Rippe (oben mit 2 [nicht 4—3], unten mit 2 [nicht 5—4] Deckzellenreihen) und wegen der ganz anderen Behaarung nicht in Betracht).

Metzgeria grandiretis S c h f f n., n. spec. — Taf. II/18.

Dioica, mediocris. ad 1,5 *cm* longa, 1,4 *mm* lata, pallide viridis flaccida, bis dichotoma et e ventre innovans, ± elongata. Costa tenuis, dorso ventreque binis seriebus cellularum (48 × 100 μ) obtecta, ventre setis longissimis flaccidis instructa. Alae subplanae margine tantum hic illic incurvae, subtus nudae, 8—11 cellulas latae, cellulis permagnis (mediae 53 × 60—90 μ), parietibus conspicuis sed trigonis nullis; margo insigniter crenulatus, cellulis marginalibus minoribus prominulis, ciliis marginalibus saepe geminatis longissimis (ad 200 μ), per spatia deficientibus. Rami ♀ parvi, e costa patuli, profunde emarginati, longissime setosi (setis saepe marginem superantibus, ad 470 μ longis). Calyptra subcylindrica (juvenilis) setis longissimis ultra 500 μ longis dense obsita.

Typus: S c h f f n. 1003, Hb. W.

S ã o P a u l o: In silvaticis prope Alto da Serra, ad truncos arborum inter bryophyta (*Mnium, Plagiochila* etc.), 900 *m* (1003).

Diese ausgezeichnete Art steht der *M. crenata* S t e p h. und *M. crenatiformis* am nächsten. Beide unterscheiden sich sofort durch die dickere Rippe mit unten 4 (nicht 2) Deckzellenreihen, durch viel kleinere Zellen, unterseits behaarte Flügel etc. *M. polytricha* ist größer, die Flügel sind bis 20 Zellen breit und unterseits dicht wollig mit geminaten, sehr weichen Haaren, der Rand trägt sehr dichte, zu 3—5 stehende, sehr weiche verfilzte Haare; die Zellen sind etwas kleiner. *M. albinea* hat breitere Rippen mit oben und unten je

2 Reihen aus kürzeren und breiteren Deckzellen, die Flügel sind bis 18 (nicht 8—11) Zellen breit und unterseits behaart, am Rand nicht gekerbt; die Zellen sind viel kleiner. *M. procera* S t e p h. hat an der Rippe zwar oben und unten 2 Deckzellenreihen, ist aber eine viel größere Pflanze, die Randzellen sind nicht kleiner und nicht gekerbt; die Zellen sind noch größer, 75×75—$100\,\mu$.

Metzgeria myriopoda L i n d b.

S ã o P a u l o : 1) In silvulis campestribus apud Fazenda Paranapanema prope Capão Bonito (1650). 2) Prope Faxina, ca. 650 *m* (1386).

Die Art ist bereits von einem Fundort aus Süd-Brasilien angegeben (Staat Minas Geraës, prope Caldas), sonst aus Nordamerika und Argentinien bekannt. In unserem Gebiete gehört sie dem Campo-Gebiet an.

S t e p h a n i gibt (Spec. Hep. I, p. 304) 8 ventrale Deckzellenreihen an; dies kommt zwar vor, ist aber keineswegs der normale Fall, sondern die Zahl ist äußerst variabel (5—8). L i n d b e r g (Monogr. Metzg., p. 22) gibt an: „7—3, vulgo 6—4", was den tatsächlichen Verhältnissen besser entspricht.

Genus **Pallavicinia** G r a y.

Aus dem Gebiete sind folgende Arten angegeben: 1) *P. Lyellii* (H o o k.) G r a y. 2) *P. Wallisii* S t e p h. (vom Itatiaya). 3) *P. difformis* (N e e s) S t e p h. Ich fand nur:

Pallavicinia Lyellii (H o o k.) G r a y.

S ã o P a u l o : 1) In silvaticis prope Alto da Serra, 900 *m* (985). 2) Prope Rio Grande ad „São Paulo Railway", 800 *m* (878). 3) In silvis primigeniis prope Barra Mansa in districtu urbis Itapecirica, 1000 *m* (527). 4) Ad Brasso Grande prope Barra Mansa, 1000 *m*, c. fr. (1419, 1910).

Die Art ist im Gebiet ziemlich selten, ich sah sie nur aus der Serra, wo sie stets an faulenden Stämmen in Urwäldern wächst.

Ich bin keineswegs davon überzeugt, daß *P. Lyellii* eine kosmopolitische Art ist. Von der Pflanze von den Sunda-Inseln habe ich mit Bestimmtheit nachgewiesen, daß es sich um eine weit verschiedene Art (*P. indica* S c h f f n.) handelt. Nichtsdestoweniger findet man bei S t e p h a n i Spec. Hep. I, p. 318, abermals *P. Lyellii* aus Java (leg. S t a h l, K u r z, S o l m s, S e m p e r) und auch von Singapore (R i d l e y) angegeben, was sicher unrichtig ist. Es ist völlig unwahrscheinlich, daß Botaniker, die nur ganz gelegentlich das eine oder andere Lebermoos aufgenommen haben, diese Pflanze gefunden hätten, während ich unter der großen, von mir dort gesammelten Menge von Lebermoosen auch nicht ein Stämmchen derselben gesehen habe. Auch von der brasilianischen Pflanze bin ich nicht überzeugt, daß sie mit der europäischen identisch ist; sie bewohnt faules Holz, während unsere eine Sumpfpflanze ist, sie hat auch ein ganz anderes Aussehen und wird bis 9 *cm* lang und über 6 *mm* breit, also 2—3mal so groß wie unsere. Einen stichhaltigen morphologischen Unterschied konnte ich aber nicht ausfindig machen, weswegen ich sie unter dem gleichen Namen hier anführe. Interessant sind die Exemplare vom Fundort 1); diese Pflanzen sind synözisch (androgyn). Am Grund der Involucren stehen zwischen zilienartigen Schüppchen (Paraphysen) zahlreiche Archegonien und darunter steht eine Anzahl von Antheridien, welche keulenförmig in den dicken Stiel verschmälert und ± gebräunt sind. Rein weibliche Infloreszenzen fand ich an Pflanzen von diesem Standorte nie, wohl aber daneben rein männliche Pflanzen von ganz normaler Beschaffenheit. An den Pflanzen von den anderen Standorten sah ich nur rein weibliche Infloreszenzen.

Genus **Symphyogyna** Nees et Mont.

Bisher aus Süd-Brasilien bekannt:

S. *brasiliensis* Nees
S. *Brongniartii* Mont.
S. *canaliculata* Steph.
S. *leptothelia* Tayl.
S. *rubescens* Steph.
S. *sinuata* Mont. et Nees
S. *stipitata* Steph.

Von mir während der Expedition gesammelt:

S. *brasiliensis* Nees

S. *canaliculata* Steph.

S. *rubescens* Steph.
S. *sinuata* Mont. et Nees
S. *stipitata* Steph.
S. *submarginata* Schffn., n. spec.

S. *Brongniartii* Mont. wird von Stephani (Spec. Hep. I, p. 343) aus Süd-Brasilien (Ule) angegeben, in seinem Herbar liegt jedoch kein Beleg dafür. Von S. *leptothelia* sah ich das Orig. Ex. von Taylor im Herb. Lindenberg (n. 7762). Im Herb. Stephani liegen von S. *leptothelia* drei Exemplare: 1) Brasilia (Ule 414), mit dem Orig. Ex. völlig übereinstimmend. 2) Brasilia (Sello), gewiß eine andere Pflanze als das Orig. Ex., möglicherweise eine stark etiolierte Form von S. *stipitata* Steph., oder eine neue Art. 3) Caraça (Wainio), ganz sicher S. *stipitata*; hat weder im Wuchs noch im Detail die geringste Ähnlichkeit mit S. *leptothelia*. Dasselbe gilt von einer Pflanze, die ich im Herbar des Hofmuseums in Wien unter dem Namen S. *leptothelia*, Minas Geraës, Caldas (Hj. Mosén), gesehen habe; diese ist ganz sicher S. *stipitata*.

Symphyogyna submarginata Schffn., n. spec. — Taf. III/19—20.

Dioica, laxe caespitosa, dilute viridis, repens, ventre per spatia radiculosa, radicellis pallidis. Frons 2—3 *cm* longa, 3—4 *mm* lata, lanceolata, dichotoma vel bis dichotoma, rarius e ventre innovata, saepe attenuata, subplana, alis haud adscendentibus, haud crispatis vel subundulatis sed saepe hic illic subsinuata, margine integerrimo. Costa biconvexa (dorso planior), medio 0,4 *mm* (10—12 cellulas) crassa, fibra unica percursa. Alae unistratosae (secus costam tantum bistratosae), subplanae. Cellulae medianae irregulares, ± breviores quamlatae, 40 μ longae et fere duplo latiores; marginales limbum tenuem formantes, 13—15 μ latae et 6—7-plo longiores. Squama ♀ ad basin usque digitata, laciniis lanceolatis cuspidatis, subdentatis, saepe extus squamis accessoriis accretis. Calyptrā brevis, crassa, cylindrica, 3—4 *mm* longa, 0,8—1 *mm* lata, calva sed apice archegoniis densis coronata. Capsula breviter cylindrica, 2,5 *mm* longa, fere 1 *mm* lata. Sporae 27 μ, rufobrunneae, cristulis irregularibus vermiformibus asperae, angustissime marginatae. Elateres longi, lutescentes, 6,5 μ crassi, bispiri rarius medio trispiri, spiris crassis. Planta ♂ angustior, squamae ♂ costam totam obvelantes, saccatae, margine obtuse lobatae.

Typus: Puiggari 269, Hb. W.

São Paulo: 1) In silva in vicinitate sanatorii Guarujá prope Santos, in declivitatibus (1121). 2) In flumine Rio Branco prope Conceição de Itanhaëm, ad truncos limo obductos, 20—100 *m* (850). 3) Prope Rio Grande ad „São Paulo Railway", in declivitate humidissima, 800 *m* (698). 4) Prope Alto da Serra, in declivitatibus, 900 *m*, ♂ tantum (403). 5) In silvaticis non procul a Cantareira prope São Paulo, ad terram lateriticam, 800 *m*, c. fr. jun. et ♂ (244, 713). 6) In campestribus prope Itapetininga, ad margines fossarum, 550 *m* (2248). 7) Prope Xiririca ad flumen Ribeira, ad terram humidam, 50 *m* (2210). 8) Prope Yporanga in valle fluminis Ribeira, ca. 130 *m*, c. fr. jun. et ♂ (81). 9) Prope Apiahy, c. fr. mat. et ♂ (Puiggari 269).

Von der Küstenregion bis auf das Plateau in der Serra do Paranapiacaba, auch in der Campo-Region.

S. submarginata steht der *S. canaliculata* S t e p h. sehr nahe und macht fast den Eindruck einer stark luxurianten Form derselben. *S. canaliculata* stimmt in der Form der Calyptra, des Sporogons, in den Sporen und Elateren ziemlich überein, ist aber 2—4mal kleiner, mit aufwärts gerichteter sehr welliger Ala; Saum der Ala vorhanden, aber minder auffällig, Zellen erheblich kleiner, meistens isodiametrisch. Jedenfalls muß diese Pflanze von *S. canaliculata* unterschieden, oder die Diagnose der letzteren in wesentlichen Punkten geändert werden. Es ist aber gleichgültig, ob wir sie als eigene („kleine") Art oder als Subspezies oder Varietät von *S. canaliculata* betrachten, wenn im ersteren Fall nur auf die nahen verwandtschaftlichen Beziehungen genügend hingewiesen wird.

Symphyogyna rubescens S t e p h.

Ich habe diese Pflanze selbst nicht gesammelt. Ich erhielt sie unter dem Namen *S. brasiliensis* var. *angustior fo. pusilla* (von G o t t s c h e bestimmt) aus dem Herb. P u i g g a r i : Apiahy (P u i g g a r i 319).

Symphyogyna canaliculata S t e p h.

S ã o P a u l o : 1) Prope Areaes non procul a Raiz da Serra, ad terram secus ferroviam, 20—50 *m*, ♂ (682). 2) Juxta Villa Marianna prope São Paulo, in graminosis campestribus uliginosis copiose et pulcherrime, 800 *m*, c. fr. et ♂ (429). 3) In monte Morro d'Oro prope Apiahy, c. fr. et ♂ (318). 4) Apiahy, una cum *Noteroclada confluenti* T a y l., ♀ et ♂ (P u i g g a r i 1122, sub nom. *S. brasiliensis minoris*, det. G o t t s c h e).

Das reife Sporogon war bisher unbekannt, es stimmt mit dem von *S. submarginata* überein, ebenso die Sporen und Elateren (siehe dort). Die ♂ Pflanze wächst gemischt mit der ♀, ist schmäler und die ♂ Schuppen bedecken die ganze Rippe, sie sind am Rande stumpflich gelappt. Die Pflanze vom Fundort 2) ist meistens ± gerötet.

Symphyogyna brasiliensis N e e s.

S ã o P a u l o : 1) Ad ripam fluminis Rio Branco prope Conceição de Itanhaëm, 20—100 *m* (1783). 2) Prope Raiz da Serra, 20—50 *m* (1719). 3) In silvaticis prope Rio Grande ad „São Paulo Railway", ad truncos putridos copiose, 800 *m*, partim c. fr. mat. (705, 898, 1092). 4) In silvaticis prope Alto da Serra, ad truncos putridos copiosissime et pulchre fructifera, 900 *m* (186, 1701). 5) Ibidem, in declivitatibus ad terram, partim c. fr. mat. (417). 6) In silvaticis ad Brasso Grande in districtu urbis Itapecirica, ad arbores, 1000 *m*, c. fr. (1282, 1894). 7) Prope São Lourenzo in itinere S. Amaro—Barra Mansa, 800—900 *m* (1473). 8) In silvaticis inter Apiahy et Yporanga, ad terram humidam, 900—500 *m* (1210). 9) In monte Morro d'Oro prope Apiahy, ad terram nudam, 1200—1400 *m*, c. fr. (323).

Var. **subsinuata** S c h f f n., n. var.

Ala hic illic conspicue lobata, ad medium usque vel ultra incisa, per spatia autem integra.

Typus: S c h f f n. 2245, Hb. W.

S ã o P a u l o : 10) Prope Lapa in vicinitate urbis São Paulo, ad terram, 800 *m* (2245). 11) Apud cataractam Salto dos Treis Ranjos prope Cerqueira-Cesar, ad saxa humida, 500 *m* (2379). 12) In silvulis campestribus prope Fazenda Paranapanema in districtu urbis Capão Bonito, ad terram nudam (1672).

Von der heißen Strandregion, wo sie seltener ist, bis auf die Serra do Mar (daselbst sehr häufig) und auf die Höhen der Serra do Paranapiacaba. Sie wächst auf lehmigem Boden, erdbedeckten Steinen, faulenden Stämmen, seltener auch zwischen Moosen an Baumrinden.

Wenn die Pflanze sehr gut entwickelt ist, erscheint die Frons an der Basis fast zu einem kurzen Stiel verengt und ist regelmäßig doppelt gabelteilig mit fast rechtwinkelig spreizenden Ästen. Bisweilen kommen auch ventrale Sprosse vor (so am Fundort 2). Im unteren Teile ist die Ala fast immer am Rande etwas gelappt, bei der var. *subsinuata* ist öfters auch im vorderen Teile der Frons eine solche Lappung vorhanden und die Einschnitte sind hie und da ziemlich tief. Zu *S. sinuata* M o n t. et N e e s gehört diese Form aber keinesfalls. Die Größe der Randzellen ist bei S t e p h a n i (Spec. Hep. I, p. 337) durch einen Druckfehler unrichtig angegeben; meine Messungen schwanken zwischen 25 × 55 und 33 ×45 μ. Die reife Calyptra sah ich nie nur 5 *mm* lang (wie S t e p h a n i l. c. angibt), sondern immer 11—18 *mm* lang, der pedicellus sporogonii ist 40 *mm* und darüber lang (nicht 15 *mm*), die reife Kapsel nach meiner Messung 8 *mm* lang, die Sporen haben nur 20 μ im Durchmesser und sind nahezu glatt.

Symphyogyna stipitata S t e p h.

S ã o P a u l o : 1) In silvaticis prope Alto da Serra, ad rivulos, 900 *m*, c. fr. (1695). 2) In monte Morro d'Oro prope Apiahy, 1200—1400 *m* (167, 1695). 3) In silvulis campestribus apud Fazenda Paranapanema prope Capão Bonito (1673). 4) Prope Faxina, ad terram argillosam, ca. 650 *m* (1371). — Ad confines R i o d e J a n e i r o — M i n a s G e r a ë s : 5) In monte Itatiaya, in paludosis regionis superioris, 2500 *m* (649).

Die Art ist mir aus der Strandregion nicht bekannt; in der Serra und im Campo-Gebiet wächst sie zerstreut auf feuchter Erde, besonders an Bachufern.

Die Pflanze vom Fundort 5) hat kräftigere Randzähne als die von den anderen Standorten, stimmt aber sonst vollkommen überein. Daß S t e p h a n i Formen dieser Art zu *S. leptothelia* rechnete, ist schon oben erwähnt worden.

Symphyogyna sinuata M o n t. et N e e s.

S ã o P a u l o : 1) Ilha de S. Amaro prope Santos, 5—50 *m* (1830). 2) Bertioga prope Santos, 5—25 *m* (1890). 3) Serra São João, in silvaticis (1998). 4) Apud Sitio Bülow ad flumen Rio Branco prope Santos, ad saxa ripae rivuli, ca. 20 *m* (291). 5) In flumine Rio Branco prope Conceição de Itanhaëm, ad truncos limo obtectos, 20—100 *m* (849). 6) In silva primigenia prope Alto da Serra, ad rivulos, 900 *m*, c. fr. jun. (416, 1004). 7) Apud cataractam Brasso Grande in districtu urbis Itapecirica, 1000 *m*, c. fr. fere mat. (1897). 8) Apud cataractam Salto dos Treis Ranjos prope Cerqueira-Cesar, ad saxa humida, 500 *m* (2378).

Auf feuchter Erde und besonders auf nassen erdbedeckten Steinen an Bächen etc. in Wäldern; bisweilen mit *S. brasiliensis* gemeinsam, aber viel seltener als diese. Von der Strandregion bis in die Serra und bis an die Grenze des Campo-Gebietes.

Die Pflanze vom Fundort 8) ist bedeutend etioliert, die Randlappen sind kleiner. Bei *S. sinuata* vereinigen sich die aus einer Gabelung kommenden Leitbündel wieder, nachdem sie eine längere Strecke parallel und getrennt verlaufen sind, daher kommt es, daß hier nie mehr als höchstens zwei Leitbündel an einer Stelle zu sehen sind. Bei *S. Brongniartii* M o n t. treten aber aus bereits gegabelten Ästen vier getrennte Bündel in den Hauptstamm ein, die diesen auch getrennt weiter durchziehen.

Genus **Monoclea** H o o k.

Monoclea Gottschei L i n d b.

S ã o P a u l o : 1) Apud Sitio Bülow ad flumen Rio Branco prope Santos, in rivulo silvatico ad saxa humida sat copiose, ca. 20 *m*, ♂ (293). 2) Serra São João prope Santos, in silvaticis, ster. (1996). 3) Prope Alto da Serra, secus rivulum silvaticum ad terram, 900 *m*, ster. (162, 163). 4) In monte Morro d'Oro prope Apiahy, 1200—1400 *m*, ♀ (316). 5) In silvis primigeniis ad Brasso Grande in districtu urbis Itapecirica, in rivulo ad saxa, ca. 1000 *m*, ster. (1867).

Die Art war bisher aus Brasilien nicht bekannt. Im Forschungsgebiet ist sie jedenfalls selten und sehr zerstreut. Ich kenne sie aus der heißen Strandzone und aus der Serra. Sie wächst in und an schattigen Waldbächen auf nassen Steinen und bloßer Erde, zumeist mit *Dumortiera* gemeinsam. Ich sah sie auch in schönen ♂ Exemplaren aus Minas Geraës, Caldas, in Serra ad saxa rivalia (H j. M o s é n, 5. 9. 1873, sub nom. *Aneurae pinguis,* det. S t e p h a n i).

Genus **Noteroclada** Tayl.

Das Ergebnis meiner an dem reichlichen brasilianischen Material angestellten morphologischen Untersuchung dieser Gattung wurde in meiner Schrift „Zur Morphologie von *Noteroclada*" in der Österreichischen Botanischen Zeitschrift, Bd. 61, p. 325—334, 1911 veröffentlicht. Ich habe dort auch nachgewiesen, daß der Gattungsname *Noteroclada* (nicht *Androcryphia*) der gültige Name ist.

Noteroclada confluens Tayl.

São Paulo: 1) Ad ripam fluminis Rio Branco prope Conceição de Itanhaëm, ad terram arenosam, 20—100 *m* (851). 2) Secus ferroviam prope Alto da Serra, 900 *m* (394). 3) In silva non procul a Cantareira prope São Paulo, in declivitatibus copiose, 800 *m*, c. fr. (712, 1173). 4) Prope Lapa in vicinitate urbis São Paulo, ad terram argillosam copiosissime, 800 *m* (2012). 5) In oppido Apiahy, 1100 *m* (313). 6) Inter Faxina et Apiahy, prope Lagoas, apud rivulum ad terram humidam, ca. 800 *m* (301). 7) Prope Apiahy, c. fr. (Puiggari 84).

Diese Pflanze ist von Mexico bis zum Feuerlande durch ganz Südamerika verbreitet und steigt in den Anden von Ecuador bis 3000 *m* (nach Spruce, Hep. Amaz. p. 530). In unserem Gebiete ist sie von der Küstenregion bis in die Serra verbreitet. Sie wächst auf Lehmboden (Laterit), seltener auf sandigem Boden, an mäßig feuchten Böschungen unter Bevorzugung lichter Standorte. Ich fand sie stets fruchtend vom Mai bis Ende August; wahrscheinlich fruchtet sie das ganze Jahr.

Genus **Fossombronia** Rad.

Fossombronia paranapanemae Schffn., n. spec. — Taf. III/21—22.

Dioica? Major, ad 2 *cm* longa, cum foliis explanatis ad 4 *mm* lata, caespites intricatos formans. Caulis repens, crassus, basi tenuior, versus apicem sensim incrassatus, in sectione transversa dorso convexus, ventre semicircularis, 0,7 *mm* latus, 0,5 *mm* (12—14 cellulas) altus. Folia sese tegentia, plerumque omnino explanata, quadrato-circularia, paulum latiora (2 *mm*) quam longa (1,6 *mm*), haud undulata, dorso vix decurrentia, apice latissime rotundata, integerrima (in formis etiolatis minora et saepe repanda). Cellulae tenerae, submarginales 40 μ, marginales saepe elongatae, mediae et basales majores. Calyx turbinatus, ad 2 *mm* longus, ore lobato-dentatus, haud fissus. Capsula in seta brevi vel vix exserta. Sporae 45 μ, reticulatim lamellatae, foveolis ca. 24 in facie convexa, limbus pellucidus conspicuus, 3 μ latus. Elateres tenues, 7 μ crassi, normaliter bispiri (rarissime medio trispiri). Antheridia frustra quaesivi.

Typus: Schffn. 2001, Hb. W.

São Paulo: 1) In insula inter cataractas Salto Grande do Rio Paranapanema, ad terram humidam copiosissime, 500 *m*, c. fr. (2001). — Paraná: 2) Ad ripam sinistram fluminis Paranapanema ad cataractam Salto Grande (2110, 2242). 3) Ilha Grande in flumine Paranapanema infra cataractam Salto Grande (1240).

F. paranapanemae ist der *F. brasiliensis* Steph. nächst verwandt, letztere ist aber sicher verschieden durch folgende Merkmale: *F. brasiliensis* ist erheblich kleiner, der Stengel ist dünn, die Blätter sind aufstrebend und ± kraus (*F. paranapanemae* ähnelt in Größe und Tracht etwa größeren Formen unserer *Haplozia lanceolata* [Schrad.] Dum.), die Zellen sind kleiner (Stephani gibt in Spec. Hep. I, p. 383, „46 μ" an, was nach seinem Orig. Ex. und nach den von mir gesammelten Exemplaren unrichtig ist; die Randzellen messen höchstens 35 μ), der Rand ist oft eckig ausgeschweift. Die Sporen sind kleiner, der Saum minder deutlich, mit höchstens 16 Netzfelderchen. Die Elateren sind in der Mitte stets 3 (—4)-spirig. Merkwürdigerweise gelang es mir nicht, auch nur ein einziges Antheridium aufzufinden, während Archegonien stets reichlich vorhanden waren. Ich untersuchte daraufhin etwa 100 Pflanzen aus verschiedenen Rasen ganz vergeblich; daß ich an ihnen die Antheridien übersehen haben könnte, ist ganz ausgeschlossen, da ich sie mir bei *F. brasiliensis* bei jedem untersuchten Stämmchen ganz klar zur Anschauung bringen konnte. Es muß also die Pflanze entweder zweihäusig sein (ich habe aber auch keine rein ♂ Pflanzen gefunden), oder sie ist in einer Jahreszeit gesammelt worden, in der die Antheridien nicht entwickelt sind.

F. paranapanemae variiert etwas. Am Fundort 1) sah ich reich fruchtende Rasen, in denen die Pflanzen etwas kleiner als gewöhnlich waren, ferner Rasen mit ± etiolierten Pflanzen, die dunkler grün und länger waren und kleinere, oft etwas eckig-ausgerandete aufsteigende Blätter hatten. Eine ebensolche Form ist diejenige vom Fundort 3).

Fossombronia brasiliensis S t e p h. — Taf. III/23—24.

S ã o P a u l o : 1) Ad Guarujá prope Santos, non procul a litoribus, una cum *Symphyogyna caniculata* et *Riccardia digitiloba*, c. fr. (2432). 2) Prope Areães non procul a Raiz da Serra, ad ferroviam copiose, 20—50 *m* (679). 3) Prope Rio Grande ad „São Paulo Railway", in declivibus ad margines silvae primigeniae, 800 *m* (425). In silva apud Cantareira prope São Paulo, in declivibus ad terram argillosam, 800 *m*, c. fr. (714). 5) In oppido Apiahy, ad argillam caesiam, 1100 *m* (312). 6) Inter Apiahy et Yporanga, ad terram argillosam, 900—400 *m* (1228). 7) Prope Apiahy (P u i g g a r i 320, 1403).

Im Gebiete kommt die Art vom Meeresstrande bis auf die Höhen der Serra do Paranapiacaba (1100 *m*) vor, scheint aber in der Strandregion häufiger zu sein.

S t e p h a n i gibt seine *F. brasiliensis* (Spec. Hep. I, p. 382) als diözisch an, sie ist aber ganz sicher monözisch (synözisch), wie ich am Orig. Ex. S t e p h a n i s (Brasilia, U l e 109) und an den von mir gesammelten Pflanzen von allen Standorten konstatieren konnte. In den Gipfelknospen sieht man Archegonien und Antheridien regellos gemischt nebeneinander stehen (synözisch); später bei Streckung des Stengels (also an den älteren Partien) sieht man sie auseinandergerückt und regellos über die Oberseite des Stengels verteilt. Man kann diese Verhältnisse auch noch an Pflanzen konstatieren, welche ganz reife Sporogone tragen, denn bei *F. brasiliensis* wächst der Sproß nach Anlage des Kelches (Pseudoperianthiums) weiter und dieser junge Sproßteil zeigt immer die geschilderten Verhältnisse. Die Diagnose ist also folgendermaßen richtigzustellen: Monoica (synoica). Antheridia cum archegoniis juxta caulis apicem mixta, demum supra caulis dorsum dispersa, saepissime nuda (sine squama tegente), parva, ovalia, 0,15 × 0,1 *mm*, pedicello brevissimo, tres cellulas alto, antheridio quintuplo breviore.

Genus **Notoscyphus** Mitt.

Die hier beschriebenen *Notoscyphus*-Formen stehen alle dem *N. Lindmanii* (S t e p h.) S c h f f n. äußerst nahe und sind sicher keine „guten Arten". Ich beschreibe sie hier provisorisch als „Arten", damit die Diagnose von N. L i n d m a n i i nicht in fast allen Punkten geändert werden muß und habe nichts einzuwenden, wenn sie jemand als Varietäten von N. L i n d m a n i i aufgefaßt haben wollte. In einer kleinen Schrift, auf die ich hier verweise: Über *Nardia Lindmanii* (Hedwigia 51, p. 273) habe ich nachgewiesen, daß die Beschreibung teilweise auf Irrtümern beruht, die ich aufgeklärt habe, daß ferner die Pflanze keine *Nardia* sein kann. Wenn man auf sie nicht eine eigene Gattung gründen will, so kann man sie kaum anders als bei *Notoscyphus* einreihen (oder als sehr aberrante Form bei *Lophocolea*?). Es müßte dann freilich für diese Art eine ganz ungeheure Variationsmöglichkeit angenommen werden, die aber bei Lebermoosen gelegentlich (z. B. *Gymnocolea inflata, Nardia crenulata, Plagiochila asplenioides* etc.) beobachtet werden kann. Da aber die Pflanzen vom gleichen Fundorte (nach den meist sehr reichlichen Aufsammlungen) untereinander immer in allen Merkmalen gut übereinstimmen, stelle ich mir vor, daß hier bereits ein Stadium der Konstanz der Merkmale erreicht ist, wie etwa bei unseren europäischen *Chiloscyphus*-Formen, die wir immerhin als Arten betrachten können, obwohl ich die formbildenden Faktoren mit ziemlicher Gewißheit nachweisen konnte (vgl. meine Arbeit, Kritik der europäischen Formen der Gattung *Chiloscyphus* auf phylogenetischer Grundlage, in Beih. Bot. Centralbl. 29/2, p. 74, 1912).

Notoscyphus Lindmanii (S t e p h.) S c h f f n., n. comb. — Taf. III/25.

Syn. *Nardia Lindmanii* S t e p h. Die Lebermoose der I. Regnell'schen Expedition, p. 25 (1897). — *Alicularia Lindmanii* S t e p h., Spec. Hep. II, p. 43.

S ã o   P a u l o : In insula inter cataractas Salto Grande do Rio Paranapanema, ad terram nudam, una cum *Fossombronia paranapanemae*, ca. 500 m, ster. (2000).

Diese leider ganz sterile Pflanze stimmt noch am besten mit dem Orig. Ex. der *Nardia Lindmanii* im Herb. S t e p h a n i überein, jedoch weicht sie auch von diesem durch etwas bedeutendere Größe und etwas größere Zellen ab. Zu *Notoscyphus paulensis* S c h f f n. möchte ich sie aber doch nicht stellen, weil letzterer viel größere Blätter hat und die Zellen ringsum viel stärker verdickt sind, während unsere Pflanze in dieser Hinsicht mit *N. Lindmanii* übereinstimmt.

Notoscyphus paulensis S c h f f n., n. spec. — Taf. III/26—28.

Dioicus, laxe caespitans, radicans, pallide luteo-viridis, ad vel ultra 2 *cm* longus, sed robustus, caulis crassus carnosus parum ramosus, extus hic illic verrucosus, cum foliis explanatis ad 3 *mm* latus. Folia densa, explanata vel assurgentia, dorso et ventro haud decurrentia, oblato-rotunda (0,8 *mm* longa, ad vel ultra 1 *mm* lata). Cellulae apicales 25—28 μ, circumcirca valde incrassatae, mediae 35—40 μ, minus incrassatae, basales ad 60 μ longae parum incrassatae, trigonis parvis, cuticula interdum asperula. Amphigastria caule angustiora vel aequilata haud contigua, profunde bifida, sinu angusto acuto vel subobtuso, lobis cuspidatis, marginibus hic illic dente laterali acuto. Flores ♀ terminales, interdum innovatione ventrali suffulti. Folia involucralia caulinis similia sed majora et ± undulata. Amphigastrium involucrale magnum ovatum, ad $1/3$ bifidum, saepe ± dentatum. Perianthium quam maxime varibile, e tribus foliis ovalibus undulatis formatum aut omnibus a basi ad ca. $1/3$ vel $1/4$ longitudinis connatis aut dorso liberis; haud raro accedit lobus quartus caeteris similis vel minor, cum aliis varie connatus vel intus adnatus. Archegonia ultra 20. Caetera adhuc ignota.

Typus: S c h f f n. 2022, Hb. W.

S ã o   P a u l o : Inter Lapa et Pirituba prope São Paulo, in declivibus ad terram argillosam, satis copiose una cum *Noteroclada*, ca. 800 m (2022, 2437).

Diese Pflanze steht dem *N. Lindmanii* (S t e p h.) S c h f f n. (man vgl. nicht die Beschreibung von S t e p h a n i, Spec. Hep. II, p. 43, welche in manchen wichtigen Punkten unrichtig ist, sondern die von mir in Hedwigia 51, p. 274—277 gegebene und die dort beigefügten Abbildungen) sehr nahe, unterscheidet sich aber durch folgende Merkmale: Sie ist in allen Teilen etwa doppelt so groß und daher von ganz anderem Aussehen, der Stengel dick und oft stellenweise mit groben Warzen besetzt, die Blätter doppelt so groß, breiter als lang, die Zellen viel größer (die apikalen sind bei *N. Lindmanii* nur bis 20 μ groß) und ringsum sehr stark verdickt, die Cuticula (besonders der Basalzellen) ist bisweilen (nicht überall) etwas körnelig. Die Zipfel der Amphigastrien sind nicht so lang zilienartig zugespitzt. Das Perianth (der innerste Blattzyklus) zeigt auch hier eine ganz ähnliche Vielgestaltigkeit, wie ich das für *N. Lindmanii* in Hedwigia l. c. auseinandergesetzt habe (Fig. 28). Man findet kaum zwei Perianthien, die sich einigermaßen gleichen. Zumeist sind die 3 Blätter des Zyklus deutlich erkennbar; sie sind sehr groß, rundlich und von ihrer Basis aufwärts seitlich verschieden hoch verwachsen (öfters bis zur halben Länge), dorsal ganz getrennt. Bisweilen ist auch noch ein vierter Lappen vorhanden, der die übrigen manchmal an Größe fast erreicht; er macht den Eindruck, als ob es nur ein Seitenlappen des einen Blattes wäre, gelegentlich sieht es aber so aus, als ob tatsächlich ein Blatt des nächst unteren Zyklus (Involukralzyklus) mit einbezogen und seitlich mit einem der Blätter des Perianthzyklus verwachsen wäre. Die Verzweigung steriler Stengel ist wohl gewiß nicht ventral, jedoch ist eine Deutung sehr schwierig, weil wahrscheinlich dabei Verschiebungen stattgefunden haben und der Tochtersproß so mächtig ist wie der Hauptsproß. Für alle Fälle habe ich diese Verhältnisse in Fig. 26 genau mit dem Prisma gezeichnet, damit man sich darüber orientieren kann. Ganz sicher kommen aber neben diesem Verzweigungsmodus auch rein ventrale, aus dem Winkel eines Amphigastriums entspringende, subflorale Adventivsprosse vor, die endogen angelegt sind, wie das an ihrer Basis wallartig aufgeworfene durchbrochene Stengelgewebe klar beweist.

Notoscyphus macroscyphus S c h f f n., n. spec. — Taf. III/29 und IV/30—31.

Dioicus. Caespites laxos irrigatos formans, pallide viridis. E minoribus, quoad magnitudinem foliorumque formam similis *N. Lindmanii* sed laxior, foliis distantibus vel contiguis. Cellulae omnino ut in *N. Lindmanii*. Amphigastria vix ad medium fissa laciniis acutis, haud ciliiformibus. Perianthia terminalia haud innovata, pro planta maxima et involucrum longe superantia, ad 1,8 *mm* longa, late campanulata, ore amplissimo breviter tantum trilabiata, lobis latissime rotundatis integerrimis sed valde undulatis. Interdum adsunt alae duae ventrales incompletae et una dorsalis valde rudimentaria. Folia involucralia caulinis multo majora vix undulata, interdum uno latere versus basin cum amphigastrio involucrali permagno breviter bidentato vel subintegro connata. Planta mascula omnino ut in *N. Lindmanii*.

Typus: S c h f f n. 172, Hb. W.

S ã o P a u l o : Prope Alto da Serra, in silva primigenia apud rivulum, ad saxa terra obtecta, ca. 900 *m* (172).

Durch die angeführten Merkmale von *N. Lindmanii,* dem unsere Pflanze in Größe und Zellnetz gleicht, sofort zu unterscheiden. Das weit hervorragende, einen allseitig verwachsenen Zyklus darstellende becherförmige, nur an der Mündung kurz dreilappige Perianth ist sehr auffallend. Dadurch, daß die drei zum Perianth verwachsenen Blätter sehr breit sind, entsteht eine tiefe Wellung der Mündung und wird die Konstatierung der Kiele oder Kanten sehr erschwert. In einem Falle (abgebildet in Fig. 30) sah ich entsprechend den Seitennähten des Amphigastrium perianthiale zwei deutliche Flügelkiele verlaufen, die aber nicht bis zur Mündung hinaufreichten; ein dritter sehr rudimentärer Kiel lag dorsal. Diese Verhältnisse erinnern an *Lophocolea,* der vielleicht die ganze hier zu *Notoscyphus* gestellte Formengruppe als eine anormale Sektion angeschlossen werden könnte. Für eine solche Verwandtschaft ließe sich auch die Tatsache geltend machen, daß bei den hier in Rede stehenden Pflanzen an sterilen Stengeln die Basis des Amphigastriums sehr oft der einen Ventralbasis des Blattes stark genähert ist. In den untersten Blattzyklen der Sprosse ist das Amphigastrium tatsächlich mit dem nächsten Blatte deutlich verwachsen, was auf unserer Zeichnung (Fig. 30) klar zu sehen ist. Solche Verwachsungen von Amphigastrien und Blattbasen sind in der Verwandtschaftsreihe, in deren Zentrum *Lophocolea* und *Chiloscyphus* stehen, bekanntlich sehr verbreitet.

Notoscyphus fluviorum S c h f f n., n. spec. — Taf. IV/32.

Dioicus. Caespites formans pallide luteo-virides latos, infra arena obrutos. Magnus, ad vel ultra 5 *cm* longus, parum ramosus, cum foliis explanatis ultra 3 *mm* latus, inferne saepe foliis destitutus, parum radicellosus. Folia explanata, superne et inferne vix decurrentia, oblato-rotunda (1,6 *mm* longa, 2 *mm* lata), apice saepe impresso-emarginata. Cellulae parvae subquadratae vel hexagonae, apicales 20—23 μ, mediae 23—30 μ, basales ca. 40 μ longae, omnes parietibus tenuibus, marginales subcrenato-prominulae, cuticula laevis. Amphigastria caule angustiora, profunde bifida, laciniis ciliiformibus, margine papillis mucigenis 1—2 denticulata. Planta ♂ minor, androecia intercalaria, folia perigonialia basi excavata et lobulo dorsali obtuso aucta; antheridia solitaria. Planta ♀ ignota.

Typus: S c h f f n. 847, Hb. W.

S ã o P a u l o : Ad Rio Branco prope Conceição de Itanhaëm, ad terram arenosam humidam et copiosissime imprimis ad truncos vetustos in flumen cadutos et limo arenoso obtectos, ad tempus inundatos, 20—100 *m* (847).

Wegen der bedeutenden Größe nur mit *N. paulensis* zu vergleichen, aber noch größer als dieser, außerdem von ihm zu unterscheiden durch die kleinen, dünnwandigen Blattzellen und die lang zilienartig verlängerten Zipfel der Amphigastrien. Dürfte in einem ähnlichen Verwandtschaftsverhältnisse zu *N. paulensis* stehen, wie unser *Chiloscyphus rivularis* H a z s l. zu *Ch. pallescens* (E h r h.) D u m.

Notoscyphus caldensis (Å n g s t r.) S c h f f n., n. comb. — Taf. IV/33—34.

Syn. *Chiloscyphus? caldensis* Å n g s t r ö m, Primae lineae muscorum cogoscendorum, qui ad Caldas Brasiliae sunt collecti, in Öfv. Kongl. Vetensk. Akad. Förhandl. 1876, Nr. 4, p. 80. — S t e p h a n i, Spec. Hep. III, p. 231.

N. macroscypho proximus sed ab hoc differt his notis: Habitat in terra argillosa humida, siccate nigrescens, multo tenerior, cum foliis explanatis vix 1 *mm* latus. Folia saepe distantia, minora. Cellulae eis *N. macroscyphi* simillimae et aequimagnae, omnino laeves. Amphigastria caule angustiora, ultra medium fissa, laciniis longe cuspidatis, marginibus haud unidentata. Perianthium semper innovatum (saepe iteratim innovatum, innovationibus iterum flore terminatis), multo minus, involucrum vix superans, ore breviter trilabiatum et valde undulatum. Androecia longa intercalaria, omnino ut in *N. macroscypho*.

Typus: S c h f f n. 2182, Hb. W.

S ã o P a u l o : 1) Non procul ab urbe Itapetininga, ad terram argillosam humidam, ca. 550 *m*, c. per. (2182). 2) Viage de Yporanga, Orillas del Rio Iguapé (P u i g g a r i 828).

Die von P u i g g a r i gesammelte Pflanze vom Fundort 2) ist von G o t t s c h e als *Chiloscyphus caldensis* Å n g s t r. bestimmt worden und ist identisch mit der im Herb. S t e p h a n i (aus dem Herb. G o t t s c h e stammenden) unter *Ch. caldensis* liegenden Pflanze, die auch von P u i g g a r i gesammelt wurde. Das Orig. Ex. von Å n g s t r ö m hat weder S t e p h a n i noch ich gesehen; wir stützen uns diesbezüglich auf die Autorität G o t t s c h e s. Meine Pflanze vom Fundort 1) ist sicher mit der von P u i g g a r i gleich, letztere ist nur etwas mehr etioliert und hat darum entfernter stehende Blätter. Meine Pflanze ist ebenfalls eine „Kleinart", die in denselben Formenkreis gehört wie die vorhergehenden, sich aber durch die oben angeführten Merkmale unterscheidet. Die männliche Pflanze fand ich in dem Rasen vom Fundort 2), wo sie schon G o t t s c h e gesehen hat. Er hat merkwürdigerweise nicht gemerkt, daß diese Pflanze unmöglich ein *Chiloscyphus* sein kann. S t e p h a n i hat später ganz richtig erkannt, daß sie nicht zu *Chiloscyphus* gehört; im Herb. des Naturhistorischen Museums in Wien liegt ein von ihm als *Lophocolea caldensis* Å n g s t r. bestimmtes Exemplar von Minas Geraës, Caldas, ad ripas amnis Ribeirão dos Bugres (H j. M o s é n, 25. 8. 1873). Vom selben Standort und Sammler fand ich in diesem Herbar eine von S t e p h a n i als *Lophocolea serratana* S t e p h. bestimmte Pflanze, die ebenfalls mit der besprochenen Pflanze identisch ist und keineswegs die *L. serratana* S t e p h. darstellt. Die Involucralblätter zeigten bei unseren Exemplaren (Fundort 1) dorsal meist ein basales Läppchen und in einem Falle sah ich das eine Involucralblatt am einen Rande (nicht mit der ganzen Fläche wie bei *Nardia*) an das Perianth angewachsen; das andere Involucralblatt war an der Basis mit dem Amphigastrium involucrale verwachsen, wie ich es auch einmal bei *N. macroscyphus* (siehe dort) beobachtet habe.

Notoscyphus carneus (N e e s) S t e p h. — Taf. IV/35 a.

Syn. *Jungermannia rhodina* S p r.

S ã o P a u l o : 1) In silvaticis prope Cantareira haud procul ab urbe São Paulo, ad terram argillosam rubram, 800 *m* (243, 245, 1172, 1177, 1180). 2) Apiahy, Camino de Yporanga (P u i g g a r i 111). 3) Apiahy, Vita Vella, camino transversal (P u i g g a r i 307). 4) Circa Paranahyba ad flumen Tieté, ad terram argillosam rubram, ca. 700 *m* (242). 5) In circuitu urbis Itapetininga, in campo ad fossarum margines, ca. 550 *m* (2247). 6) Prope Rio Grande ad „São Paulo Railway", 800 *m* (s. n.). 7) In monte Morro d'Oro prope Apiahy, ad terram, 1200—1400 *m* (940). 8) Apiahy, ad terram, ca. 1100 *m* (311). — R i o d e J a n e i r o : 9) Rio de

Janeiro (Glaziou 9193, Orig. Ex. der Jungermannia *rhodina* S p r., von S t e p h a n i zu *Lophozia* gestellt).
— P a r a n á : 10) Carralko, in terra (P. D u s e n 13015).

Notoscyphus argillaceus (N e e s) S t e p h. ist mit *Notoscyphus carneus* (N e e s) S t e p h. sehr nahe verwandt, vielleicht ist er nur eine Form des letzteren. Beide Arten passen wegen der gezähnten Amphigastrien und der gedrehten Kapselklappen nicht in die Gattung *Notoscyphus* und stellen ein eigenes, zwischen *Notoscyphus* und *Isotachis* stehendes, vielleicht mit *Gyrothyra* H o w e verwandtes Genus dar.

Notoscyphus argillaceus (N e e s) S t e p h. — Taf. IV/35, b—g.

S ã o P a u l o : Prope urbem Faxina, ad terram arenosam, ca. 650 *m* (1372).

Genus **Nardia** G r a y.

Zu den aus Süd-Brasilien angegebenen Nardia-Arten möchte ich folgendes bemerken.

Solenostoma callithrix (L i n d n b g. et G.) S t e p h. sah ich im Herb. S t e p h a n i von sehr vielen Fundorten. Es fällt bei dieser Pflanze auf, daß sie sehr variabel ist. Man findet oft im selben Rasen neben robusteren, ± geröteten Pflanzen mit größeren Perianthien solche, die nicht gerötet, kleiner und schlanker sind und kleinere Blätter und Perianthien aufweisen. Bei ersteren sind die Perianthien stets dicker und an der geröteten Mündung mehr zusammengezogen, bei letzteren ist die Mündung weniger verengt. Im Zellnetz, in der Zähnelung der Perianthmündung etc. stimmen sie vollkommen überein, und man kann leicht alle Übergänge finden. Es fiel mir die große Übereinstimmung dieser depauperierten und schwach etiolierten Pflanzen mit *Jungermannia papulosa* S t e p h., Spec. Hep. II, p. 73 (vgl. Taf. IV/37), auf, und ich verglich nun das zwar dürftige, aber vollkommen ausreichende Orig. Ex. der letzteren (Brasilia australis, Minas Geraës, L i n d m a n n 23 p. p.) sorgfältig, indem ich beide Pflanzen in allen wichtigen Details mit dem Prisma zeichnete. Es ergab sich nun mit Sicherheit, daß sie vollkommen identisch sind, resp. daß *J. papulosa* die ± depauperierte Form von *S. callithrix* ist. Blattform, Perianth und dessen Mündung, Zellnetz, Sporen und Elateren sind vollkommen gleich.

Wenn man die Beschreibungen beider Pflanzen bei S t e p h a n i (l. c., p. 48 und p. 73) vergleicht, so sind sie ganz übereinstimmend bis auf folgenden Punkt: Bei *S. callithrix:* „Cellulae apice 12 μ, reliquae 25 μ, basales 25 $\times$ 50 μ, trigonis parvis acutis" und „Perianthia ... ore parvo brevissime tubuloso setuloso". Bei *Jungermannia papulosa:* „Cellulae apice 19 μ, medio 19 $\times$ 27, basi 19 $\times$ 38 μ, trigonis magnis" und „Perianthia ... ore amplo parum angustato ... cellulis prominentibus optime papulosis vel subdenticulatis". Von diesen Unterschieden werden die auf das Zellnetz und die Zähnelung der Perianthmündung bezüglichen ganz hinfällig, wenn man von *S. callithrix* größeres Material und auch die schwachen Pflanzen in den Rasen untersucht. Die Zusammenziehung der Perianthmündung ist ebenfalls nur graduell verschieden. Wenn wir nach solchem Maßstabe etwa unsere *Nardia crenulata* (S m.) L i n d b. oder *N. hyalina* (L y e l l) C a r r. beurteilen wollten, würden wir bei jeder auf mindestens zehn „Spezies" kommen. Es ist nun merkwürdig, daß S t e p h a n i diese beiden ganz sicher spezifisch nicht verschiedenen Pflanzen in zwei verschiedene Gattungen: *Solenostoma* und *Jungermannia* stellt. Es gibt keinen besseren Beweis, wie unglücklich die Idee war, die ganz unhaltbare und glücklicherweise längst begrabene Gattungsabgrenzung von M i t t e n wieder zu beleben; annehmbarer wäre noch eine Verschmelzung der beiden schwachen Gattungen *Haplozia* und *Nardia* zu einer einzigen gewesen.

Ich habe dann auch noch *Jungermannia brasiliensis* S t e p h., die dritte der aus Süd-Brasilien angegebenen Nardien, im Orig. Ex. (Brasilia, leg. M a r t i u s inter *Jung. carneam* N e e s) genau studiert und gezeichnet. Auch dieses Orig. Ex. ist dürftig, aber ausreichend, um sich von der Pflanze ein ziemlich vollständiges Bild zu machen. Es hat sich ergeben, daß diese Pflanze zweifellos in den Formenkreis der

J. callithrix L i n d n b g. et G. gehört. Doch finden sich die folgenden Unterschiede: die Blätter (besonders der sterilen Stengel) sind mehr eiförmig, die Zellen ein wenig größer und die Ecken etwas minder verdickt, die Zellen der Perianthmündung weniger verdickt. In der Form des Perianths und der Zähnelung der Mündung ist kein Unterschied gegenüber *J. papulosa,* ebenso stimmen beide in Größe, Färbung etc. überein. Daß diese geringfügigen Unterschiede nur graduell und auf ein noch etwas weitergehendes Etiolement bei gleichzeitiger Depauperierung zurückzuführen sind, bedarf keines Hinweises für denjenigen, der die Formenkreise unserer *Nardia crenulata, N. hyalina* etc. studiert hat. Wenn man diese Form unterscheiden will, so wäre sie zu bezeichnen als Varietät oder Form der *Nardia callithrix*.

Nardia callithrix (L i n d n b g. et G.) S p r. — Taf. IV/36—37.

S ã o P a u l o : 1) In silva apud Cantareira prope São Paulo, in declivis, inter *Noteroclada*, 800 *m*, c. per. (711). 2) Ibidem, ad terram lateriticam, c. fr. mat. (1176). 3) Prope Lapa in circuitu urbis São Paulo, ad terram argillosam, una cum *Noteroclada*, c. fr. et ♂ (2255). 4) Prope Rio Grande ad „São Paulo Railway", ad terram, 800 *m*, c. per. (426). 5) Apiahy, c. per. (P u i g g a r i 1107, sub nomine *Jungermannia apiahyna* G. mscr. β *prolixa* G. mscr.). — Ad confines R i o d e J a n e i r o — M i n a s G e r a ë s : 6) In regione superiore montis Itatiaya, in paludosis, 2500 *m,* c. per. (643).

Nardia callithrix zählt, wie unsere *N. crenulata*, zu den Arten, über deren Zugehörigkeit zu *Nardia* oder *Haplozia* man unschlüssig sein könnte. Längsschnitte zeigen, daß immer mindestens das eine Involucralblatt (öfters beide) höher eingefügt ist, als der Fuß des Sporogons vordringt. Es ist also der Basis des Perianths angewachsen, was die Zuordnung der Art zu *Nardia* rechtfertigt.

Die Pflanze vom Fundort 2) ist gerötet und außerordentlich typisch entwickelt; diejenigen der Fundorte 1), 3) und 4) entsprechen der *J. papulosa* des Herb. S t e p h a n i ; bei 3) zeigt sich außerdem, daß an recht schwachen Stengeln die Blätter eiförmig werden (besonders die unteren), was in bezug auf die Beurteilung der *J. brasiliensis* S t e p h. von Interesse ist. Die Pflanze vom Fundort 5) ist eine höhere Sumpfform, gebräunt und oft auch etwas gerötet, mit an der Basis mehr verlängertem Perianth. Die *J. apiahyna* G. mscr. ist auch nur eine schwächere, grüne Form von *N. callithrix*, wie ich solche mehrfach im Herb. S t e p h a n i sah.

Nardia succulenta (L e h m. et L i n d n b g.) S p r.

Syn. *Apotomanthus succulentus* (L e h m. et L i n d n b g.) S c h f f n.

Diese von *N. tortistipula* S p r. kaum spezifisch verschiedene Art unterscheidet sich von allen übrigen Nardien durch wichtige Merkmale: die großen Amphigastrien, das weitmündige Perianth, dessen Entstehung aus einem Blattzyklus mitunter noch ganz deutlich ist, und die thalamogene Calyptra, auf welche die sterilen Archegonien zum Teil hinaufgerückt sind. Den Sporogonbau habe ich leider nicht untersuchen können. Wahrscheinlich hat *N. succulenta* engere verwandtschaftliche Beziehungen zu unserem *Notoscyphus Lindmanii*. Vielleicht wäre es sogar berechtigt, die Gattung *Apotomanthus* (S p r. pro subgen. *Nardiae*) S c h f f n. in Engler & Pr., Nat. Pflanzenfam., wieder aufzunehmen und *Notosc. Lindmanii* mit ihr zu vereinigen. Dann müßte freilich die Diagnose geändert werden, denn *Apotom. succulentus* hat ein an die Perianthbasis angewachsenes Involucrum, während bei *Notosc. Lindmanii* — in diesem Sinne also *Apotom. Lindmanii* — das Perianth ganz frei ist. Auch hat *Nardia succulenta* ungeteilte Amphigastrien, während dieselben bei *Notosc. Lindmanii* zweiteilig und ganz wie bei *Notosc. lutescens* (L e h m. et L i n d n b g.) M i t t. etc. beschaffen sind.

Auf die Beziehungen von *Apotomanthus* zu *Clasmatocolea* hat schon S p r u c e (Hep. Amaz., p. 519) hingewiesen. Ich möchte aber glauben, daß *Apotom. succulentus* viel nähere verwandtschaftliche Beziehungen zu den amphigastrischen Nardien der Sect. *Alicularia*, also zu *N. scalaris* (S c h r a d.) G r a y, *N. geoscypha* (D e N o t.) L i n d b. und *N. compressa* (H o o k.) G r a y hat.

Genus **Solenostoma** Mitt.

Syn. *Haplozia* D u m. p. p.

Solenostoma apertum (S c h f f n.) S. A r n. — Fig. 38—39.

Syn. *Aplozia aperta* S c h f f n. mscr.

Planta dioica. Caespitosa vel inter alias Hepaticas; parva et gracilis, vix 6 *mm* longa, viridis vel nigrescens (haud rubescens!), ramosa et infra abunde stolonifera, rami et stolones ventrales. Folia suborbicularia 0,3—0,4 *mm* diametro, interdum apice subimpressa vel inferiora ovali-rotunda, infimum ramulorum parvum profunde bifidum. Cellulae subquadratae, perparvae, apicales 10—14 μ, mediae ad 15 μ, basales paulum longiores, omnes circumcirca conspicue incrassatae sed trigonis nullis, cuticula laevis. Amphigastria nulla. Inflorescentia ♀ terminalis, ramulo subflorali interdum suffulta. Involucrum magnum, valde variabile; folia involucralia foliis caulinis duplo fere majora, latissima, 0,5 *mm* longa et ad duplum latiora, margine ± undulata et saepe crenato-sublobata, libera vel dorso connata, foliola accessoria angusta obtusa, 1—3 saepe provenientia. Perianthium basi liberum, alte exsertum, ultra 1 *mm* longum, 0,3 *mm* latum, fusiforme apice neque contractum neque angustatum, supra triplicatum, triquetrum, sed plicis accessoriis saepe obviis, ore minute lobulatum, lobulis vix crenulatis, cellulis marginalibus caeteris omnino similibus. Capsula brunnea ovalis parva 0,4 *mm* longa, 0,3 *mm* lata; valvis intus fibris semicircularibus nullis vel perpaucis. Sporae laeves badiae, 10 μ; elateres 180 μ longi, 7 μ lati, apicibus angustatis obtusiusculis, spiris 2 rufo-badiis.

Typus: S c h f f n. 2436, Hb. W.

S ã o P a u l o : 1) Prope Raiz da Serra, secus ferroviam apud Areãs, ad terram argilloso-arenosam, una cum *Symphyogyna canaliculata* (2436). 2) Apud Sitio Bülow ad flumen Rio Branco prope Santos, ad murum vetustum, ca. 20 *m* (283).

S. apertum hat durch das ganze offene Perianth einige äußere Ähnlichkeit mit gewissen Formen der *Nardia callithrix*, jedoch ist die Mündung völlig anders. Ihr Rand besteht nicht aus fingerförmig vortretenden Zellen, sondern ist durch seichte Einbuchtungen in kleine stumpfliche Läppchen oder kurze Zähne geteilt, die fast ganzrandig sind; die Randzellen sind den übrigen ganz gleich gestaltet. Dieser Umstand spricht deutlich dafür, daß unsere Pflanze ein *Solenostoma* (S c h i f f n e r in mscr.: *Aplozia*) ist und nicht zu *Nardia* gestellt werden kann. Auch die nur halb so großen Blattzellen, die ringsum gleichmäßig verdickt sind, unterscheiden sie sofort von allen Formen der *Nardia callithrix*. Auffallend ist an *S. apertum* auch, daß alle Äste und die reichlich vorhandenen Stolonen ventral entspringen. Der Bau der Sporogonklappen ist ebenfalls abweichend, ihre Außenwand besteht aus rektangulären Zellen von $25 \times 13 \mu$ mit Verdickungspfeilern (Punktreihen) an den Radialwänden; die Zellen der Innenschicht sind ebenso lang, aber nur 0,75 μ breit, zeigen ebenfalls Punktreihen, aber nur ganz vereinzelt eine Halbringfaser; letztere fehlen also im allgemeinen der Innenschicht. Obwohl diese Pflanze von den anderen mir bekannten Haplozien abweicht, wüßte ich sie doch bei keiner anderen Gattung einzureihen.

Genus **Anastrophyllum** S p r.

Bisher aus Süd-Brasilien bekannt:

A. capillaceum S t e p h.
A. conforme (L i n d n b g. et G.) S t e p h.
A. Glaziovii S t e p h.
A. leucostomum (T a y l.) S t e p h.
A. piligerum (N e e s) S p r.

Von mir während der Expedition gesammelt:

A. brasiliense S c h f f n., n. spec.

A. Glaziovii S t e p h.
A. leucostomum (T a y l.) S t e p h.
A. piligerum (N e e s) S p r.

Anastrophyllum brasiliense S c h f f n., n. spec. — Taf. IV/40, e—h und 41.

Dioicum, caespites laxos suberectos, ca. 3 *cm* altos formans. Planta subrobusta, rubro-brunnea vel fere kermesina, pauciramosa vel subsimplex, rigida. Folia subsecunda, cava, circumscriptione late ovata, 1,2 *mm* longa, 1 *mm* lata, basi subaurita, usque ad medium bifida, sinu acuto, lobis ovato-triangularibus acutis, inaequalibus. Cellulae inter congeneres maximae, stellatae, trigonis maximis saepe confluentibus, apicales (lumine) 19 μ, medianae 15 $\times$ 30 μ, basales 19 $\times$ 50 μ, cuticula verrucosa (praecipue versus folii basin). Inflorescentia ♀ terminalis vel surculis 1—2 subfloralibus fulta; folia subinvolucralia caulinis majora latiora integerrima, involucralia similia sed valde concava et lobis repando-dentatis vel subintegerrimis; amphigastrium involucrale nullum. Perianthium oblongo-ovatum ad 1,5 *mm* longum, supra pluri-plicatum et dealbatum, ore laciniatum laciniis ciliatis, ciliis usque ad 150 μ (4 cellulas) longis, basi saepe dentibus vel ciliis minoribus. Plantam ♂ haud vidi.

Typus: S c h f f n. s. n., Fazenda Monteserrate.

Ad confines R i o d e J a n e i r o — M i n a s G e r a ë s : In regione inferiore montis Itatiaya, non procul a Fazenda Monteserrate, ad terram humosam sparse, una cum *A. piligerum,* ca. 1000 *m* (S c h f f n. s. n.).

A. brasiliense steht zwar einigen anderen Anastrophyllen dieses Gebietes nahe, kann aber mit keiner anderen Art vereinigt werden. Zunächst steht es dem *A. conforme* (L i n d n b g. et G.) S t e p h. nahe (Taf. IV/42, a—d), letzteres ist aber eine viel schwächere Pflanze, die Blätter sind viel kleiner und durch eine breite Bucht nur bis zu $^1/_3$ geteilt, die Zellen sind etwas kleiner. *A. Glaziovii* S t e p h. (Taf. IV/40, a—d) ist in Größe und Tracht ähnlich, aber braun (nicht gerötet), die Blätter sind viel tiefer (bis zu $^2/_3$) geteilt und an der Basis etwas scheidig, nicht aurikulat, die Zellen sind kleiner. *A. leucostomum* (T a y l.) S t e p h. (Taf. IV/42, e—h, und Taf. V/43) hat ganz andere Blattform, oft einen dorsalen Zahn an der Basis und nur halb so große Zellen mit sehr warziger Cuticula etc.

Anastrophyllum Glaziovii S t e p h. — Taf. IV/40, a—d.

Ad confines R i o d e J a n e i r o — M i n a s G e r a ë s : In monte Itatiaya, ad terram humosam inter *Odontoschisma,* 2750 *m* (2433 p. p.).

Ich fand nur wenige sterile Stengel, welche einem Rasen von *Odontoschisma* eingestreut waren. Die Pflanzen sind sehr klein (depauperiert), aber Blattform und Zellnetz lassen keinen Zweifel, daß sie hierher gehören.

Anastrophyllum leucostomum (T a y l.) S t e p h. — Taf. IV/42, e—h, und V/43.

Ad confines R i o d e J a n e i r o — M i n a s G e r a ë s : In monte Itatiaya, locis compluribus, ad saxa umbrosa terra obtecta et ad terram nudam, copiosissime ad ca. 2750 *m,* partim c. per. et sporog. sing. (2337).

Var. **capillaceum** S c h f f n., n. var.

Caespites densos erectos ad 10 *cm* altos formans, pallidius; plantae radicellis albis inter sese cohaerentes, graciliores, tenuiores.

Typus: S c h f f n. 437, Hb. W.

In habitatione eadem sicut forma typica, locis umbrosissimis humidis, saepe una cum *Breutelia* (437, 662).

Das reife Sporogon war bisher nicht bekannt. Ich ergänze also die Beschreibung wie folgt: Capsula haud ultra exserta, oblongo-ellipsoidea, ultra 1 *mm* longa, fusca, valvae obtusae intus fibris semicircularibus ornatae, sporae rufo-fuscae, 15 μ, exosporio reticulatim asperulo, elateres 8 μ crassi apicibus vix attenuati obtusi, spiris 2 latis rufo-fuscis ornatis.

Die Außenschicht der Kapselwand hat an den Radialwänden sehr weit in das Innere vorragende und dicht stehende Pfeiler, die Innenschicht dicke rotbraune Halbringfasern, die aber oft in der Mitte $\pm$ unterbrochen sind.

Anastrophyllum piligerum (Nees) Spr.

São Paulo: 1) Bertioga prope Santos, sparse inter Hepaticas alias, 5—20 m, c. per. (2434). 2) Prope Raiz da Serra, inter Cladonias, 20—50 m (1727). 3) Prope Campo Grande ad „São Paulo Railway", in silvulis campestribus, ad truncos arborum una cum *Schlotheimia* etc., ca. 700 m, c. per. (450). 4) In districtu urbis Cerqueira-Cesar, ad arbores, ca. 500 m (1469). — Ad confines Rio de Janeiro — Minas Geraës: In regione inferiore montis Itatiaya prope Fazenda Monteserrate, ad terram humosam, ca. 1000 m (598).

Diese Art ist im Gebiete gewiß nicht häufig, kommt aber von der heißen Strandregion bis in die Waldzone des Itatiaya an einzelnen Standorten zerstreut vor. Sie wächst im Gebiete sowohl auf Baumrinden als auf bloßer Erde und auf erdbedeckten Felsen. Die südbrasilianische Pflanze erreicht nie die mächtige Größe, wie die der Sunda-Inseln, macht meistens einen etwas depauperierten Eindruck, trägt aber öfters gut entwickelte Perianthien. In den anatomischen Details stimmt sie gut mit der palaeotropischen Form überein.

Genus **Syzygiella** Spr.

Bisher aus Brasilien bekannt:	Von mir während der Expedition gesammelt:
S. anomala (Lindnbg. et G.) Steph.	*S. anomala* (Lindnbg. et G.) Steph.
	S. biloba Schffn., n. spec.
S. contigua (G.) Steph.	*S. contigua* (G.) Steph.
	S. linguifolia Schffn., n. spec.
	S. parvula Schffn., n. spec.
S. rubricaulis (Nees) Steph.	*S. rubricaulis* (Nees) Steph.
S. virescens Steph.	

Syzygiella rubricaulis (Nees) Steph.

São Paulo: 1) In cacumine montis Jaraguá prope São Paulo, ad saxa terra obtecta, ca. 1050 m (1537, 2437). 2) In silvaticis ad Brasso Grande in districtu urbis Itapecirica, ad cortices arborum inter Hepaticas alias, ca. 1000 m (1865). — Ad confines Rio de Janeiro — Minas Geraës: 3) In partibus regionis silvaticae superioribus montis Itatiaya, ad saxa, formam modice etiolatam tenuem praebens, 1400—2000 m (632). — S a. Catarina: 4) Serra do Oratorio (E. Ule, s. n.; mis. P. Sydow).

S. rubricaulis ist sehr leicht mit *Jamesoniella colorata* (Lehm.) Spr. zu verwechseln. Sie ist ihr in Habitus und Farbe äußerst ähnlich, die Blätter sind auch hier (besonders an den unteren Teilen des Stengels) bisweilen alternierend und die Cuticula ist ebenfalls warzig. Ein gutes Unterscheidungsmerkmal liegt im Zellnetz: bei *J. colorata* sind mehrere Zellreihen des Blattrandes in sehr deutliche radiale Reihen geordnet und diese Zellen sind zwar stark verdickt, haben aber kein sternförmiges Lumen, während bei *Syz. rubricaulis* auch die Randzellen sternförmiges Lumen haben und nicht in auffallenden Radialreihen stehen. Aus Brasilien habe ich *Jamesoniella colorata* noch nicht gesehen und die diesbezüglichen Exemplare wären zu prüfen, ob nicht eine Verwechslung mit *Syz. rubricaulis* vorliegt. Die „*Jamesoniella colorata*" vom Tunguragua, leg. Spruce, ist sicher *Syzygiella rubricaulis* (nach dem Exemplar in meinem Herbar), und die Beschreibung derselben in Spruce (Hep. Amazon., p. 510) bezieht sich ebenfalls auf *S. rubricaulis* und nicht auf *J. colorata*!

Syzygiella parvula Schffn., n. spec. — Taf. V/44.

Sterilis, filiformis, laxe caespitans vel aliis muscis immixta, ferruginea ad obscure kermesina. Caulis simplex, tenuis, ad 2 cm longus. Folia fragilia, decidua, dissita, patula, parva, ad 0,8 mm longa, ad 0,6 mm lata (saepe minora), optime oblongo-ovalia (etiam basi constricta), dorso haud decurrentia, ventre haud cristata, per paria opposita, dorso contigua, ventre per breve spatium sed semper connata. Cellulae hexagonae lumine stellato, trigonis permagnis nodosis, apicales 20 μ, mediae 28—30 μ, basales ad 40 $\times$ 25 μ, cuticula verrucis densis eximie aspera (fere ut in *S. rubricauli*). Amphigastria nulla.

Typus: S c h f f n. 979, Hb. W.

S ã o P a u l o : 1) In silvaticis prope Alto da Serra, ad truncos putridos, 900 *m* (979). 2) In silvaticis ad Brasso Grande in districtu urbis Itapecirica, ad truncos putridos, 1000 *m* (1432). — Ad confines R i o d e J a n e i r o — M i n a s G e r a ë s : In regione silvatica montis Itatiaya, ad rupes, 1000—1400 *m* (838).

S. parvula macht auf den ersten Blick den Eindruck einer depauperierten Pflanze und man könnte mir vorhalten, daß ich eine derartige sterile Pflanze beschreibe. Sie ist aber an den angegebenen Merkmalen, die sich bei Pflanzen von drei weit auseinanderliegenden Standorten wiederholen, leicht kenntlich. Auch habe ich mich vergebens bemüht, sie einer anderen Art des Gebietes als depauperierte Form anzugliedern. Es kämen wegen der stark warzigen Cuticula nur *S. rubricaulis* und *S. linguifolia* S c h f f n. in Betracht. *S. contigua* (G.) S t e p h. hat so schwach warzige Cuticula, daß sie gewiß nicht in Frage kommt, obwohl hier die Blattform einige Ähnlichkeit zeigt, auch sind die ventralen Blattbasen nicht deutlich verwachsen etc. Von *S. rubricaulis* kommen Kümmerformen vor, die in der Stärke der *S. parvula* gleichen; am Fundort 3) wachsen einzelne Stämmchen derselben unter *S. parvula*. Diese sind von *S. parvula* leicht zu unterscheiden, da sie die runde Blattform, die nicht verwachsenen Blattbasen etc. genau so zeigen, wie gut entwickelte *S. rubricaulis*. *S. linguifolia* hätte die verwachsenen ventralen Blattbasen mit *S. parvula* gemein; ich glaube aber nicht, daß beide derselben Art angehören, denn die Blattform ist bei ersterer auch an ganz schwachen Stengeln die charakteristisch zungenförmige, wobei die breiteste Stelle näher der Basis (nicht in der Mitte) liegt; auch ist die Cuticula viel weniger warzig als bei *S. parvula*, die sich in dieser Beziehung nur mit *S. rubricaulis* vergleichen läßt.

Syzygiella contigua (G.) S t e p h. — Taf. V/45.

S ã o P a u l o : 1) In monte Jaraguá prope Taipas, 800—1050 *m* (1023). — Ad confines R i o d e J a n e i r o — M i n a s G e r a ë s : 2) In regione superiore montis Itatiaya, ad rupes, copiose ♂, sparsissime ♀ c. per. jun., 2750 *m* (2342).

Die ♂ Pflanze war unbekannt, es soll daher die Diagnose folgendermaßen ergänzt werden: Androecia intercalaria saepe in caule iterata, spicaeformia, folia perigonialia saccata erecto-adpressa apice tantum subpatula, dorso dente (lobulo) parvo aucta, explanata fere orbicularia; antheridia bina magna, pedicello capitulo subaequilongo biseriato.

Die Perianthmündung wird bei S t e p h a n i, Sp. Hep. II., p. 189, als „paucidenticulata" angegeben. Ich sehe sie durch die schwach vorgewölbten, sehr verdickten Zellen „subcrenulat", wobei allerdings im Gesamtumriß einige Partien mehr hervorragen und also als „Zähnchen" aufgefaßt werden könnten.

Syzygiella linguifolia S c h f f n., n. spec. — Taf. V/46.

Dioica, mediocris, laxe caespitosa inter muscos alios, rubra. Caulis subsimplex vel ad speciem dichotomus, flexuosus, apice incurvus, radicellarum fasciculis albis. Folia densa, patula vel sursum vergentia, dorso per paria approximata, haud decurrentia, ventre per breve spatium sed conspicue connata, ovato-lingulata (e basi ovata apicem versus lingulatota protracis), apice rotundata vel rarius obtusata, 1,4 *mm* longa, 0,8 *mm* lata. Cellulae hexagonae, lumine stellato, trigonis nodosis magnis, apicales 22 μ, mediae 30 μ, basales ad 50 $\times$ 20 μ, cuticula conspicue verrucosa. Amphigastria nulla. Planta ♂ sterili similis, androecia intercalaria, folia perigonialia caulinis similia sed basi valde saccata erecta. Caetera desunt.

Typus: S c h f f n. 947, Hb. W.

S ã o P a u l o : Prope Rio Grande ad „São Paulo Railway", ad terram nudam (saxa terra obtecta), ca. 800 *m*, sparsim ♂ (947).

Von allen anderen Arten des Gebietes durch die charakteristische Blattform leicht zu unterscheiden, besonders auch von den nahestehenden *S. parvula* und *S. contigua,* die aber exakt eiförmige Blätter besitzen, deren breiteste Stelle in der Mitte liegt. Von *S. contigua,* der sie in Größe und Habitus ähnelt, ist sie außerdem durch stärkere Warzigkeit der Cuticula und die ventral deutlich verwachsenen Blätter verschieden. Die ♀ Pflanze wird gewiß auch noch namhafte Unterschiede ergeben, wenn sie einmal aufgefunden wird.

Über den Verzweigungsmodus dieser Pflanze bin ich mir nicht ganz klar geworden. Wahrscheinlich sind die Äste auch hier ursprünglich ventral, sie werden aber dem Hauptstamm bald ganz gleich stark und scheinen dabei Verschiebungen zu erfahren, so daß man den Eindruck einer Dichotomie erhält. An der Basis der Äste steht gewöhnlich ein kleineres Blatt, das bisweilen ungleich zweilappig ist. Bei anderen Syzygiellen (z. B. *S. contigua, S. anomala, S. biloba*) sah ich ganz sicher ventrale Verzweigung.

Syzygiella anomala (L i n d n b g. et G.) S t e p h. — Taf. V/47—48.

Ad confines R i o d e J a n e i r o — M i n a s G e r a ë s : In regione superiore montis Itatiaya, ad rupes et saxa, locis compluribus caespites intumescentes rubros formans, ca. 2750 *m*, copiose cum per. et sporog. mat. (657, 2338).

Die Fructification war bisher unbekannt: Die Perianthien sind endständig, ohne subflorale Sprosse. Involucralblätter in der Form den Stengelblättern ähnlich, aber größer, dorsal nicht verwachsen, Rand wellig und streckenweise sehr kleingezähnelt, Spitze nach außen gekrümmt. Amphigastrium involucrale entweder eiförmig und zweilappig mit stumpfen Lappen, oder lanzettlich zungenförmig, entweder beiderseits hoch mit den Involucralblättern verwachsen oder seltener einerseits ± frei. Die Subinvolucralblätter und Subinvolucralamphigastrien gehen allmählich nach abwärts in die Stengelblätter über. Perianth sehr groß (übrigens wechselnd in der Größe), breit eiförmig, oft über 4 *mm* lang und über 3 *mm* breit, vom Rücken her etwas zusammengedrückt, unten dorsal und ventral bauchig, oben 6—8faltig, an der Mündung quer abgestutzt und deren Rand etwas nach innen eingezogen, daselbst durch 1—2 Reihen hyaliner etwas vorragender Zellen krenuliert. Das Sporogon wird bei S t e p h a n i, Spec. Hep., bei keiner Art von *Syzygiella* beschrieben. Ich habe es für *S. variegata* (L i n d n b g.) S p r. angegeben in Hep. v. Buitenz. I, p. 103. Auch von S p r u c e wurde es kurz (aber unzureichend) beschrieben in Hep. Amaz., p. 500. Ich habe es daher bei unserer Art ausführlich untersucht. Die Kapsel ist ziemlich kurz gestielt (bis ca. 1 *cm*), sehr groß, dick eiförmig, gelbbraun, bis zum Grunde in vier eilanzettliche stumpfliche Klappen geteilt; Klappen 1,6—1,8 *mm* lang und 0,8—1 *mm* breit, 6—8 Zellschichten dick. Außenschicht aus ziemlich dickwandigen Zellen mit sehr weit vorragenden braunen Seitenpfeilern an den Radialwänden, dann folgen 3—4 Lagen hyaliner, etwas kollenchymatischer Zellen, dann 1—2 Lagen ebensolcher Zellen, die ± deutliche, aber spärliche Halbringfasern aufweisen (diese liegen aber den nach innen gekehrten Wänden an), und endlich die Schicht der Innenzellen, welche an der freien Fläche vorgewölbt sind und daselbst nicht unterbrochene, etwas schräg verlaufende Halbringfasern tragen. Sporen groß, 42 μ, gelbbraun, feinwarzig. Elateren lang, gegen die Enden etwas verdünnt, nur 10 μ dick, mit zwei starken, fadenförmigen, bis in die Enden reichenden gelbbraunen Spiren.

Syzygiella biloba S c h f f n., n. spec. — Taf. V/49—52.

Dioica, magna, caespites ± kermesino-rubros erectos formans. Caulis arcuatus, subsimplex, hic illic radicellis albis instructus. Folia densa subpatula, dorso gibbosa, apice saepe reflexa; dorso decurrentia, basibus per paria approximata sed vix connata, ventre basibus subcristatis haud connatis; circumscriptione oblique ovato-triangularia, 1,6 *mm* longa, medio ultra 1 *mm* lata, apice inaequaliter breviterque biloba sinu et lobis late rotundatis vel interdum oblique truncata angulis tantum rotundatis. Cellulae hexagonae, 28—30 μ, medianae submajores ad 35 μ, basales longiores, omnes trigonis magnis nodosis interdum confluentibus, cuticula laevi. Amphigastria etiam in caule sterili fere semper presentia, parva subulata. Inflor. ♀ terminalis capitata, saepe innovatione subflorali (juvenili) fulta. Folia subinvolucralia plurijuga caulinis multo majora, saepe ultra 4 *mm* longa et 3 *mm* lata, e basi late ovata acutata, ± profunde 2—3-laciniata, laciniis et sinubus acutissimis marginibus irregulariter dentatis. Amphigastria subinvolucralia versus florem accrescentia, ovato-lanceolata, ad medium vel fere ad basin in lacinias 2 lanceolatas longe subulatas divisa, libera vel uno latere breviter connata. Folia involucralia libera, minora, ad $^2/_3$ vel ultra 2—3-laciniata, laciniis longe cuspidatis angustioribus canaliculato-reflexis irregulariter dentatis. Amphigastrium involucrale liberum vel basi tantum uno latere connatum, foliis aequilongum et similiter ultra medium in lacinias 2 anguste cuspidatas subdentatas partitum, latere saepe nonnulla parva accessoria. Perianthium valde juvenile tantum visum, ore cellulis digitatim prominentibus tenuibus ciliolatum. Archegonia ultra 40 in flore. Caetera haud visa.

Typus: S c h f f n. 621, Hb. W.

Ad confines R i o d e J a n e i r o — M i n a s G e r a ë s: In regione superiore montis Itatiaya, ad rupes, interdum copiose, 1400—2000 *m* (621).

Var. **grandistipula** S c h f f n., n. var. — Taf. V/52.

Major (ad 10 *cm* alta) et paulum etiolata, dilute olivacea, parum rubra. Folia fragilia minus densa sed majora latiora, apice profundius biloba, lobis valde inaequalibus. Cellulae minores, apicales 25 μ, mediae 30 μ, trigonis minoribus. Amphigastria in caule sterili semper praesentia, pro more maxima, saepe foliis aequilonga, valde variabilia: lanceolata apice longissime cuspidato vel mutico, vel rarius ovato-lanceolata et sinu angusto bifida. Inflorescentia ♀ illi typi similis.

Typus: S c h f f n. 2435, Hb. W.

Una cum forma typica et in illam transiens, at locos umbrosiores et humidiores praeferens.

Diese ausgezeichnete neue Art ähnelt im Habitus und in der Färbung etwa schwach etiolierten Formen der *S. anomala*, ist aber von dieser und allen anderen Arten zu unterscheiden durch die zweilappige Blattspitze mit stumpf gerundeten Lappen, die gut entwickelten Amphigastrien und die tief laziniaten Involucralblätter, die den Stengelblättern ganz und gar unähnlich sind.

Genus **Plagiochila** D u m.

Patulae I.

Blatt mit schmaler Basis, meist schwach gewimpert.

Plagiochila rutilans L i n d n b g. — Taf. VI/56—58.

S ã o P a u l o: Ad Brasso Grande (s. n., 15. VI. 1901). Ganz ähnliche Pflanzen hat S t e p h a n i als *P. rutilans* bestimmt, so P u i g g a r i n. 2091, St. Vincent, Herb. T h é r i o t (als var. *paucispinosa* S t e p h.) und D u s é n, Itatiaya, Mont Serrat. Unsere Pflanze weicht aber von allen diesen ab durch kleinere Zellen, verlängerte und stark trabekulierte Basalzellen (besonders im Perianth und in den Involukren), ferner durch eingesenktes Perianth mit kürzeren Zähnen.

P. rutilans L i n d n b g. ist nach der gegenwärtigen Auffassung des Speziesbegriffes innerhalb der Gattung *Plagiochila* eine Kollektivspezies (z. B. auch bei S t e p h a n i, Spec. Hep. II., p. 250, wo als Synonyme *P. gymnocalycina* M o n t. et N e e s, *P. remotifolia* H p e. et G., *P. portoricensis* H p e. et G. angeführt werden), die sich nicht halten läßt. Es geht unmöglich an, so sehr differente Pflanzen zusammenzuwerfen, wenn man andererseits so subtile Formen wie *P. falcata* S t e p h., *P. vastifolia* S t e p h., *P. Kroneana* S t e p h. oder *P. crispabilis* L i n d n b g., *P. parallela* S t e p h., *P. patentissima* L i n d n b g., *P. socia* L i n d n b g. et G., *P. confertifolia* T a y l. als eigene Arten gelten läßt. Um diesen Formenkreis zu gliedern, ist es notwendig, auf die Original-Exemplare zurückzugehen. Ich will hier wenigstens einige Andeutungen machen, die als Beitrag zur notwendig gewordenen Durcharbeitung der Gruppe dienen können.

P. rutilans L i n d n b g. — Das Originalexemplar im Herb. L i n d e n b e r g n. 583 habe ich untersucht (Taf. VI/56—57). Es ist eine große, sehr großblättrige Pflanze mit etwas gesichelten, an der Basis ein wenig keilförmigen Blättern, diese 3,5 *mm* lang, 1,2 *mm* breit, dorsal etwas herablaufend, vorn auch am Dorsalrand ziemlich klein gezähnt, an der Spitze mit ziemlich gleichmäßigen (nicht auffallend zweispitzigen) Zähnen. Zellen im vorderen Teil der Blätter ca. 28—30 μ. Perianth nicht weit hervorragend, rundlich eiförmig, mit schmaler oder fehlender Ala, an der Mündung sehr lang dornig gezähnt, die größeren Zähne an der Basis etwa 4 Zellen breit, bis zur Mitte mehrreihig, die Dornspitze bis 6 Zellen lang. Dasselbe Individuum ist in Lindenberg, Spec. Hep. Tab. IX, sehr gut abgebildet. Scheint eine seltene Pflanze zu sein, die ich außer dem Orig. Ex. nicht gesehen habe.

P. remotifolia H p e. et G. in Linneae 1852, p. 340. — Habituell der *P. rutilans* s. str. ähnlich und dieser sehr nahe stehend. Blätter groß, gegen die Basis deutlicher keilförmig, ebenso gegen die Spitze etwas verschmälert; Zähne reichlich, viel länger, an der Spitze öfters 1—2 etwas größer, aber so, daß dadurch die Spitze nicht auffallend zweiteilig wird. Zellen viel größer, länglich, die apikalen 50 × 30 μ, die basalen doppelt so lang. Perianthmündung dicht dornig gezähnt (Orig. Diagnose: „spinoso-dentatum") mit sehr scharfen, ca. 4 Zellen langen Dornspitzen. Ich kenne diese Art u. a. auch von Dominica (E l l i o t 2198; Taf. V/54, b—d), Guadeloupe (L'H e r m i n i e r: G o t t. et R a b e n h., Hep. eur. exs. n. 552) und vom Itatiaya, 2100 *m* (D u s é n 73).

P. portoricensis H p e. et G., l. c. — Das Orig. Ex. von Portorico (S c h w a n k e) ist der *P. remotifolia* ähnlich, aber etwas zarter. Es unterscheidet sich wesentlich durch die viel kleineren Zellen und die ganz andere Perianthmündung (lang „ciliato-dentatum"), ähnlich jener von *P. gymnocalycina*. Ich halte damit für gleichartig eine ♂ Pflanze, die ich von J a c k als *P. rutilans*, Maraccas, Ins. Trinidad, (C r ü g e r 1845) erhielt. Eine andere Perianthien tragende Pflanze mit genau derselben Scheda ist aber weit verschieden und zweifellos *P. remotifolia*.

P. Lambertiana G. (Taf. VI/55). — S t e p h a n i läßt diese Pflanze als eigene Art gelten, hat sie aber nicht gesehen. Ich sah das Orig. Ex. im Herb. L i n d e n b e r g (n. 581). Die Pflanze ist sehr großblätterig, gelbbraun. Blätter über 3 *mm* lang, dorsal weit herablaufend. Zähne nicht zahlreich, aber sehr lang und kräftig, dornig. Zellen groß, rundlich, im vorderen Teil des Blattes 35—40 μ, mit sehr starken Dreiecksverdickungen. Perianth eingesenkt, glockig, ohne Ala; Zähne der Mündung dornig, fast genau wie bei *P. remotifolia*.

P. gymnocalycina (L e h m. et L i n d n b g.) L i n d n b g. — Ist meiner Ansicht nach eine gute Art, wie schon die Abbildung in L i n d e n b e r g, Spec. Hep. Tab. X, zeigt. Das Orig. Ex. im Herb. L i n d e n b e r g (n. 565 und 566) habe ich untersucht. Es ist kleiner und kleinblätteriger, gelbbraun, die Blätter sind stark rekurvat, halbeiförmig, an der Basis stark keilförmig; Rand mit wenigen sehr kräftigen Dornzähnen; an der Spitze sind zwei Zähne sehr groß, so daß das Blatt deutlich bikuspidat erscheint. Zellen ziemlich groß, 30—40 μ, im vorderen Teil des Blattes rundlich, mit sehr starken Dreiecksverdickungen. Perianth meist weit hervorragend, verlängert, an der Mündung mit langen Zilienzähnen, diese 6—9 Zellen lang und fast der ganzen Länge nach ein-zellreihig, mit nicht scharfspitziger Endzelle; die langen Zähne mit kurzen, 2—3zelligen Zähnchen abwechselnd. Von brasilianischen Fundorten liegen im Herb. S t e p h a n i (z. T. als fo. *paucispinosa* S t e p h.) Exemplare von Apiahy (P u i g g a r i 2091; Taf. V/53, c), S. Vicente prope Santos (ex Herb. T h é r i o t), Serra do Itatiaya, Mont Serrat, in saxis rivalibus, 900 *m* (D u s é n; Taf. V/53, a—b), Joinville (U l e 22), Blumenau (U l e 1889).

Die Pflanze von S p r u c e, Hep. Amaz., Fl. Negro et Uaupés, ist richtig determiniert; die fo. *peruviana* S p r. stimmt im Perianth und Zellnetz überein, hat aber kürzere, breitere Blätter mit kleineren, dichteren und gleichmäßigen Zähnen; es dürfte eine eigene Art vorliegen. Eine ganz andere Pflanze ist fo. *grandifolia* S p r.; sie hat breit-dreieckige Blätter (in der Form fast wie bei *P. erronea* S t e p h.), dichte lange gleichmäßige Zähne, etwas größere Zellen, deren kräftige Dreiecksverdickungen zusammenfließen (Zellen trabekuliert); Perianthmündung wie bei *P. gymnocalycina*. Es ist wohl sicher eine eigene Art. *P. gymnocaly-*

cina von Portorico, leg. S c h w a n e c k e (vgl. Linnaea, l. c.) ist nach dem Exemplar aus dem Herb. J a c k eine Form von *P. remotifolia* mit längeren Blatt- und Perianthzähnen. Zu *P. gymnocalycina* gehören auch manche Pflanzen, die in den Herbarien als *P. simplex* bestimmt liegen, so z. B. die von S p r u c e, Hep. Amaz., vom Rio Negro, während die von Tarapoto davon weit verschieden ist.

Plagiochila erronea S t e p h. — Taf. VI/60—62.

S ã o P a u l o : 1) Prope urbem Faxina ad rupes arenaceas, 650 *m* (1396). 2) Prope Rio Grande ad „São Paulo Railway", in silva primigenia ad arbores, ca. 800 *m* (1105). 3) In silvis prope Alto da Serra, ad arbores, 900 *m* (1000, 1623). 4) In silvaticis Serra São João prope Santos, ad saxa (1995). 5) Faxina (P u i g g a r i 1432). — R i o d e J a n e i r o : 6) Petropolis (ex Herb. H a m p e in Herb. S t e p h a n i). — M i n a s G e r a ë s : 7) Caraça (W a i n i o 39). — Ad confines R i o d e J a n e i r o — M i n a s G e r a ë s : 8) In silvaticis regionis inferioris montis Itatiaya, ad arbores, 1000—1400 *m* (832).

Die Pflanze von Sandsteinfelsen bei Faxina (1396) stimmt nicht ganz mit dem Orig. Ex. (*P. simplex* [S w.] L i n d n b g. var. *major* L i n d n b g., Brasilia, M a r t i u s) überein, indem bei letzterem die Blattzähne etwas kürzer, die Involukralblätter etwas anders geformt, dichter und kürzer gezähnt und auch die Perianthzähne etwas kürzer und weniger reich mit kurzen untermischt sind. Auch die Pflanze von Guadeloupe (L' H e r m i n i e r) weicht etwas ab. Sehr gut in Form und Zähnung des Perianths und der Involukralblätter stimmt unsere Pflanze mit der von Petropolis (ex Herb. H a m p e in Herb. S t e p h a n i) überein.

Plagiochila simplex (S w.) D u m. — Taf. VI/59, a—g.

S ã o P a u l o : 1) In silvis ad Brasso Grande in districtu urbis Itapecirica, ad arbores, ca. 1000 *m* (1553). 2) Apiahy (P u i g g a r i 259 b). 3) Tarapoto (P u i g g a r i 108). — R i o d e J a n e i r o : 4) Petropolis (leg. ?). 5) Rio de Janeiro (S e l l o w, Herb. N e e s n. 534).

Plagiochila latitrigona S c h f f n., n. spec. — Taf. VI/63.

S ã o P a u l o : 1) Inter Faxina et Apiahy prope Lagoas (S c h i f f n e r 23. VI. 1901, s. n.). 2) Apiahy (P u i g g a r i 108).

Dioica?. Ad 8 *cm* longa, olivaceoviridis — flavobrunnea, simplex vel pauciramosa. Caulis pallide brunneus, ca. 250 μ in diametro. Folia approximata, angulo 55—60° patula, triangularia, 0,5 *mm* longa, 0,3 *mm* lata, non decurrentia, basis pars dorsalis convexa, folia ceterum plana, linea insertionis 0,1—0,15 *mm* longa. Margo dorsalis rectus, integer vel paucis dentibus remotis instructus, margo ventralis valde arcuatus et parte insertioni proxima excepta dentatus, dentibus triangularibus cellula acuta et elongata (ca. 30:10 μ metiente) terminatis, plerumque cellulas 3—4 longis vel interdum longioribus et cellulis 3 (4) uniseriatis terminatis; basis dentium semper triangularis. Foliorum cellulae marginales ca. 12 $\times$ 18 μ, mediae ca. 20 $\times$ 20 μ trigonis distinctis, cellulae basales ad 20 $\times$ 30 μ.

Typus: S c h f f n., inter Faxina et Apiahy prope Lagos, 23. VI. 1901, s. n., Hb. W.

Ad 1): Blätter resupinat. Stengel rigid. Ist dieselbe Art wie P u i g g a r i 108, aber besser entwickelt und ohne etiolierte Sprosse (prox. *P. simplex*), im Zellnetz genau übereinstimmend. Ad 2): Zellecken sehr verdickt, rundlich; Lumen sternförmig. *P. simplex* von Tarapoto (S p r u c e) nahestehend.

Plagiochila gymnocalycina (L e h m. et L i n d n b g.) L i n d n b g. — Taf. VI/64—66.

S ã o P a u l o : 1) In itinere Cerqueira Cesar—Fazenda Bella Vista, ad flumen Rio Turvo, ad arbores, ca. 500 *m* (1504). 2) In silvaticis inter Apiahy et Yporanga, ca. 400—900 *m* (1220). 3) In silvaticis ad Rio Mambú in districtu urbis Conceição de Itanhaëm, ca. 100 *m* (732). 4) Prope Campo Grande ad „São Paulo Railway", in silvulis campestribus ad truncos, ca. 700 *m* (771). 5) Apiahy (P u i g g a r i 2091). 6) Ad cataractas prope Itú ad flumen Rio Buturoba prope Santos, ad saxa, ca. 10 *m* (1989). 7) S. Vicente prope Santos (D o n e n t s. n.). 8) Serra do Itatiaya, in saxis rivalibus, 900 *m* (P. D u s é n; Taf. V/53, a—b). — R i o d e J a n e i r o : 9) Nova Friburgo (B e y r i c h, Herb. L i n d e n b e r g n. 565, 566). — S a. C a t a r i n a : 10) In silva prope Joinville, ad truncos arborum (U l e 22). 11) Blumenau (U l e s. n.).

Plagiochila remotifolia H p e. et G. — Taf. VI/67.

S ã o P a u l o : 1) In silvis ad Brasso Grande in districtu urbis Itapecirica, ad arbores, ca. 1000 m (S c h f f n. s. n.). 2) Apiahy (P u i g g a r i 280).

Die Art wird von S t e p h a n i als Synonym zu *P. rutilans* L i n d n b g. gestellt. Die Zellen sind jedoch bei dem Exemplar von L ' H e r i t i e r aus Guadeloupe (derselben Pflanze wie G. et R a b h. exs. 552) viel größer als bei *P. rutilans* von Mont Serrat (D u s é n), Itatiaya (D u s é n), Caraça (W a i n i o), und *P. rutilans* fo. *paucispinosa* in Hb. T h é r i o t.

Plagiochila translucens S c h f f n., n. spec. — Taf. VI/68.

Caules simplices, saepe apice filiformiter elongati, ca. 3 cm longi. Folia subremota, flaccida, resupinata, ad 2,4 mm longa, explanata e basi angustata oblique ovato-oblonga, margine dorsali substricto integerrimo vel sub apice unidenticulato, ventrali remote 4—5 dentato, dentibus validis acutissimis, apice 2—3 dentato, dentibus caeteris majoribus. Cellulae magnae pellucidae, apicales ca. 38 μ, parietibus tenuibus, trigonis parvis acutis; basales 38 × 60 μ, caeterum similes.

Typus: S c h f f n. s. n. „inter Faxina et Apiahy prope Lagos", Hb. W.

S ã o P a u l o : In silvaticis inter Faxina et Apiahy, prope Lagos, ad arbores, ca. 800 m. 2) In silvis prope Alto da Serra, ad arbores, 900 m (1623).

Scheint der *P. simplex* nächst verwandt zu sein, unterscheidet sich aber durch größere Blätter, größere, in eine scharfe, 1—2 Zellen lange Spitze auslaufende Zähne und die viel größeren, sehr durchsichtigen Zellen. Mit *P. rutilans* und deren Verwandten ist sie wegen der Verschiedenartigkeit von Blattform und Zellnetz kaum zu verwechseln.

Plagiochila itatiajensis S t e p h. — Taf. VI/69.

S ã o P a u l o : 1) In silvaticis inter Faxina et Apiahy prope Lagos, ca. 800 m (147). — Ad confines R i o d e J a n e i r o — M i n a s G e r a ë s : 2) In regionis silvaticae partibus superioribus montis Itatiaya, 1400—2000 m (634, 635, 839). 3) In rupestribus montis Itatiaya, 1400—2000 m (2341) et 2750 m (2334). 4) In regione inferiore montis Itatiaya prope Fazenda Monteserrate, ad terram (591).

Das abgebildete Exemplar (U l e 443) war 2 cm lang, vom Habitus der *P. tenuis* und *P. pulchella* S t e p h., mit im getrockneten Zustand einseitswendigen Blättern.

P. itatiajensis unterscheidet sich von *P. pulchella* S t e p h. durch stärker zurückgebogene und auf der Dorsalseite des Stengels stärker herablaufende Blätter mit gewöhnlich kürzeren Zähnen. Wahrscheinlich handelt es sich nur um eine Modifikation der *P. pulchella* (S. A r n.).

Plagiochila pulchella S t e p h. — Taf. VI/70 und VII/71—72.

S ã o P a u l o : 1) Prope urbem Faxina, ad rupes arenaceas, ca. 650 m (1380, 1387). 2) Apiahy (P u i g g a r i 822a sub nom. *P. hypnoidis*, pl. ster.; 257; 1100, pl. masc.). 3) Prope São Bernardo haud procul ab urbe São Paulo, ad arbores, 800 m (2367). 4) In itinere a flumine Rio Comprido ad vicum Piruhibe, ad saxa in silvis, 10—100 m (259). 5) Ad cataractas prope Itú ad flumen Rio Buturoba prope Santos, ad saxa, 10 m (1982).

An den Sandsteinfelsen bei Faxina wächst diese Art häufig, ist aber steril; die Hauptmasse bildet eine kleine, zarte, etiolierte Form mit kleinen, oft zweiseitig ausgebreiteten Blättern und zumeist fadenförmig verlängerten Sprossen. Diese entspricht vollkommen dem Orig. Ex. im Herb. S t e p h a n i von Apiahy (P u i g g a r i 822a). Die gut entwickelte Pflanze war am Fundort bei Faxina spärlicher; sie sieht ganz anders aus, ist größer und robuster, die Blätter sind größer und resupinat, die fadenförmigen Sprosse fehlen; Übergänge zur etiolierten Form sind aber vorhanden. Auch S t e p h a n i rechnet zu *P. pulchella* eine ausgesprochen robuste Pflanze (Caracas, F u n c k et S c h l i m), die unserer ähnelt, aber durch längere Blattzähne und kleinere Zellen etwas abweicht.

Als eine dritte Form von den Sandsteinfelsen bei Faxina (von feucht-schattigen Stellen?) erwähne ich eine Pflanze, die vielleicht eine besondere Varietät mit äußerst brüchigen Blättern darstellt: Ad 5 *cm* longa, vage ramosa, foliis majoribus 2 *mm* longis, fragilissimis, rarissime tantum intactis, cellulis paulum minoribus, circumcirca incrassatis sed trigonis vix conspicuis (Fig. 72).

Wenn man diese Form mit den etiolierten Formen der Art vergleicht, würde man beide kaum für zusammengehörig halten; gut entwickelten Formen der Art ist sie jedoch recht ähnlich. Das Zellnetz ist wohl auch durch den Standort so stark verändert. Übrigens hat die männliche Pflanze im Herb. Stephani (Apiahy, Puiggari 1100) fast genau dasselbe Zellnetz, ist aber habituell ganz anders beschaffen, viel zarter und den etiolierten Formen ähnlicher. *P. translucens* hat kürzere Zellen mit sehr dünnen Wänden und kleinen, aber recht deutlichen Eckenverdickungen.

Die Zellen sind größer als bei *P. pulchella* und gleich groß wie bei *P. gymnocalycina*. Wahrscheinlich handelt es sich um eine Form der *P. gymnocalycina* (S. Arn.).

Die Zellen der Normalform messen im distalen Teile der Blätter etwa $20 \times 20\,\mu$, die Eckenverdickungen sind groß und knotig (S. Arn.).

Patulae II.

Plagiochila aurea-bursata-Gruppe.

Plagiochila aurea Steph. — Taf. V/53, d—e, und VII/73.

São Paulo: 1) Apiahy (Puiggari 277, 286 sub. nom. *P. alpinae* var. *grandistipulae*). 2) Prope Apiahy, in monte Morro d'Oro, 1200—1400 *m* (936). 3) In silvis ad Brasso Grande in districtu urbis Itapecirica, ca. 1000 *m* (1407). 4) In silvaticis inter Faxina et Apiahy prope Lagoas, ca. 800 *m* (Schiffner s. n.). 5) In itinere S. Amaro—Barra Mansa in districtu urbis Itapecirica, in silvis ad Palmeira de São Lourenzo, 800—900 *m* (1750). 6) In silvis prope Alto da Serra, 900 *m* (1708, 1712, 2369). 7) Ad cataractas prope Itú ad flumen Rio Buturoba prope Santos, ad saxa, ca. 10 *m* (1988). 8) Prope Campo Grande ad „São Paulo Railway", in silvulis campestribus, ad truncos, ca. 700 *m* (453, 772, 864). 9) Prope Rio Grande ad „São Paulo Railway", inter frutices in margine silvae, 800 *m* (Schiffner s. n.). 10) In silvaticis prope Barra Mansa in districtu urbis Itapecirica, 1000 *m* (496). — Ad confines Rio de Janeiro — Minas Geraës: 11) In silvaticis regionis inferioris montis Itatiaya prope Fazenda Monteserrate, 1000 *m* (616, 618). 12) Itatiaya (Ule 441, Orig. Ex.). 13) Serra do Itatiaya, in ramulis, 2200 *m* (P. Dusén). — Paraná: 14) Rocca Nova (P. Dusén). — Sa. Catarina: São Francisco, Pão do Arsucar, in rupibus humidis (Ule 50).

Var. **longiretis** Schffn., n. var. — Taf. VII/73, f.

Cellulis omnibus valde elongatis, trigonis magnis, trabeculatis.

Typus: Schffn. 1286, Hb. W.

São Paulo: In silvis ad Brasso Grande in districtu urbis Itapecirica, ad arbores, ca. 1000 *m* (1286, 1562).

Die Hauptform von *P. aurea* entspricht im Habitus den größten und robustesten Formen von *P. rutilans*.

Die Färbung ist gewöhnlich rotbraun. Die Amphigastrien sind gut entwickelt (S. Arn.).

Patulae III.

Plagiochila crispabilis-socia-Gruppe.

Blätter mit breiter Basis, lang, wenig verschmälert, nicht falcat; Zähne klein, nur am Vorderende.

Plagiochila confertifolia T a y l. — Taf. VII/74.

R i o d e J a n e i r o : 1) Rio de Janeiro (S e l l o w ; Orig. Ex.). — S ã o P a u l o : 2) Apiahy (P u i g g a r i 259 a). 3) In sivaticis inter Faxina et Apiahy prope Lagoas, ca. 600 *m* (S c h i f f n e r s. n.). 4) Prope São Bernardo in districtu urbis São Paulo, cum *Plagiochila crispabili* L i n d n b g. (S c h i f f n e r s. n.).

Die von Fundort 3) angeführte Pflanze ist sicher identisch mit P u i g g a r i s Pflanze von Apiahy (259 a), welche S t e p h a n i als *P. patentissima* L i n d n b g. bestimmt hat. Sie weicht aber vom Orig. Ex. L i n d e n b e r g s wesentlich ab durch halb so große Blätter, ganz anderen Habitus und viel kleinere Zellen. Diese Pflanze würde besser zu *P. Kunertiana* S t e p h. (der kräftigen Blattzähne, des Perianths und des Involucrums wegen) passen, jedoch sind bei letzterer die Blätter lockerer, die Zellen etwas kleiner, mit schwächer entwickelten Dreiecksverdickungen, und die Perianthien stehen stets an den Zweigen terminal (bei unserer Pflanze pseudolateral oder in der Gabelung der Dichotomien). Ob übrigens die von S t e p h a n i zu *P. Kunertiana* gezogene männliche Pflanze (vgl. das Orig. Ex. von Rio Grande, K u n e r t 104) dazu gehört, ist höchst zweifelhaft, da diese Pflanze in allen Stücken weit abweicht; total davon verschieden aber ist die von S t e p h a n i ebenfalls zu *P. Kunertiana* gestellte Pflanzen. 19 von K u n e r t vom gleichen Standort. In den Details der Blätter stimmt unsere Pflanze bis auf die ein wenig kleineren Zellen sehr gut mit *P. confertifolia* überein, die ich nur nach einem sterilen Fragment kenne.

Der Ventralrand der Blätter ist weit herab gezähnt. Die Zähne sind kräftig. Die Zellen sind klein, mit gut entwickelten Dreiecksverdickungen. Ist wahrscheinlich identisch mit *P. parallela* S t e p h. (Taf. VII/76); die Dreiecksverdickungen sind jedoch sehr groß.

Plagiochila crispabilis L i n d n b g. — Taf. VII/75.

B r a s i l i a : 1) Serra d'Estrella (P o h l ; Orig. Ex.). — S ã o P a u l o : 2) Prope Rio Grande ad „São Paulo Railway", ad arbores, 800 *m* (588, 797). 3) In insula Ilha Comprida prope urbem Iguapé, 5—10 *m* (125). 4) Prope São Bernardo in districtu urbis São Paulo, ad arbores, 800 *m* (10, 11, 2371). 5) In silvaticis Serra São João prope Santos (511). 6) In circuitu urbis Itapetininga, 500—550 *m* (49, 52). 7) Ad flumen Rio Branco prope Santos, in silva, ca. 20 *m* (1948). 8) Ad ripas fluminis Rio Branco prope Conceição de Itanhaëm, ad truncos *Aurantiorum*, 20—100 *m* (101). 9) In silvaticis inter Apiahy et Yporanga, ad arbores, ca. 400—900 *m* (229, 1218, 1221). 10) In silvis prope Apiahy, ad arbores, ca. 1100 *m* (2326). 11) Prope Fazenda Bella Vista in districtu urbis Sa. Cruz ad flumen Rio Pardo, ca. 500 *m* (S c h i f f n e r s. n.). 12) Prope urbem Faxina, ad rupes arenaceas, ca. 650 *m* (S c h i f f n e r s. n.). 13) In monte Jaraguá prope Taipas, ad arbores, 800—1050 *m* (1039). 14) In silvis prope Alto da Serra, ad arbores, 900 *m* (1007, 1621, 1622, 1632, 2297, 2369). 15) In silvaticis prope Barra Mansa in districtu urbis Itapecirica (353, 1816, 2053, 2370, 2371, 2948). 16) In silvulis campestribus prope Rio Chepeo apud Capão Bonito (1488). 17) Ad urbem São Paulo, apud Hygienopolis, 800 *m* (336). 18) In silvaticis Serra São João prope Santos, apud cataractam ad arbores, ca. 200 *m* (S c h i f f n e r s. n.). 19) In silvaticis prope Cantareira haud procul ab urbe São Paulo, 800 *m* (1158, 1161, 1162). 20) Prope Raiz da Serra, 20—50 *m* (1730). 21) S. Vicente prope Santos (Herb. T h é r i o t). 22) Apiahy (P u i g g a r i 119, 780, 1411). — R i o d e J a n e i r o : 23) Petropolis (D ö r i n g).— Ad confines R i o d e J a n e i r o — M i n a s G e r a ë s : 24) In silvaticis regionis inferioris montis Itatiaya, ad arbores, 1000—1400 *m* (813). 25) Prope Fazenda Monteserrate, 1000 *m* (615). — S a. C a t a r i n a : 26) Blumenau (U l e 58).

Plagiochila crispabilis L i n d n b g. ist eine sehr variable Art. Meiner Meinung nach sind *P. confertifolia* T a y l., *P. parallela* S t e p h., *P. lutescens* S t e p h. und vielleicht auch *P. patentissima* L i n d n b g. und *P. socia* L i n d n b g. et G. nur Modifikationen ein und derselben veränderlichen Art, die taxonomisch als bloße Formen zu bewerten sind (S. A r n.).

Plagiochila lutescens S t e p h.

S ã o P a u l o : 1) Ad flumen Rio Branco prope Santos, in horto ad arbores, 20 *m* (1924). 2) In silvis prope Alto da Serra, ad arbores, 900 *m* (1008, 1078, 1622, 1624, 1632). 3) Prope Raiz da Serra, ad arbores, 20—50 *m* (904, 905). 4) In silvis ad Brasso Grande in districtu urbis Itapecirica, ad arbores, ca. 1000 *m* (1318, sub nom. *P. trabeculatae* S t e p h., S c h f f n. in sched.). 5) In silvaticis prope urbem Iguapé, 200 *m* (1518). 6) In itinere a flumine Rio Comprido ad vicum Piruhibe, in silvis ad arbores, 10—100 *m* (247). 7) In silvaticis inter Apiahy et Yporanga, ca. 400—900 *m* (2297). 8) Prope Rio Grande ad „São Paulo Railway", ad arbores, 800 *m* (587).

Die Pflanze n. 1318 vom Fundort 4) hat sehr große, überall längliche, trabekulierte Zellen. S t e p h a n i hat sie mir als *P. patentissima* bestimmt.

Plagiochila patentissima L i n d n b g. — Taf. VII/77—78.

R i o d e J a n e i r o : 1) Rio de Janeiro (Miss H o o k e r, Herb. L i n d e n b e r g n. 653). — Ad confines R i o d e J a n e i r o — M i n a s G e r a ë s : 2) Itatiaya, Mont Serrat, 900 *m* (P. D u s é n). — S ã o P a u l o : 3) Apiahy (P u i g g a r i 780). 4) Prope Rio Grande ad „São Paulo Railway", in silva primigenia ad arbores, 800 *m* (587, 797, 1086). 5) In silvaticis prope Barra Mansa in districtu urbis Itapecirica, ad flumen Juquiá, ad arbores, ca. 1000 *m* (2280). — P a r a n á : 6) Campos Geraës, 800—1000 *m* (L a l o u e t t e ; Herb. L e v i e r n. 3002). 7) In ripa sinistra fluminis Paranapanema ad cataractas Salto Grande (505, 2051). — S a. C a t a r i n a : 8) Prope Sa. Catarina (H a n t s c h).

Plagiochila socia L i n d n b g. et G. — Taf. VII/79.

S ã o P a u l o : 1) Apud cataractas Salto dos Treis Ranjos prope urbem Cerqueira-Cesar, 500 *m* (678). 2) In itinere S. Amaro—Barra Mansa in districtu urbis Itapecirica, in silvis ad Palmeira de São Lourenzo, 800—900 *m* (1745). 3) Prope Rio Grande ad „São Paulo Railway", in silva primigenia ad arbores, 800 *m* (1086). 4) In silvis ad Brasso Grande in districtu urbis Itapecirica, ad arbores, ca. 1000 *m* (1328, 1554). 5) In silvaticis Serra do Cayazique prope Santos, ad arbores (562, 1794, 2263). 6) In silvis prope Alto da Serra, ad arbores, 900 *m* (409, 1069, 1071, 1628, 1709, 1710). 7) In silvis prope Apiahy, ad arbores, ca. 1100 *m* (2326). 8) In silvaticis ad Rio Mambú in districtu urbis Conceição de Itanhaëm, ad arbores, ca. 1000 *m* (1688, 1780). 9) In silvulis campestribus prope Fazenda Paranapanema apud Capão Bonito (1644). 10) Serra de Piruhibe, ad arbores, ca. 100 *m* (228). 11) In silvaticis prope Barra Mansa in districtu urbis Itapecirica, ad arbores, ca. 1000 *m* (505, 534, 2051). 12) Ad flumen Rio Branco prope Santos, ad arbores (1950, 2137). 13) Apiahy (P u i g g a r i 258). 14) S. Vicente prope Santos (Herb. T h é r i o t). — R i o d e J a n e i r o : 15) Petropolis (D ö r i n g). — Ad confines R i o d e J a n e i r o — M i n a s G e r a ë s : 16) In silvaticis regionis inferioris montis Itatiaya prope Fazenda Monteserrate, 1000 *m* (615, 617). — P a r a n á : 17) In ripa sinistra fluminis Paranapanema ad cataractas Salto Grande, 500 *m* (S c h i f f n e r s. n.).

Im Herb. S t e p h a n i liegen als *P. socia* mehrere Pflanzen: Petropolis (D ö r i n g a. 1859) und Brasilia (Herb. K. M ü l l e r) stimmen überein (ersterer sind einige fruchtende Stengel von *P. aurea* beigemischt!); Apiahy (P u i g g a r i 258) ist eine andere Pflanze wegen der viel kleineren Zellen und wegen des verschiedenen Habitus.

P. socia wird bis 8 *cm* lang; Verzweigung flexuos, fiederig. Stengelblätter groß, sich kaum berührend, Astblätter viel kleiner; Zähne vorn recht kräftig. Zellen rundlich oder oval, von allen verwandten brasilianischen Arten die größten; Dreiecksverdickungen sehr stark entwickelt; Inhalt am Rande undurchsichtig. Oft kommen einzelne Zellen eingestreut vor, die rundum sehr stark ringförmig verdickt sind und das Zellnetz ozellat erscheinen lassen. Perianthzähne zilienförmig (5—10zellig), zugespitzt.

Plagiochila intermedia L i n d n b g. et G., forma dentata, det. S t e p h a n i.

B r a s i l i a : Yirico (S e l l o w).

Die Antheridienstände sind dick und lang, intercalar. Es ist sicher eine ganz andere Pflanze als das

Orig. Ex. von *P. intermedia* von L i e b m a n aus Mexico, Mirador, im Herbar L i n d e n b e r g. Letzteres ist zarter, reich, fast bäumchenförmig, dichotom verzweigt, dicht und sehr regelmäßig beblättert, mit anderer Blattform, helleren und kleineren Zellen (13 × 37 μ nach S t e p h a n i) und anderer Perianthmündung (vgl. die Abbildung bei G o t t s c h e, Mex. Leverm. T. I.). Dieselbe Pflanze (♂) liegt im Herb. S t e p h a n i auch als *P. Martiana* bestimmt, der sie allerdings sehr ähnlich ist. Zur Vergleichung kommen noch *P. patentissima* und *P. crispabilis* in Betracht.

Patulae IV.

Blätter mit breiter Basis, nicht oder kaum falcat, die Zähne am Vorderende subciliat.

Plagiochila arenacea S c h f f n., n. spec. — Taf. VII/81.

P. Wiemannianae S. A r n. similis quoad habitum, sed differt statura paulum majore et rigidiore, foliis angustioribus falcatis (nec strictis), dorso magis decurrentibus, dentibus duobus apicalibus maximis et duplicatim serratis (denticulis nonnullis auctis). Cellulae majores, trigonis et trabeculis magnis, sed in *P. Wiemanniana* imo validioribus.

S ã o P a u l o : Prope urbem Faxina, ad rupes arenae, sparsa inter *P. crispabilem* et *P. pulchellam*, ca. 650 *m* (S c h i f f n e r s. n.), Typus, in Hb. W.

Plagiochila Pohliana S t e p h. — Taf. VII/82.

B r a s i l i a : 1) s. l. (P o h l). 2) Insula São Francisco (U l e 12). — S ã o P a u l o : 3) In silvaticis Serra do Cayazique prope Santos, ad arbores (2264).

Die Blattzähne des Orig. Ex. (Brasilia, P o h l; Herb. S t e p h a n i) sind zilienförmig, an den Stengelblättern aber oft schlecht ausgebildet und kürzer erscheinend. Die Pflanze von der Insel São Francisco (U l e 12; Herb. S t e p h a n i) hat etwas andere Blattform, dürfte aber hierher gehören.

Plagiochila Wettsteiniana S. A r n., n. spec. — Taf. VII/83—84.

P. diaphana S c h f f n. in sched., non S t e p h.

Im Schiffner'schen Manuskript wird keine Diagnose der neuen Art gegeben. Da sein Manuskriptname von S t e p h a n i für eine javanische Art gebraucht wurde, schlage ich für die Pflanze den Namen *P. Wettsteiniana* vor (S. A r n.).

Dioica, major, olivacea, flaccida. Caulis ad 10 *cm* longus, superne ramosus, basi rigidus et brunneus. Folia caulina vix 3 *mm* longa, remotiuscula, oblique patula angulo 70—80°, parum decurrentia, late lingulata, symmetrica, marginibus longe dentatis, apice rotundato. Folia ramulina caulinis minora. Cellulae 30—40 μ, trigonis parvis. Folia floralia caulinis majora, ciliato-dentata. Perianthia ore longe ciliato.

Typus: S c h f f n. 1346, Hb. W.

S ã o P a u l o : In silvis ad Brasso Grande in districtu urbis Itapecirica, ad arbores, ca. 1000 *m* (1346).

Diözisch, großwüchsig, bis 10 *cm* lang, olivgrün, in den oberen Teilen spärlich dichotom verzweigt. Stengel braun, 300—350 μ im Durchmesser. Blätter entferntstehend bis einander genähert, in einem Winkel von 70—80° vom Stengel abstehend, zungenförmig, am breitesten nahe der Basis, 2,5—3 *mm* lang, 1,5 *mm* breit. Der untere Rand gerade, nicht herablaufend, der Scheitel abgerundet, der obere Rand schwach bogig, der obere Teil der Insertionslinie bogig. Rand mit langen Zähnen, ausgenommen in den unteren $1/2$—$2/3$ des unteren Randes. Zähne gewöhnlich mit 3—5 einreihigen Zellen endigend, deren dreieckige Basis kurz ist. Randzellen 20—24 × 30—40 μ, mit sehr dünner randlicher Kutikula. Zellen der Blattmitte 30 × 30 bis 40 × 40 μ, dünnwandig, mit kleinen, aber deutlichen Eckenverdickungen. Weibliche Hüllblätter zungenförmig, am unteren Rande eingekrümmt, am oberen Rande, am Scheitel und an der distalen Hälfte des unteren Randes mit sehr langen und gewöhnlich gebogenen, manchmal auch gegabelten Zähnen oder Zilien. Perianth (jung) kurz, mit lang wimperzähniger Mündung (S. A r n.).

Ist der *P. Pohliana* nächst verwandt, jedoch größer, auch die Blätter sind viel größer und reicher gezähnt (oft auch am Dorsalrand); die Zellen sind kleiner, mit kleinen, aber deutlichen Dreiecksverdickungen (die bei *P. Pohliana* fehlen). (V. S c h f f n., sub. nom. *P. diaphanae*).

Plagiochila Wiemanniana S. A r n. nomen, S c h f f n. descr., n. spec. — Taf. VII/85.

Caules fere 4 *cm* longi, subsimplices, folia remota, distiche patula sub angulo 50°—80°, subplana, caulina ad 2 *mm* longa, dorso et ventre parum decurrentia, 4-plo longiora quam lata, marginibus parallelis strictis (non falcatis), margine dorsali ± integerrimo, ventrali apicem versus tantum pauci-spinoso, apice pauci-spinoso, spinis validis, duobus saepe majoribus. Folia ramulina minora. Cellulae rotundatae, apicales ca. 25 μ, basales 25 × 40 μ, omnes trigonis magnis valde trabeculatis. Inflorescentia ♀ pseudolateralis, i. e. innovatione simplici suffulta, folia involucralia caulinis similia, sed multo majora, margine dorsali integerrimo, ventrali remote spinoso, dentibus apicalibus validioribus. Perianthium juvenile campanulatum, una latere profundius fissum, ala nulla, labiis protractis dense et subaequaliter ciliatis, ciliis e basi angusta (2 cellulas lata) 4—5 cellulas longis.

S ã o P a u l o : In silvis ad Brasso Grande in districtu urbis Itapecirica, ca. 1000 *m* (S c h i f f n e r s. n.). Typus in Hb. W.

Ist in der Blattform der *P. tamariscina* S t e p h. (Taf. VII/80) ähnlich; diese ist aber von unserer Art sofort zu unterscheiden durch fiederige Verzweigung, dichter stehende Blätter und das total verschiedene Zellnetz (alle Zellen sind langgestreckt, die apicalen größer). Von *P. simplex*, *P. rutilans* und verwandten Arten weicht sie weit ab durch die gleichbreiten (nicht basal verschmälerten) Blätter.

Plagiochila Regnelliana S t e p h. — Taf. VIII/86—88.

Syn. *P. simulans* S t e p h.

S ã o P a u l o : 1) Apud cataractas Salto dos Treis Ranjos prope urbem Cerqueira-Cesar, ca. 500 *m* (669, 671, 672). 2) Prope urbem Faxina, ad rupes arenae, ca. 650 *m* (1376, 1395). 3) Prope Fazende Bella Vista in districtu urbis Sa. Cruz ad flumen Rio Pardo, ca. 500 *m* (216, 217, 221, 2306). 4) In silvis prope Alto da Serra, ad folium vivum, 900 *m* (951). — M i n a s G e r a ë s : 5) Caldas (R e g n e l l; Orig. Ex.). — Ad confines R i o d e J a n e i r o — M i n a s G e r a ë s : 6) In regionis silvaticae partibus superioribus montis Itatiaya, 1400—2000 *m* (642).

Die Pflanzen von Faxina stimmen genau mit dem Orig. Ex. (Caldas, leg. R e g n e l l) überein, nicht aber mit zwei anderen Pflanzen gleichen Namens im Herb. S t e p h a n i (Brasilia [U l e 233] und Rio de Janeiro [G l a z i o u]), welche viel längere Blätter von ganz anderer Form und total verschiedenen Habitus besitzen. An den Sandsteinfelsen bei Faxina kommen von allen dort vorgefundenen Plagiochilen auch ± etiolierte, kleinblätterige Pflanzen vor, so auch von *P. Regnelliana*; ♂ und ♀ Pflanzen (mit Perianthien) fand ich nur sehr wenige. Die Perianthien stehen terminal an etwas kleinblättrigen Ästen, seltener pseudolateral (mit Innovations-Ast), sind im vollkommen entwickelten Zustande verlängert-keilförmig, 3,5 *mm* lang, 2 *mm* breit, mit sehr schmaler Ala und fast quergestutzter Mündung; Zähne ungleich, an der Basis 2 (—3) Zellen breit, mit bis 7 Zellen langer Spitze. ♂ Pflanze etwas reicher (unregelmäßig) verzweigt; Antheridienstände kleinblätterig, verlängert, ca. 8paarig; Perigonialblätter kurz gezähnt.

Plagiochila scissifolia S t e p h. — Taf. VIII/89.

B r a s i l i a : s. l. (P u i g g a r i 2081).

Bis 5 *cm* lang, wenig (dichotom) verzweigt, kleinblätterig, der *P. multiramosa* S t e p h. ähnlich, aber gelbgrün und zart.

Patulae V.

Blätter breit, breit inseriert, vorn nicht verschmälert, oft dorsal herablaufend, Zähne klein oder fehlend. Blätter kürzer und breiter als bei Gruppe III.

Das Studium reichlicher Materialien vom selben Standorte ergibt mit voller Sicherheit, daß drei von Stephani aufgestellte und von ihm an ganz verschiedenen Orten untergebrachte Arten, *P. vastifolia* Steph., *P. falcata* Steph., *P. Kroneana* Steph., demselben Formenkreise angehören und wohl sicher nur Formen einer einzigen, weit verbreiteten und daher sehr variablen Art sind. Sie stimmen in der dichotomen Verzweigung mit ± fiederigem Habitus (sympodial), Blattform, Form der Involucralblätter und des Perianths (mit schmaler Ala) und in der Zellgröße im wesentlichen überein. Auch das Herb. Stephani gibt bezüglich der beiden ersten dieselbe Auskunft; *P. falcata* ist nur ♂ bekannt und auf Puiggari n. 288 c begründet, *P. vastifolia* auf Puiggari n. 288 a und 288 b, womit die gleiche Fundstelle für beide gegeben ist. Die Unterschiede der drei „Arten" könnte man nach der Beschreibung für genügend erachten, nach dem Vergleich der Original-Exemplare stellen sie sich aber lediglich als individuelle dar. Dazu kommt noch, daß man ähnliche Unterschiede zwischen den Exemplaren verschiedener Fundorte im Herb. Stephani konstatieren kann, die dort unter demselben Namen liegen, abgesehen von tatsächlich unrichtigen Bestimmungen, wie z. B. *P. vastifolia* det. Stephani, Brasilien, Petropolis, Herb. Hampe ex. Herb. Gottsche als *P. megalodon* G. mscr., welche zu einer ganz anderen Gruppe gehört. Das Herb. Stephani gibt also keine Handhabe, diese Arten irgendwie schärfer auseinanderzuhalten. Nachdem ich die von Stephani als Orig. Ex. bezeichneten Pflanzen (die anderen unter denselben Namen im Herb. Stephani vorgefundenen Pflanzen weichen meistens ± ab und sind unzuverlässig) genau untersucht und in den Details mit dem Prisma gezeichnet habe, kann ich für dieselben folgende (durchaus relative) Unterschiede feststellen:

P. falcata: Pfl. (nur ♂) etwa 3 *cm* lang, dichotom-fiederig (sympodial). Stengelblätter schlaff, etwas herablaufend. Ventralrand reichlich bis zur Basis gezähnt. Dorsalrand (ausgebreitet) schwach konkav. Zellen mit schwachen Eckenverdickungen.

P. vastifolia: Pfl. größer, bis 8 *cm* lang, reich dichotom-fiederig (subdendroid). Stengelblätter nicht auffallend schlaff, etwas herablaufend, ziemlich reich gezähnt, Ventralrand bis fast zur Basis gezähnt. Dorsalrand schwach konkav bis nahezu gerade. Zellen mit sehr kräftigen Eckenverdickungen. Perianthmündung ziemlich gleichmäßig kurz gezähnt.

P. Kroneana: Pfl. größer, ca. 5 *cm* lang, dichotom-fiederig, Stengelblätter nicht auffallend schlaff, kaum herablaufend, spärlicher gezähnt; basale Hälfte des Ventralrandes ungezähnt. Dorsalrand gerade. Zellen mit kräftigen Eckenverdickungen. Perianthmündung ungleichmäßig lang gezähnt (beim Orig. Ex.; die Exemplare Puiggari 119 und 119 a haben die Zähnung wie *P. vastifolia*).

Mit ziemlicher Sicherheit ist *P. falcata* die ♂, niedrig gebliebene Pflanze von *P. vastifolia*. *P. Kroneana* weicht etwas weiter ab. *P. Kunertiana* ist auch ähnlich, hat sehr lang wimperig gezähnte Perianthmündung und kleinere Zellen als *P. Kroneana*.

Plagiochila falcata Steph. — Taf. VIII/90.

São Paulo: Apiahy, ♂ (Puiggari 819, 288 c).

Die Pflanze Puiggari n. 288 c wird von Stephani als „Original" bezeichnet.

Plagiochila Kroneana Steph. — Taf. VIII/91—93.

São Paulo: 1) In silvis prope Apiahy, ad arbores, ca. 1100 *m* (Schiffner s. n.). 2) In silvis prope Alto da Serra, 900 *m* (989).

Meiner Meinung nach sind *P. falcata* Steph., *P. vastifolia* Steph. und *P. Kroneana* Steph. synonym. Ich schlage vor, den Namen *P. vastifolia* Steph. für die Art beizubehalten (S. Arn.).

Plagiochila vastifolia Steph. — Taf. VIII/95.

São Paulo: 1) Apiahy (Puiggari 288 b, 300). 2) In silvaticis inter Apiahy et Yporanga, ad arbores, ca. 400—900 *m* (1216, 1226). 3) In silvis prope Apiahy, ad arbores, ca. 1100 *m* (Schiffner s. n.). 4) In silvis ad Brasso Grande in districtu urbis Itapecirica, ca. 1000 *m* (1302, 1303, 1327). 5) Prope Rio

Grande ad „São Paulo Railway", in silva primigenia ad arbores, 800 m (583, 788, 797, 1085, 1103). 6) In silvaticis Serra São João prope Santos apud cataractam, ad arbores, ca. 200 m (901). 7) Ad flumen Rio Branco prope Conceição de Itanhaëm, 20—100 m (1785). 8) Ad flumen Rio Branco prope Santos, ad muros vetustos, ca. 20 m (281). 9) In silvaticis prope Barra Mansa in districtu urbis Itapecirica, ad arbores, ca. 100 m (356). 10) In silvis prope Alto da Serra, ad arbores, ca. 900 m (954, 982, 1614, 1711).

fo. **umbrosa** S t e p h.

11) In silvaticis inter Apiahy et Yporanga, ad arbores, 400—900 m (1224). 12) In silvis ad Brasso Grande in districtu urbis Itapecirica, ad arbores, ca. 1000 m (1551). 13) Prope Lapa in circuitu urbis São Paulo (2021). 14) Prope Rio Grande ad „São Paulo Railway", in silva primigenia ad arbores, 800 m (1084). 15) Serra de Piruhibe, ca. 100 m (238).

Plagiochila Kunertiana S t e p h. — Taf. VIII/96.

S ã o P a u l o : 1) In silvis prope Apiahy, ad arbores, ca. 1100 m (2324). 2) In silvaticis inter Apiahy et Yporanga, ad arbores, ca. 400—900 m (1227). 3) In silvis prope Alto da Serra, ad arbores, 900 m (1629). 4) Apud cataractas Salto dos Treis Ranjos prope urbem Cerqueira-Cesar, ca. 500 m (668). — R i o G r a n d e d o S u l : 5) Forromecco (K u n e r t 104).

Var. **brevifolia** S c h f f n., n. var.

Planta elongata, laxissima, foliis ramulinis brevioribus.

Typus: S c h f f n., Apiahy, s. n., Hb. W.

S ã o P a u l o : 1) In silvis prope Apiahy, ad arbores, ca. 1100 m (S c h i f f n e r s. n.). 2) Apiahy (P u i g g a r i 836, sub. nom. *P. multiramosae* S t e p h. fo. *laxae-angustifoliae*). — R i o G r a n d e d o S u l : 3) Forromecco (K u n e r t, sub nom. *P. parallelae*, det. S t e p h a n i). — B r a s i l i a : 4) s. l. (U l e 331, sub nom. *P. multiramosae* S t e p h.).

Die Art ist von ähnlichen Formen der *P. vastifolia* und *P. Kroneana* außer durch die Blattform sofort durch die sehr langen, in eine 5—10 Zellen lange, einreihige Spitze auslaufenden Zähne der Perianthmündung zu unterscheiden.

Die Varietät ist eine verlängerte, sehr schlaffe Form mit kürzeren Astblättern, im Perianth ganz mit der am selben Standort vorkommenden Normalform übereinstimmend. Im Herb. S t e p h a n i liegt genau diese Form unter *P. multiramosa* S t e p h. (Brasilia, U l e 331, und Apiahy, P u i g g a r i 836), zu welcher Art sie wegen der Blattform und der ganz anderen Perianthmündung unmöglich gehören kann; auch der Habitus ist total verschieden. *P. Kunertiana* findet sich im Herbar S t e p h a n i (noch dazu vom Original-Fundort, Rio Grande do Sul, Forromecco, leg. K u n e r t) auch als *P. parallela* S t e p h. bestimmt, mit der sie nicht die geringste Ähnlichkeit hat.

Plagiochila dichotoma (N e e s) D u m. — Taf. VIII/97.

Syn. *Plagiochila lingua* S t e p h.

P a r a n á : 1) In ripa sinistra fluminis Paranapanema ad cataractas Salto Grande, ad arbores (2400). — S ã o P a u l o : 2) In silvaticis prope urbem Iguapé, ad arbores, 100—20 m (379). 3) In insula inter cataractas Salto Grande do Rio Paranapanema, ca. 500 m (2117). 4) Apiahy (P u i g g a r i ; Orig. Ex.). — R i o d e J a n e i r o : 5) Petropolis (B. R u d o l p h).

Fo. **subdenticulata** Schffn., n. fo.

Foliorum apices interdum denticulorum valde sparsorum vestigiis ornati.

Typus: S c h f f n. 1105, Hb. W.

S ã o P a u l o : Prope Rio Grande ad „São Paulo Railway", in silva primigenia ad arbores, 800 m (1105).

Einzelne besonders kräftige Pflanzen zeigen bei dem reichen Materiale vom Fundort 3) an einzelnen Blättern Spuren von Zähnchen, was zwar bei dem Orig. Ex. der *P. lingua* S t e p h. (Apiahy, leg. P u i gg a r i) auch vorkommt, aber in viel geringerem Maße, so daß diese als „integerrima" gelten können. Es steht für mich außer Zweifel, daß *P. lingua* in den Formenkreis der *P. dichotoma* gehört, mit der sie bis auf die fehlende Zähnung in allen wesentlichen Punkten übereinstimmt. Ich habe hier das Orig. Ex. (Brasilia, Herb. L i n d e n b e r g n. 626) im Auge; andere als *P. dichotoma* bestimmte Exemplare in den Herbarien sind mit Vorsicht zu behandeln, weil sie zumeist falsch determiniert sind. Fast ganz identisch sind auch unsere etwas gezähnt-blättrigen Pflanzen vom Salto Grande mit dem Orig. Ex. der *P. dichotoma* β (Brasilia, leg. M a r t i u s, Herb. L i n d e n b e r g). Unsere Pflanze könnte also auch mit vollem Rechte als eine sehr schwach gezähnte Form von *P. dichotoma* aufgefaßt werden.

Patulae VI.

Blätter breit inseriert, dorsal oft weit herablaufend, unsymmetrisch, subfalkat, gegen die Spitze verschmälert, Dorsalrand gebogen bis gerade. Zähne kurz oder subziliat.

Plagiochila flabelliflora S t e p h. — Taf. VIII/98.

S ã o P a u l o : 1) Prope Rio Grande ad „São Paulo Railway", ad arbores, 800 *m* (795). 2) Apiahy (P u i g g a r i 288, 1102 sub nom. *P. apiahynae* G. mscr.). 3) In silvis prope Alto da Serra, 900 *m*, ♀ (996). — B r a s i l i a : 4) s. l. (G l a z i o u 11758 p. p., ♂; Orig. Ex.).

Ziemlich weich, blaßgrün. Männliche Ähren lang, zu mehreren fächerförmig am Ende des Stengels.

Plagiochila Uleana S t e p h. — Taf. IX/99.

1) B r a s i l i a : s. l. (U l e 221, 222). — S ã o P a u l o : 2) In silvis prope Apiahy, ca. 1100 *m*, ad arbores (2329). — Ad confines R i o d e J a n e i r o — M i n a s G e r a ë s : 3) In rupestribus montis Itatiaya, 1300—2750 *m* (432, 652, 653, 2335).

Die ♀ Pflanze von Apiahy ist nicht ganz normal entwickelt, sie bildet sehr viele achselständige etiolierte Sprößchen, auch neben der Archegongruppe zwischen den Involucralblättern. Das Perianth war nirgends entwickelt. Die Stengelblätter sind etwas schmäler als bei dem ♀ Orig. Ex. (U l e 221) und haben mehr die Form der ♂ Pflanze (U l e 222) im Herb. S t e p h a n i.

Plagiochila Beskeana S t e p h. — Taf. IX/100.

S ã o P a u l o : 1) Prope Fazenda Bella Vista in districtu urbis Sa. Cruz ad flumen Rio Pardo, ad arbores, ca. 500 *m* (2298, 2299, 2300). 2) In silvaticis inter Faxina et Apiahy, in vico Ribeirão Branco, ad *Aurantiorum* truncos, ca. 800 *m* (342). 3) In silvis ad Brasso Grande in districtu urbis Itapecirica, ad arbores, ca. 1000 *m* (1404). 4) Bertioga prope Santos, ad ostia fluminis Rio do Fazenda, 5—25 *m* (2278). 5) Prope Rio Grande ad „São Paulo Railway", ad arbores, 800 *m* (896). 6) Prope Yporanga in valle fluminis Rio Ribeira, ca. 130 *m* (S c h i f f n e r s. n.). 7) Prope Salto Grande do Rio Paranapanema, ad arbores, ca. 500 *m* (2203). 8) A p i a h y (P u i g g a r i 115, 118, 283). — B r a s i l i a : 9) s. l. (Miss B e s k e). — P a r a n á : 10) In ripa sinistra fluminis Paranapanema ad cataractas Salto Grande, ad arbores (2236). — P a r a g u a y : 11) Prope Paraguari (G r o s s e).

Forma brevifolia:

S ã o P a u l o : 12) Prope Fazenda Bella Vista in districtu urbis Sa. Cruz ad flumen Rio Pardo, ad arbores, ca. 500 *m* (215).

Forma subintegerrima:

S ã o P a u l o : 13) Apiahy (P u i g g a r i 118). 14) Prope urbem Xiririca ad flumen Rio Ribeira, ad arbores, ca. 50 *m* (2215).

P. Martiana N e e s et L i n d n b g. und *P. Beskeana* gehören sicher demselben Formenkreise an und dürften sich nicht in allen Fällen ganz sicher trennen lassen, da zwischen beiden augenscheinlich Übergänge vorhanden sind. *P. Martiana* ist mehr verlängert und ausgesprochen gabelig verzweigt, die ventralen Blattbasen sind weniger vorgezogen, so daß man dazwischen den Stengel überall deutlich sieht. *P. Beskeana* ist gedrungener, reicher verzweigt und meistens von sympodialem (fiederigem) Habitus, die Blätter sind sehr dicht stehend, ihre Ventralbasen mehr vorgezogen, ober dem Stengel ± zusammenschließend und den Stengel fast ganz verdeckend. Die Unterschiede in Perianth und Involucrum sind auch nur gering. Von *P. Beskeana* kommen öfters Formen vor mit sehr schwach gezähnter bis völlig ganzrandiger Blattspitze (forma subintegerrima.).

Plagiochila Trichomanes S p r. — Taf. IX/101.

R i o d e J a n e i r o : 1) s. l. (G l a z i o u 9203; Orig. Ex.). — S ã o P a u l o : 2) In insula inter cataractas Salto Grande do Rio Paranapanema, ca. 500 *m* (S c h i f f n e r s. n.).

Plagiochila multiramosa S t e p h. — Taf. IX/102.

S ã o P a u l o : 1) Apiahy (P u i g g a r i 1101; Orig. Ex.). 2) In silvis prope Alto da Serra, ad arbores, 900 *m* (178). 3) Prope Raiz da Serra, 20—50 *m* (1732).

Plagiochila patuloides S c h f f n., n. spec. — Taf. VIII/94, e—f, und IX/103.

Planta plerumque viridis vel olivaceo-viridis. Caulis 2—4 cm, semi- vel bi-furcatus, rarius longior et pluries furcatus, rigidus. Folia densa, fere imbricata, distiche patula sub angulo ca. 40°, oblongo-semiovata, caulina ca. 2 *mm* longa, 1 *mm* lata, ramulina similia sed minora, margine dorsali stricto integerrimo vel unidentato, ventrali subdecurrente, a medio 3—4-dentato, apice recte truncato, 2-pluridentato, dentibus conspicuis acutis, acumine 2 cellulas longo. Cellulae apicales rotundae vel ellipticae inaequales, ad 22 μ longae, chlorophyllosae, trigonis conspicuis paullum confluentibus, basales 22 × 40 μ, oblongae. Perianthia terminalia in ramis, rarissime innovatione suffulta, oblongo-campanulata, ad 3 *mm* longa, 1,2 *mm* lata, exalata (an semper?), labiis parum rotundatis, dentibus densis angustis, per maximam partem 2 cellulas latis, acumine uniseriato 2—5 cellulas longo. Folia involucralia caulinis majora, margine dorsali reflexo integerrimo vel paucidentato, apice grosse 3—4-dentato, margine ventrali dense spinoso-dentato, dentibus validis. Androecia intercalaria, 6—8 juga, folia perigonialia inferiora apice subdentata, superiora integerrima.

Typus: S c h f f n. 214, Hb. W.

S ã o P a u l o : 1) In silvis prope Alto da Serra, ad arbores, 900 *m* (1068). 2) In itinere Cerqueira-Cesar—Fazenda Bella Vista, ad flumen Rio Turvo, in silvis primaevis (1500). 3) Prope Fazenda Bella Vista in districtu urbis Sa. Cruz ad flumen Rio Pardo, ad arbores, ca. 500 *m* (214, 241). 4) In silvulis campestribus prope Fazenda Paranapanema apud Capão Bonito (S c h i f f n e r s. n.). 5) In silvis prope Apiahy, ad arbores, ca. 1100 *m* (2309). 6) Ad cataractas prope Itú ad flumen Rio Buturoba prope Santos, ad saxa, ca. 10 *m* (1987). 7) In silvaticis ad Rio Mambú in districtu urbis Conceição de Itanhaëm, ad arbores, ca. 100 *m* (731).

P. distinctifolia S p r. Hep. Amaz., nec L i n d n b g., vom Rio Negro in S p r u c e ' s Exsikkat gehört nicht zu *P. patula* (S w.) D u m., sondern in den Formenkreis der *P. rutilans* L i n d n b g. und dürfte zu *P. remotifolia* H p e. et G. zu stellen sein. Diese Art steht der *P. patula* nahe und ist von S t e p h a n i und anderen mit ihr konfundiert worden. Das Orig. Ex. von *P. patula* aus Jamaica leg. S w a r t z (Herb. L i n d e n b g. n. 434, 437 und L i n d e n b g., Spec. Hep. Tab. 3) ist habituell sehr verschieden (*P. patuloides?*) und weicht von unserer Pflanze erheblich ab durch viel robustere, größere Statur, breitere und größere Blätter, die nicht so dicht gedrängt sind und ventral länger und breiter herablaufen, etwas größere Zellen und ein Perianth mit ziemlich breiter Ala. Perianthmündung und Involucrum sind ähnlich, jedoch sind bei unserer Pflanze die Zellen gegen die Perianthmündung kleiner, länglich und sehr unregelmäßig, öfters fast etwas gewunden. Die Unterschiede sind der Beschreibung nach nicht so auffallend, aber in die Augen springend, wenn man beide Pflanzen nebeneinander sieht.

Die echte *P. patula* (S w.) D u m. (Taf. VIII/94, a—d) ist mir aus Brasilien nicht bekannt; die *P. patula*, Brasilien, Apiahy (P u i g g a r i ; Taf. VIII/94, e—f) und B r a s i l i e n (G l a z i o u 18701) im Herb. S t e p h a n i sind *P. patuloides;* ebenso gehört nach meiner Ansicht hierher die Pflanze von Mexico (L e ibold; Herb. L i n d n b g. n. 443 und Herb. S t e p h.), die aber viel reicher verzweigt ist und die Spur einer Ala besitzt. Ferner gehört zu *P. patuloides* die von S t e p h a n i als *P. Martiana* bestimmte Pflanze von Itajahy (U l e 57), welche der Pflanze von Mexico (L e i b o l d) sehr nahe kommt und ebenfalls eine schmale Ala besitzt.

Plagiochila Martiana N e e s et L i n d n b g. — Taf. IX/104—105.

S ã o P a u l o : 1) Prope Fazenda Bella Vista in districtu urbis Sa. Cruz ad flumen Rio Pardo, ad arbores, ca. 500 *m* (2291). 2) In silvis ad Brasso Grande in districtu urbis Itapecirica, ad arbores, ca. 1000 *m* (1409, 1550). 3) In silvis prope Alto da Serra, ad arbores, 900 *m* (1070, 1625, 1627, 1633). 4) In monte Jaraguá prope Taipas, 800—1050 *m* (1038). 5) In silvaticis prope Barra Mansa in districtu urbis Itapecirica, ad arbores, ca. 1000 *m* (356). 6) In silvaticis inter Apiahy et Yporanga, ad arbores, ca. 400—900 *m* (1219). 7) Prope Campo Grande ad „São Paulo Railway", in silvulis campestribus ad truncos, ca. 700 *m* (770). 8) In circuitu urbis Itapetininga, ad arbores, ca. 550 *m* (267). 9) Faxina (P u i g g a r i 1433). — R i o d e J a n e i r o : 10) Prope Petropolis (Herb. D ö r i n g, a. 1859).

Forma subintegra (Taf. IX/105).

11) In silvis prope Apiahy, ad arbores, ca. 1100 *m* (2327).

Ampliatae.

Plagiochila Bunburyi T a y l.

S ã o P a u l o : 1) In vicinitate sanatorii Guarujá prope Santos, in silva ad arbores, 1—50 *m* (1118, 1142). 2) In silvaticis prope Cantareira haud procul ab urbe São Paulo, ad arbores, ca. 800 *m* (1156, 1160). 3) Prope São Bernardo haud procul ab urbe São Paulo, ca. 800 *m* (2350, 2368, 2371). 4) In silvaticis prope Barra Mansa in districtu urbis Itapecirica, ca. 1000 *m* (355, 532, 534, 1813, 2052). 5) Prope Salto Grande do Rio Paranapanema, in insula magna, ca. 500 *m* (1239). 6) In silvaticis prope urbem Iguapé, 20—100 *m* (1517). 7) In silvaticis prope urbem Iguapé, Morro do Senhor, ad arbores (380). 8) In silvaticis ad Rio Mambú in districtu urbis Conceição de Itanhaëm, ad arbores, ca. 100 *m* (727, 729). 9) Ad ripas fluminis Aguapihú prope Conceição de Itanhaëm, ad arbores, 20 *m* (1195). 10) In silvaticis inter Faxina et Apiahy, prope Lagoas, ca. 800 *m* (138). 11) Prope Rio Grande ad „São Paulo Railway", in silva primigenia ad arbores, 800 *m* (1106). 12) In silvulis campestribus prope Fazenda Paranapanema apud C a p ã o Bonito (1647). 13) Ad Rio Branco prope Santos, in silva ad arbores, ca. 20 *m* (1949). — R i o d e J a n e i r o : 14) Rio de Janeiro (B u n b u r y 1847, Herb. L e h m a n).

Plagiochila trigonifolia S t e p h. — Taf. IX/106.

S ã o P a u l o : 1) Apiahy (P u i g g a r i 785; Orig. Ex.). 2) Prope Salto Grande do Rio Paranapanema, ad arbores, ca. 500 *m* (2202). 3) Ad cataractas prope Itú ad flumen Rio Buturoba prope Santos, ad saxa, ca. 10 *m* (1986, sub nom. *Pl. buturobae* S c h f f n. in sched.). 4) In silvis prope Alto da Serra, ad ramos, 900 *m* (987).

Die Art steht der *P. Beskeana* S t e p h. sehr nahe und ist wahrscheinlich nur eine Form derselben (S. A r n.).

Plagiochila confertissima S t e p h.

S ã o P a u l o : 1) Prope Salto Grande do Rio Paranapanema, in insula magna ad arbores, ca. 500 *m* (1250). 2) In vicinitate sanatorii Guarujá prope Santos, in silva ad arbores, 1—50 *m* (1120). 3) In itinere S. Amaro—Barra Mansa in districtu urbis Itapecirica, prope Capella Nova, ad arbores apud casas, 800—900 *m* (1502). 4) In circuitu urbis Itapecirica, ad arbores, ca. 550 *m* (2178). 5) Prope Lapa in circuitu urbis São Paulo (2016). 6) Prope Raiz da Serra, 20—50 *m* (932). 7) In silvis prope Apiahy, ad arbores, ca. 1100 *m* (S c h i f f n e r s. n.). — P a r a n á : 8) In ripa sinistra fluminis Paranapanema ad cataractas Salto Grande, ad arbores, ca. 500 *m* (2089). — M i n a s G e r a ë s : 9) Serra de Caracol, ad arbores (H j. M o s é n 320).

Plagiochila cristata (S w.) D u m.

S ã o P a u l o : 1) In silvis ad Brasso Grande in districtu urbis Itapecirica, ca. 1000 *m* (1272). 2) In silvis prope Alto da Serra, ad arbores, ca. 900 *m* (997, 1707). 3) In silvaticis prope Barra Mansa in districtu urbis Itapecirica, ad arbores, ca. 1000 *m* (365, 533, 1814, 2049). 4) Prope Campo Grande ad „São Paulo Railway", in silvulis campestribus ad truncos, ca. 700 *m* (771 p. p.). 5) Apiahy (P u i g g a r i 103). — Ad confines R i o d e J a n e i r o — M i n a s G e r a ë s : 6) In silvaticis regionis inferioris montis Itatiaya, 1000—1400 *m* (817, 835).

Plagiochila hypnoides (W i l l d.) L i n d n b g.

S ã o P a u l o : 1) In silvaticis prope Barra Mansa in districtu urbis Itapecirica, ad arbores, ca. 1000 *m* (2050). 2) Prope urbem Xiririca ad flumen Rio Ribeira, ad arbores, ca. 50 *m* (2222).

Plagiochila Raddiana L i n d n b g.

S ã o P a u l o : Prope Yporanga in valle fluminis Rio Ribeira, ad arbores, ca. 1300 *m* (2165).

Plagiochila serrata (R o t h) L i n d n b g.

S ã o P a u l o : 1) Prope Fazenda Bella Vista in districtu urbis Sa. Cruz ad flumen Rio Pardo, ad arbores, ca. 500 *m* (2295). 2) Prope Rio Grande ad „São Paulo Railway", ad arbores apud domos, 800 *m* (1590).

Plagiochila faxinensis S c h f f n., n. spec. — Taf. IX/107.

Caulis 1,5—2 *cm* altus subsimplex, rigidus. Folia densa, paullum resupinata, 1,2 *mm* longa, 0,7 *mm* lata, explanata rectangulariter trigona, erecto-patentia sub angulo 45⁰ patula, margine dorsali stricto decurrente recurvo integerrimo, ventrali e basi caulis axi fere parallelo subito rectangulariter extus converso, e basi ipso ad apicem valide ciliato-spinoso; apice valde angustato et spinoso, uno dente multo majore. Cellulae ovatae, apicales 15×25 μ, trigonis maximis nodulosis, basales in medio valde elongatae 20×50 μ, trigonis maximis et trabeculatis.

Typus: Inter Faxina et Apiahy (S c h i f f n e r s. n.), Hb. W.

S ã o P a u l o : 1) Inter Faxina et Apiahy prope Lagoas, 800 *m* (S c h i f f n e r s. n.). 2) In silvaticis prope Barra Mansa in districtu urbis Itapecirica, ca. 1000 *m* (503). 3) In silvis ad Brasso Grande in districtu urbis Itapecirica, ad arbores, ca. 1000 *m* (1422).

In der natürlichen Lage sind die Blätter sehr steil nach vorn gerichtet, so daß ihre dornigen ventralen Basen den Stengel verdecken; am losgetrennten Blatte ist aber die Ventralbasis nicht weit vorgezogen.

Plagiochila disticha (L e h m. et L i n d n b g.) M o n t.

S ã o P a u l o : In silvis prope Alto da Serra, 900 *m* (1631).

Plagiochila Kerneriana S. A r n., n. spec. — Taf. IX/108.

Dioica, mediocris vel major, rigida, olivacea. Caulis ad 6 *cm* longus, simplex vel parum ramosus, rufobrunneus. Folia caulina adulta 1—2 *mm* longa, conferta, oblique patula angulo 60—70⁰, planodisticha, antice breviter decurrentia, postice ampliata, in plano oblongo-triangulata, apice quam basis triplo angustiora, margine antice substricto, nudo vel sub apice paucidentato, postice e basi rotundata stricto, regulariter dentato, dentes apicales majores (folium acutum). Cellulae apicales 18×20 μ, mediae 20×30 μ, basales parum majores, trigonis magnis nodulosis, parietibus trabeculatis. Folia floralia caulinis parum majora, similia. Perianthia oblongo-campanulata, parum compressa, ore longe fimbriato; facies dorsalis alata. Sporae dilute brunneae, ca. 20 μ, granulatae. Elateres bispiratae, $6—8 \times 250$ μ. Androecia apicalia vel intercalaria.

Typus: S c h f f n. 866, Hb. W.

S ã o P a u l o : 1) Prope Campo Grande ad „São Paulo Railway", in silvulis campestribus ad truncos, ca. 700 *m* (454, 773, 774, 861, 866). 2) In silvaticis prope Barra Mansa in districtu urbis Itapecirica, ad arbores, ca. 1000 *m* (1579). 3) Apiahy, (P u i g g a r i 1103).

Zweihäusig. Mittelgroß bis groß, bis 6 *cm* lang, olivgrün bis gelblichbraun, Stengel rotbraun. Blätter 1—2 *mm* lang, wechselständig, dorsal und ventral kurz herablaufend, horizontal abstehend, Dorsalrand unter einem Winkel von 60—70° abgehend, länglich-dreieckig, am spitzen Scheitel mit 2—3 dornigen Zähnen, der oberste Zahn am größten; Dorsalrand kurz herablaufend, ganzrandig oder nächst der Spitze mit 1—2 Zähnen, gerade oder schwach konkav, schmal eingebogen; Ventralrand sehr kurz herablaufend, nächst der Insertion abgerundet mit kurzen dornigen Zähnen, dann fast gerade und ziemlich regelmäßig dornig gezähnt. Apikale Blattzellen etwa 18 × 20 μ, Zellen der Blattmitte etwa 20 × 30 μ, basale Blattzellen größer; Eckenverdickungen groß und knotig, von der Mittelschicht gebildet. Amphigastrien fehlend. Weibliche Hüllblätter etwas größer als die Blätter, von ähnlicher Gestalt oder breiter, am Ventralrand dornig gezähnt. Perianth länglich-glockenförmig, etwas kompreß, auf der dorsalen Fläche mit einem langen Flügel, an der Mündung dornfransig gewimpert. Sporen 20 μ, blaß braun, spärlich gekörnelt und mit kurzen und niedrigen, manchmal verzweigten Leistchen. Elateren 2spirig, 6—8 × 250 μ, gewunden. Antheridienstände apikal oder interkalar; Hüllblätter dornig gezähnt (S. A r n.).

Weicht ab von *P. disticha* (L e h m. et L i n d n b g.) M o n t. durch mehr dreieckige Blätter mit breiterer Basis, mit etwas kleineren Zellen mit größeren Eckenverdickungen; von *P. Suringarii* S t e p h. durch kleinere Blattzellen und weniger herablaufende Blätter; von *P. Funkiana* S t e p h. durch weniger herablaufende Blätter mit anders gestalteter Spitze (S. A r n.).

Plagiochila Guilleminiana M o n t.

S ã o P a u l o : 1) Prope Fazenda Bella Vista in districtu urbis Sa. Cruz ad flumen Rio Pardo, ad arbores, ca. 500 *m* (1439, 2294, 2302, 2305, 2307). 2) In itinere Cerqueira-Cesar—Fazenda Bella Vista ad flumen Rio Turvo (1235, 1505). 3) In circuitu urbis Itapetininga, ca. 550 *m* (38, 43, 44, 53, 2178). 4) In silvulis campestribus prope Fazenda Paranapanema apud Capão Bonito (1642, 1646). 5) Prope Salto Grande do Rio Paranapanema, ca. 500 *m* (2196, 2397). 6) Prope Salto Grande do Rio Paranapanema, in insula magna, ad arbores, ca. 500 *m* (1250). 7) Ad flumen Rio Branco prope Santos (2138). 8) Prope Raiz da Serra, ad arbores, 20—50 *m* (918). 9) Apud cataractas Salto dos Treis Ranjos prope urbem Cerqueira-Cesar, ad arbores, ca. 500 *m* (673). 10) Ad Pirituba prope Taipas, 750 *m* (1763). 11) In monte Jaraguá prope Taipas (1038). — P a r a n á : 12) In ripa sinistra fluminis Paranapanema ad cataractas Salto Grande, 500 *m* (2099).

Plagiochila corrugata (N e e s) N e e s et M o n t.

S ã o P a u l o : 1) In monte Jaraguá prope Taipas, 800—1050 *m* (1036). 2) Serra do Cubatão (M. W a c k e t). 3) In silvaticis prope Cantareira haud procul ab urbe São Paulo, ad arbores, 800 *m* (1157, 1163, 1169). 4) Prope Lapa in circuitu urbis São Paulo (2024, 2256). 5) Prope Campo Grande ad „São Paulo Railway", in silvulis campestribus ad truncos, ca. 700 *m* (477). 6) Prope Rio Grande ad „São Paulo Railway", 800 *m* (119, 120). 7) Prope São Bernardo in districtu urbis São Paulo, ad arbores, 800 *m* (4). 8) Ad flumen Tieté prope Butantan in circuitu urbis São Paulo, 800 *m* (1598, 1786). 9) Ad flumen Rio Branco prope Santos, in horto ad arbores, ca. 20 *m* (1919); in silvis ad arbores (1957, 2136). 10) In silvulis campestribus prope Facenda Paranapanema apud Capão Bonito (1648, 1649). 11) In itinere S. Amaro—Barra Mansa in districtu urbis Itapecirica, prope Capella Nova, ad arbores apud casas (1533, 1534); apud São Lourenzo (1470, 1755). 12) Prope urbem Xiririca ad flumen Rio Ribeira, ad arbores, ca. 50 *m* (2223). 13) Prope urbem Faxina, ca. 650 *m* (1384, 1397). 14) In silvaticis inter Faxina et Apiahy prope Lagoas, ca. 800 *m* (S c h i f f n e r s. n.). 15) In silvulis campestribus prope Rio Chepeo apud Capão Bonito (1489). 16) In silvis ad Brasso Grande in districtu urbis Itapecirica, ad arbores, ca. 1000 *m* (1285, 1325). 17) In insula inter cataractas Salto Grande do Rio Paranapanema, ad arbores, ca. 500 *m* (2039). 18) Prope Yporanga in valle fluminis Rio Ribeira, ad arbores, ca. 130 *m* (2163). 19) In silvaticis inter Yporanga et Apiahy, ad arbores, ca. 400—900 *m* (1223). 20) In Apiahy ad arbores, ca. 1100 *m* (149). 21) In monte d'Oro prope Apiahy, ca. 12—1400 *m* (S c h i f f n e r s. n.). 22) Prope Ypanema in districtu urbis Sorocaba (M. W a c k e t 1448).

23) In circuitu urbis Itapetininga, ca. 550 m (37). 24) Apiahy (Puiggari 90, 278, 279; sub nom. *P. ulophyllae* Nees et Mont.). 25) In itinere a flumine Rio Comprido ad vicum Piruhibe in silvis, 10—100 m (246). 26) In silvaticis ad Rio Mambú in districtu urbis Conceição de Itanhaëm, ad arbores, ca. 100 m (736). 27) Prope Maranguá inter Santos et Conceição de Itanhaëm, 5—25 m (1349). 28) Ad ripas fluminis Rio Branco prope Conceição de Itanhaëm, ad truncos *Aurantiorum*, 20—100 m (100). 29) In silvaticis prope Barra Mansa in districtu urbis Itapecirica, ca. 1000 m (1803). — Ad confines R i o d e J a n e i r o — M i n a s G e r a ë s : 30) In silvaticis regionis inferioris montis Itatiaya, prope Fazenda Monteserrate, ca. 1000 m (811). 31) In silvaticis regionis inferioris montis Itatiaya, 1000—1400 m (341, 818). 32) In regionis silvaticae partibus superioribus montis Itatiaya, 1400—2000 m (637). — P a r a n á : 33) In ripa sinistra fluminis Paranapanema ad cataractas Salto Grande, 500 m (2099, 2100).

Plagiochila horrida G.

Syn. *P. capilliformis* Steph.

S ã o P a u l o : 1) In vicinitate sanatorii Guarujá prope Santos, in silva ad arbores, 1—50 m (1126). 2) Prope Rio Grande ad „São Paulo Railway", in silva primigenia ad arbores, ca. 700—800 m (260, 1104 p. p.). 3) Prope Campo Grande ad „São Paulo Railway", in silvulis campestribus ad truncos arborum, 700 m (548). 4) In silvis prope Alto da Serra, ad arbores, 900 m (1698). 5) In circuitu urbis Itapetininga, ca. 550 m (54). 6) In silvaticis inter Faxina et Apiahy prope Lagoas, ca. 800 m (140). 7) In silvis prope Apiahy, ad arbores, ca. 1100 m (2325). 8) Serra do Piruhibe, ca. 100 m (233). 9) Serra do Cubatão, ad arbores (M. Wacket). 10) Prope Ypanema in districtu urbis Sorocaba (M. Wacket). — Ad confines R i o d e J a n e i r o — M i n a s G e r a ë s : 11) In regione silvatica montis Itatiaya, ad rupes, 1400—2000 m (636, 659). 12) In rupestribus montis Itatiaya, 2750 m (433, 660, 2341).

Genus **Tylimanthus** Mitt.

Tylimanthus Fendleri (G.) Steph.

Ad confines R i o d e J a n e i r o — M i n a s G e r a ë s : In cacumine montis Itatiaya, in rupestribus, inter *Syzygiellam contiguam* (G.) Steph., 2750 m (2273).

Stephani gibt vom Itatiaya in Spec. Hep. *T. approximatus* (Lindnbg.) Steph. und in Hep. de la Serra do Itatiaya auch *T. Fendleri* an. Das letztere Exemplar habe ich nicht gesehen, doch dürfte unsere Pflanze wohl dazu gehören; sie ist augenscheinlich stark depauperiert und kaum halb so groß wie die Originalpflanze von Venezuela (leg. Fendler), die ich untersuchen konnte.

Genus **Mylia** Gray.

Mylia Dusenii (Steph.) S. Arn., n. comb. — Taf. IX/109 und X/110—111.

Syn. *Leioscyphus Dusenii* Steph., Hep. de la Serra do Itatiaya in Archivos Mus. Nac. Rio de Janeiro 1903: 112.

S ã o P a u l o : 1) Apud Bertioga prope Santos, ad arbores, ca. 5—25 m (1887). — Ad confines R i o d e J a n e i r o — M i n a s G e r a ë s : 2) In cacumine montis Itatiaya, ad rupes, 2750 m (2272).

Diese Pflanze ist außerordentlich variabel. Stephani beschreibt sie (Hep. de la Serra do Itatiaya p. 5) als „flavo-virens, flaccidissima", aber sein Herbar enthält Pflanzen, die tief schwarzbraun sind (Serra de Caraca [Ule 1346 p. p.]; Itatiaya, 2100 m [Ule 439]); auch unsere Pflanzen vom Itatiaya sind tief schwarzbraun. Die Blattform ändert etwas ab, indem die Blätter bald sehr breit (so breit wie lang), bald etwas schmäler sind. Die Amphigastrien haben bald vorgestreckte Lappen, bald sind diese durch eine sehr breite, flache Bucht getrennt und mehr nach außen gerichtet; ebenso ändern die Lappen (Zilien) sehr in der Länge ab. Zweifellos handelt es sich hierbei nur um Standortsformen.

Var. **Sprucei** (S c h f f n. mscr. sub *Leptoscypho*) S. A r n. — Taf. IX/109, c—d, und X/110.

Syn. *Leioscyphus Liebmanianus* (L i n d n b g. et G.) S p r., Hep. Amaz. in Transact. Bot. Soc. Edinburgh XV: 445 (1885).

Obscure fuscus, foliis minoribus angustioribus (oblongo-cordatis) fragilibus, cellularum trigonis maximis. Planta ♀ sterili similis, folia involucralia latiora quam lata (nondum omnino evoluta erant), subinvolucralia caulinis multo majora, semicircularia, duplo latiora quam longa, subundulata. Perianthium valde juvenile sed ore certo integerrimum. Androecia intercalaria plurijuga spicaeformia, folia perigonialia suberecta integerrima, basi valde saccata lobulo dorsali magno involuto, antheridia magna solitaria.

Typus: S c h f f n. 2437, Hb. W.

S ã o P a u l o: 1) In cacumine montis Jaraguá prope Taipas in districtu urbis São Paulo, ad rupes inter bryophyta alia, 1050 *m* (2437). 2) In silvis prope Alto da Serra, ad arbores, sparsim inter *Lepidozias* etc., 900 *m* (1700). — Ad confines R i o d e J a n e i r o — M i n a s G e r a ë s: In monte Itatiaya, prope Fazenda Monteserrate, ad terram nudam, ca. 1000 *m* (594).

Zweifellos ist unsere var. *Sprucei* eine depauperierte Form exponierter Standorte; am Fundort 1) wächst sie gemeinsam mit einer ganz analogen depauperierten Form von *Syzygiella rubricaulis* (N e e s) S t e p h. Auffallend ist die Form der ersten Subinvolucralblätter (die Involucralblätter waren noch nicht ganz entwickelt, aber ebenfalls breiter als lang), doppelt so breit wie lang, was ich bei den typischen Formen von *L. Dusenii* S t e p h. (das Herb. S t e p h a n i enthält davon 4 Ex.) nicht gesehen habe; sie sind dort mehr eiförmig. Ebenso auch bei den beiden hier zur typischen Form gerechneten Pflanzen von Bertioga und vom Itatiaya (Hochregion). Ich konnte mich jedoch nicht davon überzeugen, daß unsere Pflanze als eigene Art zu betrachten sei. Von den Pflanzen des Herb. S t e p h a n i steht die von Petropolis 1859, det. D ö r i n g (Herb. J a c k) unserer sehr nahe. G o t t s c h e hat zu dieser Pflanze in der Scheda bemerkt: „*Lejeunea petropolitana* G. et H p e. = *Leioscyphus brasiliensis* G. — Wohl als kleine Varietät zu *Leiosc. Liebmanianus* zu bringen." Mit dieser Bemerkung scheint G o t t s c h e das Richtige getroffen zu haben. Die von S p r u c e als *Leioscyphus Liebmanianus* von Tunguragua ausgegebene Pflanze habe ich verglichen und wüßte keinen nennenswerten Unterschied von unserer var. *Sprucei* aufzufinden; die querbreiteren (nierenförmigen) Involucralblätter sind auch hier vorhanden. Warum S t e p h a n i in Spec. Hep. *L. Dusenii* zu den „*Parvistipulae*" und *L. Liebmanianus* zu den „*Grandistipulae*" stellt, ist mir nicht klar, er sagt bei ersterer Art selbst: „Amphigastria caulina caule latiora" und bei letzterer: „Amphigastria caulina caule parum latiora."

Genus **Clasmatocolea** S p r.

Clasmatocolea acutiloba S c h f f n., n. spec. — Taf. X/112, a—g.

Autoica. Differt a *Cl. Doellingeri* (N e e s) S t e p h. cui valde affinis his notis: est magis ramosa, ramis subfloralibus fere semper praesentibus; folia inaequaliter biloba, lobis omnibus acutis, foliorum involucralium lobis autem interdum (haud semper) ± obtusis, foliorum perigonialium lobis omnibus acutissimis. Amphigastrium involucrale ellipticum, apice rotundatum vel emarginatum. Os perianthii fere omnino integerrimum, haud undulatum. Seta e quatuor seriebus cellularum aedificata (in *Cl. Doellingeri* vidi 13).

Typus: S c h f f n. 2259, Hb. W.

S ã o P a u l o: Prope Lapa ad flumen Tieté juxta São Paulo, ad arbores, haud copiose inter *Octoblepharum albidum*, ca. 800 *m* (2259).

Obwohl diese Pflanze in vielen wesentlichen Punkten mit *Cl. Doellingeri* (Taf. X/112, h—k) übereinstimmt, ist sie doch durch die sehr spitzen Blattlappen und andere Merkmale so auffallend, daß ich sie als Art beschrieben habe; sie könnte aber vielleicht mit gleichem Recht nur als Varietät von *Cl. Doellingeri* betrachtet werden.

S t e p h a n i sagt in der Diagnose der Gattung *Clasmatocolea* (Spec. Hep. III, p. 46): „Caulis ... sub flore nunquam innovatus"; das ist bei unserer Pflanze gewiß nicht der Fall, an der subflorale Innovationen fast regelmäßig vorhanden sind. Diese entspringen entweder aus dem dorsalen Winkel des Involucralblattes oder des ersten Subinvolucralblattes und tragen bisweilen ein Androecium. Überhaupt sind Äste oft vorhanden; sie stehen lateral und entspringen der dorsalen Basis eines Blattes genähert. Amphigastrien sind bei *Cl. acutiloba* auch an sterilen Sprossen meistens vorhanden, sie sind stets ungeteilt, sehr klein, pfriemenförmig, unten meistens nur 2 Zellen breit.

Der Bau der Kapsel ist bei *Cl. Doellingeri* (untersucht habe ich die Pflanze von Glaziou n. 5168 im Herb. S t e p h a n i) und *Cl. acutiloba* übereinstimmend. S p r u c e macht bei *Clasmatocolea* keine Angaben über den anatomischen Bau der Kapsel, S t e p h a n i (l. c.) sagt: „Valvulis semiannulatim incrassatis. Elateres bispiri, spiris teretibus laxe tortis, saepe in annulos remotos dissolutis." — Ersteres ist für unsere beiden Pflanzen unrichtig; die Klappen der kleinen, vollkommen kugeligen Kapsel sind zweischichtig, die Zellen der Außenschichte sind fast quadratisch, auf dem Querschnitt fast doppelt so hoch wie die der Innenschicht, mit spärlichen (oft nur je einem), aber sehr dicken dunkelbraunen Pfeilern an allen Wänden (Radial- und Horizontalwänden), die von der Fläche gesehen als dicke knotige Punkte erscheinen. Innenschicht ohne Halbringfasern, aber mit hellen, gelbbraunen, kleineren und zahlreicheren Pfeilern, die von der Fläche gesehen fast keulig und scharf begrenzt in das Lumen der Zelle vorragen. Die Elateren sind in der reifen Kapsel nur äußerst spärlich vorhanden und nur 50—70 μ lang, 4—5 μ dick. Sie können nicht eigentlich zweispirig genannt werden, da die Spire nur in den Enden eine große Schlinge, in der Mitte aber getrennte Ringe bildet. Die Sporen sind deutlich warzig, 10 μ, gelblichbraun. Sehr merkwürdig ist das Verhalten der Seta. Bei *Cl. acutiloba* besteht sie nur aus 4 Zellreihen (Bau wie bei *Cephaloziella*); bei *Cl. Doellingeri* aber aus 13 (4 zentralen und 9 peripheren), mit collenchymatisch verdickten Zellecken, wie ich an guten Querschnitten durch die Seta feststellen konnte; ein Beobachtungsfehler ist vollkommen ausgeschlossen. So verschiedenes Verhalten im Bau der Seta bei zwei so außerordentlich nahe verwandten Formen ist gewiß höchst bemerkenswert, da es bisher schien, als ob der Bau der Seta ein innerhalb der Gattungen konstantes Merkmal sei. Es wäre möglich, daß hier der Bau der Seta sogar bei den Pflanzen desselben Rasens $\pm$ ungleich ist, jedoch konnte ich dies wegen der Spärlichkeit des Untersuchungsmateriales und der großen Schwierigkeit, gute Schnitte durch die Seta zu erlangen, nicht verfolgen.

Aus diesen Untersuchungen ergibt sich, daß das Sporogon bei *Clasmatocolea* bedeutend von dem der verwandten Gattungen abweicht und daß Angaben wie: „Capsula oblongo-globosa, caetera fere *Lophocoleae*" (S p r u c e, Hep. Amaz. p. 440) ganz belanglos und irreführend sind.

Genus **Lophocolea** D u m.

Bisher aus Brasilien bekannt:	Von S c h i f f n e r während der Expedition gesammelt:
	L. brasiliensis S c h f f n., n. spec.
	L. Evansii S c h f f n., n. spec.
L. Glaziovii S t e p h.	*L. Glaziovii* S t e p h.
L. hirta S t e p h.	*L. hirta* S t e p h.
	L. itatiayae S c h f f n., n. spec.
L. Liebmaniana G.	
L. Lindmannii S t e p h.	

Bisher aus Brasilien bekannt:

L. Martiana N e e s
L. montana S t e p h.
L. muricata N e e s
L. paraguayensis S p r.
L. pertusa T a y l.
L. platensis S t e p h.
L. Puiggarii S t e p h.
L. serratana S t e p h.
L. spectabilis S t e p h.

L. tenera Å n g s t r.
L. Uleana S t e p h.
L. Weinionis S t e p h.
L. Widgrenii S t e p h.

Von Schiffner während der Expedition gesammelt:
L. Lorentziana S t e p h.
L. Martiana N e e s

L. muricata N e e s
L. paraguayensis S p r.
L. pertusa T a y l.

L. Puiggarii S t e p h.
L. serratana S t e p h.

L. subcarnosa S c h f f n., n. spec.

L. Weinionis S t e p h.

Lophocolea brasiliensis S c h f f n., n. spec. — Taf. X/113—117.

Dioica. E majoribus, depresso-caespitosa, muscis consociata, pallide luteo-viridis. Caules 4—5 *cm* longi, ramosi, cum foliis usque ad 4 *mm* lati. Folia alterna, densa, rectangulariter a caule patentia explanata vel sursum conversa, dorso haud decurrentia, late trigona cum cuspidibus 1,6 *mm* (a basi sinuum 1,2 *mm*) longa, basi 1,4 *mm* lata, marginibus rectis, apice sinu profunde semilunari parum oblique biloba, lobis trigonis subito setaceo-cuspidatis, cuspide 4—5 cellulas longa. Cellulae apicales 30 μ, basales majores, marginales optime prominulae, parietibus parum incrassatis, trigonis subnullis. Amphigastria caule triplo latiora, uno latere vel utrinque anguste cum foliis basi connata, sinu lato profunde bifida, lobis apicalibus et lateralibus longissime ciliato-cuspidatis, accessoribus interpositis brevioribus 3—4. Inflorescentia ♀ in ramis brevioribus, haud innovata. Folia involucralia caulinis majora, e basi oblongo-ovata fere rectangularia, sinu profundo fere rectangulari biloba lobis divergentibus acute triangularibus subito ciliato-cuspidatis, cuspide 3 cellulas longa. Cellulae foliorum involucralium illis caulinorum majores. Amphigastrium involucrale liberum vel uno latere subconnatum, late ovatum, sinu acuto profundo ultra $^1/_3$ ad fere $^1/_2$ bifidum, lobis porrectis vel subdivergentibus anguste triangularibus, cuspidatis, marginibus lateralibus medio utrinque dente valido ornatis. Perianthia late alata, alis 2—3 spinosis, ore trilobata, dentibus duobus medianis porrectis maximis 0,6—0,8 *mm* longis anguste lanceolatis longe cuspidatis cuspide ad 5 cellulas longo, dentibus lateralibus utrinque 2—3 minoribus validis autem. Planta ♂ haud vidi.

Typus: S c h f f n. 277, Hb. W.

S ã o P a u l o : 1) Apud Sitio Bülow ad flumen Rio Branco prope Santos, ad muros vetustos muscis obtectos, ca. 20 *m* (277). 2) Prope cataractam Itú ad flumen Rio Branco prope Santos, ad lapides humidos, ca. 10 *m* (1984).

L. brasiliensis ist großen, hell gefärbten Formen der *L. Martiana* N e e s habituell ähnlich, gehört aber nicht in diesen Verwandtschaftskreis. Die mit ihr verwandten brasilianischen Arten unterscheiden sich wie folgt: 1) *L. Uleana* S t e p h. (Taf. X/118) kommt in der Größe am nächsten, ist aber derber, hat andere Blattform (bogige Ränder), kürzere Zilien, keine akzessorischen Zilien an den Amphigastrien (dadurch unterscheidet sie sich auch von allen anderen Arten), breitere Involucral-Amphigastrien mit seichter halbmondförmiger Bucht und kleinen, mehr vorn stehenden seitlichen Zilien, viel kürzere Zähne der Perianthmündung etc. 2) *L. Puiggarii* S t e p h. ist viel kleiner, hat seichteren Ausschnitt der Blätter und Involucralblätter, viel kleinere und vierzähnige Amphigastrien, kürzere Zähne des Perianths etc. 3) *L. Lorentziana* var. *deci-*

piens kommt ihr in den Details sehr nahe, besonders in der Form der Involucralblätter und in der Perianthmündung, ist aber erheblich kleiner, hat kleine, nur vierteilige Amphigastrien und das Amphigastrium involucrale ist schmäler, der Ausschnitt nur $^1/_5$, die Seitenzähne klein und im oberen Drittel des Randes, auch sind die Spitzen der Blattzähne kürzer. Die übrigen Arten kommen schon wegen der geringen Größe kaum in Betracht. Die Pflanze vom Fundort 2) ist ein wenig kleiner und weicht habituell durch die nicht wie bei der vom Fundort 1) ausgebreiteten, sondern aufgerichteten Blätter ab; ausnahmsweise kommen auch dreilappige Stengelblätter und solche mit einem Zahn am Ventralrand vor. Die Involucralblätter und Amphigastrien sind meist an den Rändern mit 2 bis mehreren groben Zähnen besetzt und öfters in anormaler Weise gibbös und grob wellig.

Var. **brevidens** S c h f f n., n. var. — Taf. X/117, a—d.

Major et robusta, ad 5 *cm* longa. Folia caulina multo latiora quam ramealia, omnia apice subrecte truncata vel sinu semilunari subexcisa, breviter bidentata, cuspide 2 (3) cellulas longo. Amphigastria minora quadridentata (dente accessorio unico raro praesente) in utroque latere in folia angusto limbo descendentia.

Typus: S c h f f n. 2440, Hb. W.

S ã o P a u l o : Prope Santos, una cum *L. brasiliensi* (2440).

Diese Pflanze weicht durch die angegebenen Merkmale erheblich ab und könnte vielleicht eine eigene Art repräsentieren, wenn auch Involucrum und Perianth Besonderheiten aufweisen würden; leider ist sie ganz steril.

Lophocolea pertusa T a y l. — Taf. X/119.

S ã o P a u l o : 1) In silvis prope Alto da Serra, ad terram, 900 *m* (170, 2439); ibidem ad saxa in rivulo, sed non submersa (174). 2) In monte Morro d'Oro prope Apiahy, ad terram, 1200—1400 *m* (942). 3) In silvaticis prope Cantareira haud procul ab urbe São Paulo, 800 *m* (719). — Ad confines R i o d e J a n e i r o — M i n a s G e r a ë s : 4) In partibus regionis silvaticae superioribus montis Itatiaya, ad truncos, 1400—2000 *m* (611).

Var. **grandis** S c h f f n., n. var. — Taf. X/120—121.

Differt a typo magnitudine majore. Ad 6 *cm* longa, robusta, fulva, caulis cum foliis ad 5 *mm* latus. Folia marginibus revoluta, amphigastria saepe a caule distantia. Dentes involucri et oris perianthii longiores et validiores. Cellulae circumcirca aequaliter subincrassatae, trigonis nullis.

Typus: S c h f f n. 2439, Hb. W.

S ã o P a u l o : 1) In silvis ad Brasso Grande in districtu urbis Itapecirica, ad arbores, ca. 1000 *m* (1298). 2) In silvis prope Alto da Serra, ad arbores supra folia mortua, 900 *m* (2439). — Ad confines R i o d e J a n e i r o — M i n a s G e r a ë s : 3) In silvaticis regionis inferioris montis Itatiaya prope Fazenda Monteserrate, 1000 *m* (601).

Das Exemplar aus dem Herb. T a y l o r in Herb. L i n d e n b e r g (n. 4297) von Rio de Janeiro muß als Orig. Ex. von T a y l o r betrachtet werden. Diese Pflanze ist absolut nicht verschieden von *L. Martiana*, Orig. Ex. im Herb. L i n d e n b e r g (n. 4092).

Lophocolea pertusa T a y l. ist wohl nur eine kurzblätterige Form von *L. Martiana* Nees; das Involucrum des Orig. Ex. wurde nicht untersucht. Die Pflanze von G l a z i o u ist autözisch und wohl sicher zu *L. Martiana* gehörig. Das Perianth hat sehr breite Flügel mit je 3—4 langen gekrümmten Zähnen

Bei *L. Martiana* und *L. pertusa* var. *grandis* kommt es nicht selten vor, daß innerhalb eines normalen Involucrums noch ein großes (den Involucralblättern mindestens gleichgroßes) reich gezähntes Blatt steht, welches ganz frei ist oder dem Perianth angewachsen sein kann. In der Form hält dieses Blatt etwa die Mitte zwischen einem Involucralblatt und einem Involucral-Amphigastrium.

L. pertusa scheint nur eine Modifikation der *L. Martiana* zu sein; der Name ist synonym mit *L. Martiana* (S. A r n.).

Lophocolea itatiayae S c h f f n., n. spec. — Taf. X/122.

Sterilis. Magna sed flaccidissima, pallida, siccate nigrescens, aliis muscis intermixta, formis maximis *Lophocoleae bidentatae* europaeis similis. Caules 5 *cm* et ultra longi, pauciramosi. Folia contigua alterna, valde oblique trigona, dorso longe decurrentia, basi latissima cauli affixa, 1 *mm* longa, basi 1,8 *mm* lata, margine dorsali subarcuato, ventrali magis arcuato a caule subrecte distante, apice sinu parvo valde obliquo excisa, dentibus valde inaequalibus breviter cuspidatis. Cellulae tenerae trigonis minimis, apicales 27 μ, mediae et basales 30 × 40 μ. Amphigastria valde distantia, caule plus duplo latiora, sinu lato profunde bifida, lobis angustis longe cuspidatis divergentibus flexuosis, margine utrinque uniciliatis, basi vix in folium proximum descendentia.

Typus: S c h f f n. 435, Hb. W.

Ad confines R i o d e J a n e i r o — M i n a s G e r a ë s : In rupestribus montis Itatiaya, inter caespites *Breuteliae, Plagiochilae* etc., 1300—2750 *m* (435).

Obwohl die Pflanze steril ist, wollte ich sie nicht unerwähnt lassen, weil sie durch ihre Größe, die sehr breiten Blätter und deren Form von allen anderen brasilianischen Arten aus der Verwandtschaft der *L. bidentata* (L.) D u m. auch steril leicht zu unterscheiden ist, und weil sie von späteren Erforschern des Itatiaya gewiß bei Achthaben auf die Begleitpflanzen leicht wiedergefunden wird.

Lophocolea Evansii S c h f f n., n. spec. — Taf. XI/123—124.

Monoica (vel pseudodioica). E majoribus, ad terram depressa caespitosa, siccate olivaceo-brunnea. Caules ad 5 *cm* longi, cum foliis ultra 3 *mm* lati. Folia explanata vel ascendentia a caule sub angulo recto distantia, subopposita, dorso haud connata, densa, lingulata, 1,4 *mm* longa, basi 1,2 *mm* lata, marginibus subrectis, apice rotundata, omnino integerrima, vel in aliis subrecte curta, denticulo brevi 1—2 cellulas longo unico vel duobus ad angulos instructa. Cellulae hexagonales parum incrassatae, ± 32 μ, basales ad 40 × 60 μ. Amphigastria caule latiora utrinque cum foliis adjacentibus latiuscule connata, utrinque unidentata, apice sinu lato rotundato bifida, laciniis longe cuspidatis porrectis. Flores ♀ in caule terminales, haud innovati (sed ramis paullum inferioribus saepe ad speciem in dichotomia positi). Folia involucralia caulinis submajora late ovato-trigona, ultra 2 *mm* longa, basin versus 1,8 *mm* lata, subundulata, margine dorsali valde arcuato integerrimo, ventrali 1—3-spinoso, apice inaequaliter biloba vel unico lobo tantum evoluto, lobis anguste trigonis acutis. Amphigastrium involucrale foliis fere aequimagnum, basi uno latere connatum vel omnino liberum, ovatum vel oblongo-ovatum ad 2 *mm* longum, apice sinu obtuso ad $1/_5$—$1/_6$ tantum incisum, lobis anguste trigonis breviter cuspidatis, marginibus utrinque 3-dentatis. Perianthia haud longe exserta triquetra angusto alata, alis integerrimis, ore profunde trilabiata, lobis apice bifidis, laciniis haud longis breviter cuspidatis margine varie sed parum dentatis (dentibus 1—3, vel imo hic illic nullo). — Androecia in caule vel ramis cauli aequalibus intercalaria, longe spicata; folia perigonialia caulinis minora, densa, apice semper fere bidentata (rarius unidentata vel rotundata), basi valde saccata, dente dorsali incurvo, monandria.

Typus: S c h f f n. 2194, Hb. W.

S ã o P a u l o : Ad terram lateriticam humidam prope urbem Itapetininga, ca. 550 *m* (2194).

Diese Pflanze gehört ganz sicher in die Verwandtschaftsgruppe der *L. Martiana* und dürfte innerhalb dieser der *L. paraguayensis* S p r. am nächsten kommen, der sie in der Blattform und den Amphigastrien ähnelt; sie unterscheidet sich aber von dieser sofort durch die viel größeren Zellen und die sehr häufig fehlenden Zähne der Blattspitze. Durch letzteres Merkmal ist sie von allen verwandten Arten mit unterseits breit verwachsenen Amphigastrien sofort zu unterscheiden; auch die Zähnung der Involucralblätter und der Perianthlippen ist spärlicher und kürzer als bei letzteren. Diese Art ist sicher monözisch, wie die anderen Verwandten, man muß aber oft sehr lange suchen, bis es gelingt, eine zweifellos monözische Pflanze zur Ansicht zu bekommen. Ich sah deren nur 3; eine derselben zeigte tief unten am Hauptsproß ein Andröceum und derselbe Sproß endete mit einer ♀ Infloreszenz (also eigentlich nicht im strengen Sinne autözisch).

Lophocolea subcarnosa S c h f f n., n. spec. — Taf. XI/125—126.

Dioica, parva, ad saxa terra obruta depresso-caespitosa, pallide viridis subcarnosa. Caules ad 8 *mm* longi, steriles dense foliosi foliis assurgentibus. Folia 0,7 *mm* longa, 0,5 *mm* lata, oblique ovato-trigona, marginibus arcuatis, ventralibus magis quam dorsalibus, dorso haud decurrentia, apice quadruplo angustiora quam basi, sinu obliquo valde inaequaliter bidentata, dentibus anguste triangularibus apiculo 2 (1) cellulas longo. Cellulae marginales interdum prominulae, ad 24 μ, basales 27 × 37 μ, trigonis conspicuis. Amphigastria a caule distantia subcontigua, superiora caule latiora, uno latere cum folio subconnata, ultra medium bifida lobis cuspidatis parum divergentibus, dente marginali praesente vel hic illic obsoleto. Flos ♀ in ramis abbreviatis saepe breviter innovatis et ramis iterum floriferis (planta fertilis igitur fere nodosa). Folia involucralia late ovata, ultra 1 *mm* longa, 0,9 *mm* lata, apice valde contracta sinu semicirculari parvo bidentata, dentibus ut in foliis caulinis marginibus integerrimis. Amphigastrium involucrale cum folio basi subconnatum late ovatum, magnum, apice ad $^1/_4$ sinu acutissimo incisum lobis triangulatis porrectis breviter cuspidatis, lateribus denticulo tenui erecto. Perianthium involucrum haud longe superans, triquetrum angulis alatis, ala interdum dente armata, ore trilabiatum, labiis grosse paucispinosis, apice bifidis laciniis anguste lanceolatis cuspidatis, cuspide ad 5 cellulas longa. Caetera desunt.

Typus: S c h f f n. 806, Hb. W.

S ã o P a u l o : 1) In itinere Cerqueira Cesar—Fazenda Bella Vista, in silvis primaevis ad arbores (1491). 2) In insula inter cataractas Salto Grande do Rio Paranapanema, ca. 500 *m* (2120). 3) Prope urbem Faxina, ad rupes arenae, ca. 650 *m*, S c h i f f n e r s. n. 4) Ad urbem São Paulo, in horto D^{ris} P u i g g a r i ad lateres (2249). — P a r a n á : 5) In ripa sinistra fluminis Paranapanema ad cataractas Salto Grande, 500 *m* (2103). — Ad confines R i o d e J a n e i r o — M i n a s G e r a ë s : 6) In sivaticis regionis inferioris montis Itatiaya, ad saxa granitica prope Fazenda Monteserrate, ca. 1000 *m* (806).

Im Habitus, Größe, Zellnetz etc. ist unsere Pflanze ganz ähnlich der *L. Lindmanii* S t e p h., letztere zeigt aber immer (besonders an kräftigeren Stengeln) ± zahlreiche Blätter mit breit abgerundeten Lappen, was von S t e p h a n i nicht erwähnt wird (sie gehört also zu den „Heterophyllae"); allerdings findet man auch schwächere Sprosse, wo alle Blätter spitzlappig sind und solche sind dann unserer Pflanze in der Tat zum Verwechseln ähnlich. Das Involucrum und Perianthium ist aber nach der Beschreibung S t e p h a n i s total anders. Leider habe ich an den beiden Orig. Ex. im Herb. S t e p h a n i keine fertile Pflanze auffinden können.

Lophocolea caldensis (Å n g s t r.) S t e p h.

Syn. *Chiloscyphus caldensis* Å n g s t r.

S ã o P a u l o : 1) In circuitu urbis Itapetininga, ad terram humidam, ca. 500 *m* (2182). 2) Yporanga (P u i g g a r i 828). — M i n a s G e r a ë s : 3) Caldas, ad flumen Ribeiro dos Burges (H j. M o s é n). — P a r a n á : In ripa sinistra fluminis Paranapanema ad cataractas Salto Grande, ad saxa, 500 *m* (2396).

Lophocolea Lindmannii S t e p h. — Taf. XI/127.

M a t o G r o s s o : 1) s. l. (C. A. M. L i n d m a n 2; 539, typus). — S ã o P a u l o : 2) Apud cataractas Salto dos Treis Ranjos prope urbem Cerqueira-Cesar, ad ligna putrida, ca. 500 *m* (676). 3) In silvaticis prope Barra Mansa in districtu urbis Itapecirica, ca. 1000 *m* (S c h i f f n e r s. n.). 4) Loco dicto „Os Engenhios" prope urbem Iguapé, 5 *m* (295). 5) Prope Fazenda Bella Vista in districtu urbis Sa. Cruz ad flumen Rio Pardo, ad arbores, ca. 500 *m* (219).

Die Pflanze gehört zu den „Heterophyllae", nicht zu den „Bidentes", wohin sie S t e p h a n i stellt.

Lophocolea serratana S t e p h.

S ã o P a u l o : In silvulis campestribus prope Fazenda Paranapanema apud Capão Bonito (1666).

Lophocolea Weinionis S t e p h.

S ã o P a u l o : In monte Jaraguá prope Taipas, 800—1050 *m* (441, 1541).

Lophocolea muricata Nees.

São Paulo: 1) In silvulis campestribus prope Fazenda Paranapanema apud Capão Bonito (1666, 1667). 2) In silvaticis prope Barra Mansa in districtu urbis Itapecirica, ad arbores, ca. 1000 m (350, 530, 1574, 1820, 1821, 1851). 3) Ad urbem São Paulo, ad arbores prope Hygienopolis, 800 m (339). 4) In silvaticis inter Apiahy et Yporanga, ad arbores, ca. 400—900 m (1211). 5) In silvis prope Alto da Serra, ad arbores, 900 m (1074). 6) Apiahy (Puiggari 1114). 7) Yporanga (Puiggari 826, sub nom. *Lophocoleae Liebmannianae* G. var. *brasiliensis*). 8) Prope São Bernardo haud procul ab urbe São Paulo, ad truncos putridos, 800 m (2358, 2374). 9) Ad flumen Rio Branco prope Santos, in silva ad arbores, ca. 20 m (1936).

Lophocolea hirta Steph.

São Paulo: 1) In silvis ad Brasso Grande in districtu urbis Itapecirica, ca. 1000 m (1402). 2) In silvaticis prope Barra Mansa in districtu urbis Itapecirica, ad arbores, ca. 1000 m (1797). 3) Prope Rio Grande ad „São Paulo Railway", in silva primigenia ad arbores, 800 m (1094).

Lophocolea hirta ist wahrscheinlich nur eine große Form der *L. muricata* (S. Arn.).

Lophocolea Martiana Nees. — Taf. XI/128—130.

Syn. *L. pertusa* Tayl.; *L. paraguayensis* Spr.

São Paulo: 1) In silvis ad Brasso Grande in districtu urbis Itapecirica, ca. 1000 m (1259, 1290, 1329, 1417, 1447, 1863, 1866, 1869). 2) In itinere S. Amaro—Barra Mansa in districtu urbis Itapicirica, in silvis ad Palmeira de Lourenzo, 800—900 m (1747). 3) In silvis prope Alto da Serra, ad truncos putridos; jam accedens ad *L. pertusam* (978); ibidem, ad truncos putridos (168, 1082, 1702); ibidem, ad terram (170). 4) In silvaticis prope Barra Mansa in districtu urbis Itapecirica, ca. 1000 m (363, 1573, 1819, 1851, 2045). 5) Prope Rio Grande ad „São Paulo Railway", ad arbores, 800 m (117, 424, 580, 709, 1093). 6) In silvulis campestribus prope Fazenda Paranapanema apud Capão Bonito, ad terram limosam (2438). 7) In silvis prope Apiahy, ad arbores, ca. 1100 m (2315). 8) Apiahy (Puiggari 231). 9) Prope São Bernardo haud procul ab urbe São Paulo, ad truncos putridos (2373). 10) Ad cataractas prope Itú ad flumen Rio Buturoba prope Santos, 10 m (Schiffner s. n.). 11) In monte Morro d'Oro prope Apiahy (319, 936). 12) Ad flumen Rio Branco prope Santos, in silva ad arbores (1937). 13) In vicinitate sanatorii Guarujá prope Santos, in silva ad arbores, 1—10 m (1122). 14) Circa Parnahyba ad flumen Tieté, ad terram argillosam, ca. 700 m (241). 15) Prope Yporanga in valle fluminis Rio Ribeira, ca. 130 m (80). 16) Prope Maranguá inter Santos et Conceição de Itanhaëm, ad arbores, 5—25 m (1354). 17) Prope Raiz da Serra, ad truncos putridos, 20—50 m (1721). 18) In silvaticis ad Rio Mambú in districtu urbis Conceição de Itanhaëm, ad arbores, ca. 100 m (1678). 19) In silvaticis Serra São João prope Santos (1994).

Die Pflanze vom Fundort 6) (Schiffner 2438) stellt eine Form mit stark gezähntem Involucrum dar, die auch an den Außenrändern des Amphigastriums und am Dorsalrand der Involucralblätter starke Zähne aufweist. Die Pflanze vom Fundort 9) (Schiffner 2373) erinnert im Habitus an *L. pertusa* var. *grandis*. Sie wird bis 12 cm lang. Die Blätter sind quer gestutzt, mit kurzen Zähnen (fast wie bei *L. paraguayensis* Spr.). Die Perianthien stehen meist an verkürzten Ästen.

Das Perianth des Orig. Ex., „misit Martius 1832" (Herb. Lindenberg n. 4092), zeigt 3 breite Flügel, jeder mit einem sehr großen, gekrümmten Zahn. Die Zähne der Perianthmündung sind erheblich länger als bei *L. pertusa*.

Lophocolea paraguayensis Spr. — Taf. XI/131—132.

São Paulo: In silvaticis inter Apiahy et Yporanga, ad arbores, ca. 400—900 m (1197, 1212).

Die meisten der vorliegenden Pflanzen sind Übergänge von *L. paraguayensis* gegen *L. Martiana*. Sie haben öfters etwas längere Blattspitzen und etwas breitere Blattbasen, auch sind die Zellen öfters etwas größer als gewöhnlich bei *L. paraguayensis*. Einige separierte Pflanzen entsprechen jedoch vollkommen dem Orig. Ex. von *L. paraguayensis*, mit dem sie sorgfältig verglichen wurden.

Lophocolea paraguayensis kann nur aufgefaßt werden als Modifikation der variablen *Lophocolea Martiana* N e e s. (S. A r n.).

Lophocolea Puiggarii S t e p h. — Taf. XI/133.

S ã o P a u l o : 1) Apiahy (P u i g g a r i 787; Orig. Ex.); (299, 1120). — Ad confines R i o d e J a n e i r o — M i n a s G e r a ë s : 2) In silvaticis regionis inferioris montis Itatiaya, ad arbores, 1000—1400 *m* (844).

Die Art ist holzbewohnend. Sie steht der *L. Glaziovii* sehr nahe, ist etwas größer, hat aber einen weniger tiefen Blattausschnitt. Ebenso sind die Hüll-Blätter und -Unterblätter weniger tief ausgeschnitten. Perianth ohne Innovationen. Das Zellnetz ist bei beiden Arten ziemlich gleich. *L. coadunata* (S w.) N e e s steht auch sehr nahe, hat aber etwas andere Blattform und kürzere Zilienspitzen an den Laub- und Hüllblättern. *L. serratana* wäre auch zu vergleichen.

Lophocolea Glaziovii S t e p h.

S ã o P a u l o : 1) Apud cataractas Salto dos Treis Ranjos prope urbem Cerqueira-Cesar, ad ligna putrida, ca. 500 *m* (S c h i f f n e r s. n.). 2) In silvaticis prope Barra Mansa in districtu urbis Itapecirica, ca. 1000 *m* (S c h i f f n e r s. n.).

Unsere Pflanze von Barra Mansa ist viel besser entwickelt als die Original-Pflanze im Herb. S t e p h a n i ; sie ist etwas größer, und die Involucralblätter sind aus etwas breiterer Basis nicht selten dreiteilig (bisweilen sogar vierteilig) und zeigen manchmal am Rande einen kleinen zilienartigen Zahn. Zu *L. Puiggarii* gehört diese Pflanze keinesfalls, schon wegen der Blattform und der tiefen Ausschnitte der Laub- und Involucralblätter. Die Perianthien sind sehr schön entwickelt; die ♂Pflanze zeigt an fast allen Sprossen interkalare bis 15paarige Andröcien.

Die Pflanze hat einen stark aromatischen Geruch (S. A r n.).

Lophocolea Lorentziana S t e p h. — Taf. XI/134 und XII/135.

S ã o P a u l o : 1) Loco dicto „Os Engenhios" prope urbem Iguapé, ad terram humidam, 5 *m* (S c h i f f n e r s. n.). 2) Apud cataractas Salto dos Treis Ranjos prope urbem Cerqueira-Cesar, ca. 500 *m* (674).

Var. **decipiens** S c h f f n., n. var.

Differt a forma typica foliis caulium debiliorum angustioribus, ciliis lateralibus amphigastriorum longioribus, dentibus oris perianthii multo longioribus.

Typus: S c h f f n. 674, Hb. W.

S ã o P a u l o : 1) Prope Fazenda Bella Vista in districtu urbis Sa. Cruz ad flumen Rio Pardo, ca. 500 *m* (213). 2) Apud cataractas Salto dos Treis Ranjos prope urbem Cerqueira-Cesar, ad saxa humida, ca. 500 *m* (674).

Letztere Pflanze ist sicher identisch mit der holzbewohnenden von Fazenda Bella Vista (213).

Vom Orig. Ex. der *L. Lorentziana* weichen beide ab durch längere Zilien und Blätter, die an schwachen Sprossen schmäler sind, und viel längere Zähne der Perianthmündung. Dadurch nähern sie sich etwas der *L. Glaziovii*, die aber viel kleiner ist und auch schon habituell sehr abweicht. Es ist sehr wahrscheinlich, daß *L. Lorentziana* nicht nur mit *L. Puiggarii*, sondern auch mit *L. Glaziovii* genetisch zusammenhängt. Vom selben Standorte habe ich übrigens typische *L. Glaziovii* und eine rindenbewohnende Form von *L. Lorentziana*, die vom Orig. Ex. absolut nicht verschieden ist.

L. Uleana ist kräftiger, mit größeren, derberen Zellen; *L. Glaziovii* ist viel kleiner, mit etwas größeren Zellen.

L. Lorentziana ist wahrscheinlich identisch mit *L. tenera* Ångstr.; dies wäre der ältere Name (S. Arn.).

Lophocolea spectabilis Steph. — Taf. XII/136.

Ad confines Rio de Janeiro—Minas Geraës: Serra do Itatiaya, in terra silvosa, 2100 m (P. Dusén 607).

Weibliche Infloreszenz terminal an Hauptsprossen ohne Innovation. Das Involucrum ist von der Seite her zusammengedrückt. Die Art war bisher nur steril bekannt, ich fand jedoch beim Orig. Ex. im Herb. Stephani weibliche und männliche Pflanzen. Die Art ist diözisch. Die Andröcien sind interkalar, denen von *Mylia Taylori* (Hook.) Gray äußerst ähnlich. Die männlichen Hüllblätter sind etwas kleiner als die sterilen Blätter, auch ausgebreitet, an der Basis stark gesackt, fast kugelförmig, mit eingerolltem Dorsallappchen.

Genus **Chiloscyphus** Corda.

Chiloscyphus amphibolius Nees.

São Paulo: In circuitu urbis Itapetininga, ad terram humidam argillosam (lateriticam), ca. 550 m, una cum *Lophocolea Evansii* Schffn. (2193).

Die Pflanze hat gewöhnlich kürzere und breitere Blätter als das Orig. Ex. aus dem Diamanten-Distrikt (leg. Martius), stimmt aber sonst sehr gut überein. Nur einmal fand ich ein Andröceum der Spitze des Hauptstengels genähert und schon deshalb kann die Pflanze nicht zu *Heteroscyphus* gehören; auch Stephani beschreibt Spec. Hep. III, p. 229, die Andröcien „in caule ramisque mediana longe spicata" etc. Bei meinem Exemplar haben die Perigonialblätter eine sackförmige Basis und einen ziemlich großen dorsalen Lobulus, der gerundet ist und einen breiten, meist nach innen gekrümmten Zahn trägt. Die Untersuchung des Orig. Ex. im Herb. Lindenberg n. 4345 (ebenso Orig. Ex. sind auch n. 4344 und n. 4346, sie sind aber völlig steril) zeigte genau dasselbe, indem ich auch hier ein interkalares ganz gleich gebautes Andröceum fand. — Unsere Pflanze von Itapetininga hat kürzere und breitere Blätter, stimmt aber sonst mit dem Orig. Ex. vollkommen überein. Charakteristisch sind für diese Spezies u. a. die rotbraun gefärbten Rhizoiden. Schon Stephani hat ganz richtig erkannt, daß die mexikanischen, von Gottsche (Mex. Leb. p. 210) als var. *major* zu *Chil. amphibolius* gestellten Pflanzen nicht hierher gehören; er nennt sie *Ch. Liebmannii*. Diese Pflanzen habe ich im Original gesehen, sie gehören sicher zu *Heteroscyphus* wegen der kleinen ♂ Ästchen, sind also als *Heteroscyphus Liebmanni* (Steph.) Schffn. zu bezeichnen.

Chiloscyphus Schiffnerii S. Arn., n. spec.

Chiloscypho polyblephari Spr. similis, a quo differt in cellulis foliorum majoribus (apicales 40 × 40 ad 36 × 60 μ, mediales 30 × 40 ad 50 × 50 μ), cuticula aspera, trigonis magnis.

Typus: Schffn. 1314, Hb. W. (S. Arn.).

São Paulo: 1) In silvis ad Brasso Grande in districtu urbis Itapecirica, ad arbores, ca. 1000 m (1314). 2) Prope Raiz da Serra, 20—50 m (1720) (S. Arn.).

Chiloscyphus Douinii (Schffn. mscr. sub *Heteroscypho*) S. Arn., n. comb. — Taf. XII/137—138.

Dioicus. Ad 5 cm longus, vix caespitosus, pallide brunnescens, parce radicans. Caulis cum foliis explanatis ad 4 mm latus. Folia explanata vel assurgentia, dorso per paria connata ovato-trigona, basi latissima, ad 1,8 mm longa, basi 1,4 mm lata, apice longe 2—3 ciliata, margine ventrali ciliis 2—3 ornata. Amphigastria caule plus triplo latiora cum foliis late connata, late ovata vel aequilata margine 8—10 ciliata, ciliis duobus apicalibus porrectis caeteris longioribus. Cellulae hexagonae 35 μ, minoribus intermixtis, lumine substellato, trigonis maximis nodosis; cellulae basales haud majores; ciliae ad 0,2 mm longae e cellulis 6—7 elongatis. Rami ♀ breves. Folia et amphigastria involucralia aequimagna ovata, apice ad $^1/_4$—$^1/_3$ bifida, lobis et marginibus dense spinosis, spinis saepe bifidis. Perianthium valde juvenile tantum visum, ore dense longissime pinnatifido-spinosum. Rami ♂ brevissimi spiciformes; folia perigonialia semigloboso-cava monandria, margine spinoso-dentata, spinis duobus apicalibus multo majoribus.

Typus: S c h f f n. 763, Hb. W.

S ã o P a u l o : In silvulis campestribus apud Campo Grande ad „São Paulo Railway", ad truncos arborum, 700 m, una cum *Riccardia devexa, Herberta*, inter muscos (763, 777).

Die hier aufgestellte neue Art wurde von S c h i f f n e r im Manuskript unter der Gattung *Heteroscyphus* beschrieben (S. A r n.).

Für Brasilien wird noch *Chiloscyphus combinatus* N e e s angegeben. Der ebenfalls für dieses Gebiet angegebene *Ch. bidentulus* N e e s ist einzuziehen. Das Orig. Ex. im Herb. L i n d e n b e r g n. 4372, welches ich untersucht habe, besteht aus einem sterilen und einem fertilen Stengelfragmente (c. per.), die beide zu *Lophocolea Martiana* N e e s gehören.

Genus **Heteroscyphus** S c h f f n.

Heteroscyphus miradorensis (S t e p h.) S c h f f n.

Syn. *Chiloscyphus miradorensis* S t e p h. Spec. Hep. III, p. 232.

S ã o P a u l o : Prope Raiz da Serra, ad truncos putridos, ca. 20—50 m, c. per. et andr. (1722).

Ich habe unsere Pflanze mit dem Orig. Ex. von Mirador in Mexiko leg. L i e b m a n n verglichen und beide Pflanzen vollkommen übereinstimmend gefunden. — *Ch. polyblepharis* var. *speciosa* S p r., Hep. Amaz. p. 442, gehört nach dem Orig. Ex. auch zu *H. miradorensis* (siehe unter Bem. zu *H. polyblepharis*).

Heteroscyphus polyblepharis (S p r.) S c h f f n.

Syn. *Chiloscyphus polyblepharis* S p r u c e, Hep. Amaz. p. 442.

Diese Art ist mit der sehr distinkten Art, die ich meinem sehr geschätzten Freunde, dem ausgezeichneten Hepaticologen Prof. Dr. I s i d o r D o u i n gewidmet habe (*Chiloscyphus Douinii* [S c h f f n. mscr. sub *Heteroscypho*] S. A r n.), noch am nächsten verwandt, ist aber autözisch, kleiner und zarter, die Zellen sind in den Ecken schwach verdickt. *Ch. miradorensis* S t e p h. ist ebenfalls autözisch, etwas größer, blaß grünlich, die Amphigastrien sind viel breiter als lang und etwas anders in der Form. S t e p h a n i meint (Spec. Hep. III, p. 232), daß die von S p r u c e l. c. von *Ch. polyblepharis* unterschiedene var. *speciosus* die normale Pflanze sei und die von S p r u c e als Typus beschriebene von Antombos eine etiolierte Form. Das ist sicher unrichtig. Ich habe beide untersucht und finde die Form von Antombos fruchtend und ohne Zeichen von Etiolement; die var. *speciosus* gehört überhaupt nicht dazu, sondern zu *Heteroscyphus miradorensis* (S t e p h.) S c h f f n.

Genus **Saccogyna** D u m.

Es sind aus Brasilien zwei Arten beschrieben (S t e p h a n i, Spec. Hep. III, p. 266, 267): *S. scaberula* (S p r.) S t e p h. (Syn. *Chiloscyphus scaberulus* S p r., Hepaticae novae americanae tropicae in Bull. Soc. bot. de France 1889, p. CC) und *S. ligulata* S t e p h. Nach den Beschreibungen würde man meinen, daß die beiden Arten gut unterschieden seien durch Größe, Blattform etc. (die Angabe von S t e p h a n i l. c. für *S. ligulata:* „Folia caulina ad 6 mm longa" beruht augenscheinlich auf einem Druckfehler, ich sah an den 6 Orig. Ex. im Herb. S t e p h a n i und an meinen Exemplaren nie über 2 mm lange Blätter). Die Orig. Ex. zeigen aber, daß bei beiden Arten große und kleinere Pflanzen, Sprosse mit größeren und mit viel kleineren Blättern vorkommen; wenn man von annähernd gleich starken Sprossen die Blätter abtrennt, ausbreitet und mit dem Prisma zeichnet, so ergibt sich kaum ein Unterschied. Der sorgfältigste Vergleich hat mir als einzige Unterschiede folgende ergeben: 1) Bei *S. scaberula* nehmen die Zellen gegen den Blattrand weniger an Größe ab, sind also daselbst nur etwas kleiner, aber schon wenige Reihen weiter einwärts sind sie bei beiden in Größe und Wandverdickung ganz gleich. 2) Bei *S. scaberula* sind die Papillen der Cuticula größer und länger (bis doppelt so hoch wie breit), so daß die Blattränder und Flächen fast fein igelstachelig erscheinen.

Ich habe meine Materialien nach diesen Merkmalen, so gut es ging, in zwei „Arten" gesondert. Man würde aber gewiß keinen Mißgriff begehen durch Vereinigung beider als *S. scaberula* (Spr.) Steph. emend. Schließlich sei noch darauf hingewiesen, was bisher unerwähnt geblieben ist, daß die Blätter beider „Arten" eigentlich zweispitzig sind; die beiden winzigen Spitzchen sind aber nur bei starker Vergrößerung wahrnehmbar und bestehen aus 1—3 auffallend kleinen Zellen mit ganz glatter Cuticula.

Saccogyna scaberula (Spr.) Steph. — Taf. XII/139, a—c.

São Paulo: 1) Prope Raiz da Serra, ad arbores, 20—50 m (1713). 2) In silva primigenia prope Alto da Serra, ad truncos putridos, ca. 900 m (1074). 3) Ibidem, forma amphigastriis maximis (1013). 4) Ibidem, forma foliis plerumque brevibus emarginatis bilobis (183).

Saccogyna ligulata Steph. — Taf. XII/139, d—g.

São Paulo: 1) In silvis ad Brasso Grande in districtu urbis Itapecirica, ad truncos arborum, una cum *Leucobryo, Pallavicinia* etc., ca 1000 m (1315, 1319, 1431). 2) In monte Morro d'Oro prope Apiahy, ad terram humosam inter *Leucobryum, Campylopus* etc., 1200—1400 m (939). 3) Prope Apiahy (Puiggari 266, 867).

Puiggari n. 266 ist das Orig. Ex. von *S. ligulata* (ein gleiches im Herb. Stephani), von Gottsche war es als *Saccogyna viticulosa* bestimmt; Puiggari n. 867 war von Gottsche als *Plagiochila grandistipula* bezeichnet worden.

Genus **Zoopsis** Hook. & Tayl.

Zoopsis integrifolia (Spr.) Steph.

São Paulo: In silvis ad Brasso Grande in districtu urbis Itapecirica, ad truncos putridos, ca. 1000 m (1296).

Einige der ältesten Blätter sind zweilappig und haben ungefähr die Gestalt der Blätter von *Cephalozia connivens* (Dicks.) S. O. Lindb. Amphigastrien sind häufig nicht feststellbar. Möglicherweise stellt die brasilianische Pflanze eine Varietät der *Z. integrifolia* dar; gut entwickelte Blätter junger Sprosse haben jedoch die typische Gestalt (S. Arn.).

Genus **Cephaloziella** (Spr.) Steph.

Cephaloziella brasiliensis S. Arn., n. spec. — Taf. XII/140.

Dioica, pusilla, pallide brunnea apicibus purpurascentibus. Caulis pauciramosus. Folia approximata usque remota, in plano rotunda, ad $^2/_3$ acute biloba, lobis ovato-triangularibus, margine ± crenato. Cellulae 10 × 16 μ, parietibus validis, cuticula papillosa. Amphigastria parva. Perianthia obovato-oblonga, ore truncato leviter crenulato. Folia floralia caulinis majora, profunde biloba, lobis integris usque crenulatis. Androecia majuscula, bracteis foliis caulinis majoribus.

Typus: Sch ff n. 2332, Hb. W. (S. Arn.).

Ad confines Rio de Janeiro—Minas Geraës: In rupestribus montis Itatiaya, 2750 m, una cum *Anastrophyllo leucostomo* (Tayl.) Steph. (2332).

Diözisch, klein, bis 8 mm lang, blaßbraun, an den Enden häufig purpurrot. Stengel spärlich verzweigt, 60—65 μ dick; Rindenzellen rechteckig, 10—14 × 10—20 μ, mit dicken, gelblichbraunen Wänden. Blätter bis

0,12 mm lang und breit, genähert bis entfernt stehend, aufrecht-abstehend, zu ²/₃ in zwei dreieckige Lappen geteilt, diese an der Basis 4—6 Zellen breit, an den Rändern krenuliert bis schwach gezähnt, am Scheitel spitz, mit stumpfer Bucht. Zellen ca. 10 × 16 μ, mit ziemlich dicken blaßbraunen Wänden, fehlenden oder undeutlichen Eckenverdickungen, papillöser Cuticula. Amphigastrien klein, ungeteilt oder zweilappig. Andröcien lang, interkalar oder apikal; Hüllblätter imbrikat, etwas breiter als die Laubblätter. Weibliche Hüllblätter breiter als die Laubblätter, mit dreieckigen, ganzrandigen oder krenulierten Lappen. Perianth verkehrt eiförmig bis länglich, mit weiter, am Rand krenulierter Mündung; Randzellen ca. 10 × 30 μ, hyalin. Sporen braun, fein papillös, 10 μ im Durchmesser. Elateren 6 μ breit. Brutkörper nicht beobachtet (S. Arn.).

Genus **Cephalozia** Dum.

Cephalozia asperrima Steph.
Syn. *Cephalozia Puiggari* G. mscr.
São Paulo: 1) In silvaticis prope Cantareira haud procul ab urbe São Paulo, ad terram argillosam, 800 m (1179). 2) Prope Rio Grande ad „São Paulo Railway", 800 m (81, 428, 948). 3) Circa Paranahyba ad flumen Tieté, ad terram argillosam, ca. 700 m; fo. foliis valde concavis (783). 4) In monte Morro d'Oro prope Apiahy, ad terram, 1200—1400 m (Schiffner s. n.). 5) Apiahy (Puiggari 100, 242).

Cephalozia fortificata Spr.
São Paulo: 1) Prope Rio Grande ad „São Paulo Railway", ad arbores, ca. 800 m; una cum *Telaranea sejuncta* (Ångstr.), S. Arn. (591). 2) Apiahy (Puiggari 94).

Genus **Alobiella** Spr.

Alobiella bifida Steph.
São Paulo: In silvis prope Alto da Serra, ad terram rubram, 900 m (177).

Genus **Odontoschisma** Dum.

Odontoschisma atropurpureum Steph.
São Paulo: In monte Jaraguá prope Taipas, ad terram, 800—1050 m (1020).
Hat reichlich ventrale Flagellen und dreireihig beblätterte Keimkörnersprosse mit laziniat gezähnten Blättern und Amphigastrien. Cuticula glatt. Steril.

Odontoschisma caracanum Steph.
São Paulo: In silvis prope Alto da Serra ad truncos, 900 m (1613).
Ist von der Pflanze vom Jaraguá verschieden durch gelbbraune, nicht rote Färbung. Blätter länger, durch den schmal eingebogenen Rand hohl. Zellen viel kleiner. Keimkörnersprosse sehr verlängert.

Odontoschisma Glaziovii Steph.
São Paulo: In silvis ad Brasso Grande in districtu urbis Itapecirica, ad truncus putridos, ca. 1000 m (1288).

Genus **Calypogeia** Rad.

Calypogeia abnormis Ångstr.
São Paulo: 1) In silvaticis prope Barra Mansa in districtu urbis Itapecirica, ad terram, ca. 1000 m (2060). 2) In circuitu urbis Itapetininga, ca. 550 m (268).

Calypogeia cellulosa (S p r e n g.) S t e p h.

S ã o P a u l o : In silvis prope Alto da Serra, ad arbores, ca. 900 m (406).

Calypogeia heterophylla S t e p h.

S ã o P a u l o : 1) Prope Rio Grande ad „São Paulo Railway", ad terram silvaticam, 800 m (880). 2) In silvis ad Brasso Grande in districtu urbis Itapecirica, ad truncos putridos (1296, 1905). 3) In silvis prope Alto da Serra, ad arbores, 900 m (189, 406, 983, 1618). 4) In monte Morro d'Oro prope Apiahy, 1200—1400 m (S c h i f f n e r s. n.). 5) Apiahy (P u i g g a r i 766).

Genus **Bazzania** S. F. Gray.

Bearbeitet von M. F u l f o r d
University of Cincinnati, Cincinnati, Ohio.

Subgenus **Bidentatae**.

Bazzania phyllobola S p r.

S ã o P a u l o : 1) Prope Alto da Serra, in silvis ad arbores, 900 m (1063 p. p.). 2) Bertioga, prope Santos, mangrove, 5—25 m (886 ♀, 1056 p. p.). 3) Prope Rio Grande, in silva primigenia, ad arbores, 800 m (1096).

Bazzania roraimensis (S t e p h.) F u l f o r d.

S ã o P a u l o : Prope Taipas, in monte Jaraguá, ad saxa, 800—1050 m (1021).

Subgenus **Tridentatae**.

Section **Grandistipulae**.

Bazzania arcuata (L i n d n b g. et G.) T r e v i s.

S ã o P a u l o : 1) Prope Alto da Serra, in silvis ad arbores, 900 m (1610). 2) Prope Barra Mansa, in silvaticis ad arbores, ca. 1000 m (1582). 3) Prope Rio Grande, in silva primigenia ad arbores, 800 m (1095).

Bazzania aurescens S p r.

S ã o P a u l o : 1) Prope Alto da Serra, in silvis ad arbores, 900 m (1063). 2) Bertioga prope Santos, Rio Fazenda, ad arbores, 5—25 m (1056). 3) Prope Campo Grande, in silvulis campestribus, ad truncos, ca. 700 m (459).

Die Pflanzen der ersten erwähnten Aufsammlung sind typisch für die Art und gleichen denjenigen der originalen Aufsammlung aus Peru; die Pflanzen der anderen Aufsammlungen variieren und sind nicht charakteristisch.

Bazzania Breuteliana (L i n d n b g. et G.) T r e v i s.

S ã o P a u l o : 1) Prope Alto da Serra, in silvis ad arbores, 900 m (1064). 2) In silvis ad Brasso Grande in districtu urbis Itapecirica, ad arbores, ca. 1000 m (1313, 1547).

Bazzania chimborazensis S p r.

S ã o P a u l o : In silvis ad Brasso Grande in districtu urbis Itapecirica, ad arbores, ca. 1000 m (1320).

Bazzania Glaziovii (G.) F u l f o r d.

S ã o P a u l o : 1) Prope Apiahy, in silvis ad arbores, ca. 1100 m (2319). 2) Prope Raiz da Serra, 20—50 m; Material dürftig, wahrscheinlich zu dieser Art gehörig (930).

Bazzania jamaicensis (L e h m. et L i n d n b g.) T r e v i s.

Ad confines R i o d e J a n e i r o — M i n a s G e r a ë s : 1) In silvaticis regionis inferioris montis Itatiaya, ad arbores, 1000—1400 m (815). — S ã o P a u l o : 2) Prope Apiahy, in silvis ad arbores, ca. 1100 m (2328).

Bazzania longistipula (Lindnbg.) Trevis.

Ad confines Rio de Janeiro—Minas Geraës: 1) In rupestribus montis Itatiaya, 1300—2750 m (2275). — São Paulo: 2) Prope Alto da Serra, in silvis, 900 m, ♀ (1691). 3) Bertioga prope Santos, ad arbores, 5—25 m (1886). 4) Prope Barra Mansa, in silvaticis ad arbores, ca. 1000 m (502, 1565, 1873 [dürftig]). 5) Prope Campo Grande, in silvulis campestribus, ad truncos, ca. 700 m (458, 460, 461, 462, 463 p. p., 466 ♀ p. p., 468, 469, 470, 479 b, 479 c).

Die Pflanzen dieser Aufsammlungen zeigen dasselbe hohe Maß an Variabilität, wie dies für die Art auch von anderen Lokalitäten charakteristisch ist.

Bazzania stolonifera (Sw.) Trevis.

São Paulo: 1) Prope Alto da Serra, ad arbores, 900 m (1083). 2) Prope Barra Mansa, in silvaticis ad arbores, ca. 1000 m (357, 358, 498, 506, 507, 1808, 1847*, 2062*). 3) In silvis ad Brasso Grande in districtu urbis Itapecirica, ad arbores, ca. 1000 m (1264, 1317, 1405, 1547 p. p.). 4) Prope Campo Grande, in silvulis campestribus, ad truncos, ca. 700 m (463, 466, 467, 479 a p. p., 479 b p. p.). 5) Prope Raiz da Serra, 20—50 m (1715). 6) Prope Rio Grande, ad arbores, 800 m (798*).

Die Pflanzen der mit * bezeichneten Sammler-Nummern haben schmal hyalin gesäumte Unterblätter.

Bazzania taleana (G.) Fulford.

São Paulo: Prope Rio Grande, 800 m (684).

Section **Appendiculatae**.

Bazzania falcata (Lindnbg.) Trevis (vide p. 77).

São Paulo: 1) Prope Alto da Serra, in silvis ad arbores, 900 m (1063 p. p.). 2) Prope Campo Grande, in silvulis campestribus, ad truncos, ca. 700 m (464, 465 ♀, 479 a).

Bazzania Schlimiana (G.) Fulford.

Ad confines Rio de Janeiro—Minas Geraës: In partibus regionis silvaticae superioribus montis Itatiaya, ad arbores, 1400—2000 m (623).

Bazzania teretiuscula (Lindnbg. et G.) Trevis.

Ad confines Rio de Janeiro — Minas Geraës: 1) In silvaticis regionis inferioris montis Itatiaya, ad arbores, 1000—1400 m (836). — São Paulo: 2) Prope Alto da Serra, ad arbores, 900 m (1706). 3) In silvis ad Brasso Grande in districtu urbis Itapecirica, ca. 1000 m (1264 p. p.). 4) Ad flumen Rio Branco prope Santos, in silva ad arbores, ca. 20 m (1939 p. p., 1953).

Section **Vittatae**.

Die beiden folgenden Arten sind einander in vieler Hinsicht ähnlich und bilden einen Komplex, der einen hohen Grad von Variabilität in den Blättern und Unterblättern aufweist. Typische Formen sind eindeutig unterscheidbar; es kommen aber Zwischenformen vor, die man zu jeder der beiden Arten stellen könnte. Dr. Schiffners Aufsammlung enthält den größeren Teil des bekannten Materials, und das Studium desselben war für meine Auffassung der beiden Arten von großer Bedeutung. Wenn auch oftmals beide Arten in derselben Kapsel vorliegen, glaube ich doch, daß es sich hier um zwei getrennt zu haltende Taxa handelt.

Bazzania convexa (Thunb.) Trevis (vide p. 77).

São Paulo: 1) Prope Barra Mansa, in silvaticis ad arbores, ca. 1000 m (536, 1801, 1817, 1850, 2055). 2) In silvis ad Brasso Grande in districtu urbis Itapecirica, ad arbores, ca. 1000 m (1429, 1430). 3) Ad flumen Rio Branco, prope Santos, ad arbores, ca. 20 m (1956). 4) Prope Rio Grande, ad arbores, 800 m (577, 707).

Bazzania heterostipa (S t e p h.) F u l f o r d.

S ã o P a u l o : 1) Prope Barra Mansa, in silvaticis ad arbores, ca. 1000 *m* (495, 536 p. p., 1817, 1874). 2) Bertioga prope Santos, 5—25 *m* (105). 3) Prope Alto da Serra, in silvis ad arbores, 900 *m* (181, 1690). 4) In silvis ad Brasso Grande in districtu urbis Itapecirica, ad arbores, ca. 1000 *m* (1264 p. p., 1294, 1309, 1429 p. p., 1546, 1549, 1557). 5) Ad flumen Rio Branco, prope Santos, in silva ad arbores, 800 *m* (707 p. p.).

Die nachfolgend angeführten *Bazzania*-Arten wurden von S i g f r i d A r n e l l bearbeitet.

Bazzania Stephanii (J a c k) F u l f o r d.

S ã o P a u l o : 1) Prope Rio Grande ad „São Paulo Railway", in silva ad arbores, ca. 800 *m* (421, 422, 572). 2) Ad flumen Rio Branco prope Santos, in silva ad arbores, ca. 20 *m* (1938). 3) Apiahy (P u i g g a r i 766 p. p.).

Bazzania falcata (L i n d n b g.) T r e v i s (vide p. 76).

S ã o P a u l o : Prope Campo Grande ad „São Paulo Railway", in silvulis campestribus ad truncos, ca. 700 *m* (777).

Bazzania convexa (T h u n b.) M i t t. (vide p. 76).

S ã o P a u l o : In silvis ad Brasso Grande in districtu urbis Itapecirica, ad truncos putridos, ca. 1000 *m* (1868 p. p.).

Bazzania latidens (G.) F u l f o r d.

S ã o P a u l o : Prope Campo Grande ad „São Paulo Railway", in silvulis campestribus ad truncos, ca. 700 *m* (777).

Bazzania quadricrenata (G.) P a g á n

S ã o P a u l o : Prope Campo Grande ad „São Paulo Railway", in silvulis campestribus ad truncos, ca. 700 *m* (777).

Bazzania gracilis (G. et H p e.) S t e p h.

S ã o P a u l o : In silvis ad Brasso Grande in districtu urbis I t a p e c i r i c a, ad arbores, ca. 1000 *m* (1269).

Genus **Lepidozia** D u m.

Lepidozia cupressina (S w.) L i n d n b g.

S ã o P a u l o : 1) In silvis ad Brasso Grande in districtu urbis Itapecirica, ad arbores, ca. 1000 *m* (1426). — Ad confines M i n a s G e r a ë s — S ã o P a u l o : 2) In circuitu urbis Franca (M. W a c k e t 1510).

Lepidozia inaequalis L e h m. et L i n d n b g.

S ã o P a u l o : 1) In silvis ad Brasso Grande in districtu urbis Itapecirica, ad arbores, ca. 1000 *m* (1273), 1291, 1324, 1343, 1426 p. p.). 2) Prope Rio Grande ad „São Paulo Railway", ad arbores, 800 *m* (687, 1091). 3) In silvis prope Alto da Serra, ad arbores, 900 *m* (1703). 4) In silvaticis prope Barra Mansa in districtu urbis Itapecirica, ad arbores, ca. 1000 *m* (504). 5) In silvis prope Apiahy, ad arbores, ca. 1100 *m* (2318). — Ad confines R i o d e J a n e i r o — M i n a s G e r a ë s : 6) In silvaticis regionis inferioris montis Itatiaya, ad arbores, 1000—1400 *m* (820).

Lepidozia plumaeformis S p r.

S ã o P a u l o : 1) Prope Raiz da Serra, 20—50 *m* (1728). 2) In silvis ad Brasso Grande in districtu urbis Itapecirica, ad arbores, ca. 1000 *m* (1273).

Lepidozia verrucosa S t e p h.

S ã o P a u l o : 1) Prope Campo Grande ad „São Paulo Railway", in silvulis campestribus ad truncos, ca. 700 *m* (456, 762, 862). 2) In silvis litoreis prope Conceição de Itanhaëm, ad terram. 5—50 *m* (761).

3) Prope Raiz da Serra, ad truncos filicum caulescentium in montibus supra Raiz, 800 m (Eiffe 710). 4) Raiz da Serra (99). 5) In monte Jaraguá prope Taipas, ad terram, 800—1050 m (1015, 1540, 1811). 6) Bertioga prope Santos, apud ostium fluminis Rio da Fazenda, ad truncos putridos, 5—25 m (1057, 2277). 7) In silvis ad Brasso Grande in districtu urbis Itapecirica, ad truncos putridos, ca. 1000 m (1292). 8) In circuitu urbis Itapetininga, ad terram, ca. 550 m (2185). 9) Prope urbem Faxina, ad rupes arenae, ca. 650 m (1365, 1389). 10) In insula Ilha Comprida prope urbem Iguapé, 5—10 m (524, 568). 11) Apiahy (Puiggari 285).

Genus **Telaranea** Spr.

Telaranea fusifera (Spr.) Schffn., n. comb.

Syn. *Lepidozia fusifera* Spr., Hep. Amaz. et And., p. 364.

São Paulo: In silvis prope Alto da Serra, ad terram humidam, 900 m (408).

Telaranea sejuncta (Ångstr.) S. Arn.

Syn. *Telaranea nematodes* (Aust.) Howe; *Blepharostoma sejuncta* Ångstr. Vet. Ak. 1876, no. 7.

São Paulo: 1) In silvaticis prope Barra Mansa in districtu urbis Itapecirica, ad truncos putridos, ca. 1000 m (1798 c. fr., 1818, 1852). 2) Prope Rio Grande ad „São Paulo Railway", ad truncos putridos in silva primigenia, 800 m (422, 581, 697, 1114, 1596 c. fr.). 3) Prope São Bernardo haud procul ab urbe São Paulo, ad arbores, 800 m (2372). In silvis prope Alto da Serra, ad terram, 900 m (196, 926). 5) In silvaticis ad Rio Mambú in districtu urbis Conceição de Itanhaëm, ad truncos putridos, ca. 100 m (725). 6) Prope Yporanga in valle fluminis Rio Ribeira, ad terram, ca. 130 m (2175). 7) In silvis ad Brasso Grande in districtu urbis Itapecirica, ad truncos putridos, ca. 1000 m (1868). 8) In silvaticis prope Cantareira haud procul ab urbe São Paulo, ad terram argillosam, 800 m (1179 p. p.). 9) Apiahy (Puiggari 1422).

Genus **Arachniopsis** Spr.

Arachniopsis coactilis Spr.

São Paulo: 1) Ad flumen Rio Branco prope Santos, in silva ad arbores, ca. 20 m (1938). 2) In silvis prope Conceição de Itanhaëm, 5—50 m (100, 112). 3) In silvaticis ad Rio Mambú in districtu urbis Conceição de Itanhaëm, ad arbores, ca. 100 m (1682). 4) In silvaticis prope Barra Mansa in districtu urbis Itapecirica, ad truncos putridos, ca. 1000 m (1852).

Genus **Isotachis** Mitt.

Isotachis Aubertii (Schwaegr.) Steph.

São Paulo: 1) In silvaticis prope Cantareira haud procul ab urbe São Paulo, ad terram argillosam rubram, 800 m (718, 1181). 2) In monte Jaraguá prope Taipas, ad terram, 800—1050 m (1025). 3) Prope Rio Grande ad „São Paulo Railway", 800 m (Schiffner s. n.). — Ad confines Rio de Janeiro—Minas Geraës: 4) In silvaticis regionis inferioris montis Itatiaya, ad terram prope Fazenda Monteserrate, 1000 m (613).

Fo. conduplicata (Lindnbg.) Schffn., n. comb.

Syn. *Jungermannia conduplicata* Lindnbg. Syn. Hep. p. 680.

São Paulo: 1) In silvaticis prope Cantareira haud procul ab urbe São Paulo, ad terram argillosam rubram, 800 m (105, 718, 1181). 2) Prope Rio Grande ad „São Paulo Railway", ad terram, 800 m (950). — Ad confines Rio de Janeiro — Minas Geraës: 3) In silvaticis regionis inferioris montis Itatiaya, prope Fazenda Monteserrate ad terram, 1000 m (599, 822, 834).

Die Art ist extrem variabel. *Isotachis conduplicata* (Lindnbg.) ist wahrscheinlich nur eine Modifikation der *I. Auberti* (fo. *conduplicata* Schffn.) (S. Arn.).

Isotachis erythrorhiza (Lehm. et Lindnbg.) Steph.

São Paulo: 1) In monte Morro d'Oro prope Apiahy, ad terram argillosam, 1200—1400 m (317). 2) Prope Rio Grande ad „São Paulo Railway", 800 m (Schiffner s. n.).

Isotachis Uleana Steph.

Ad confines Rio de Janeiro—Minas Geraës: 1) In rupestribus montis Itatiaya, in rivulo ad saxa, 2750 m (2276). 2) In paludosis partis superioris montis Itatiaya, 2500 m (644, 946).

Genus **Herberta** S. F. Gray.

Herberta angustevittata (Steph.) S. Arn., n. comb.

Syn. *Schisma angustevittatum* Steph., Spec. Hep. IV., p. 12 (1909).

São Paulo: 1) Prope Campo Grande ad „São Paulo Railway", in silvulis campestribus, ad truncos, ca. 700 m (476, 480, 799). 2) Prope Raiz da Serra, 20—50 m (1733). 3) In silvis ad Brasso Grande in districtu urbis Itapecirica, ad arbores, ca. 1000 m (1334). 4) Prope Rio Grande ad „São Paulo Railway", in silva primigenia ad arbores, 800 m (1097). 5) Ibidem, in silvulis campestribus, ad truncos, ca. 700 m (473).

Herberta brasiliensis (Steph.) S. Arn., n. comb.

Syn. *Schisma brasiliense* Steph., Spec. Hep. IV., p. 16 (1909).

São Paulo: 1) In silvis prope Alto da Serra, ad arbores (1616, 1692). 2) In itinere S. Amaro—Barra Mansa, in districtu urbis Itapecirica, in silvis ad Palmeira de São Lourenzo, 900 m (1748). — Ad confines Rio de Janeiro—Minas Geraës: 3) In silvaticis regionis inferioris montis Itatiaya, ad saxa granitica prope Fazenda Monteserrate, 1000 m (597, 803, 600).

Herberta trabeculata (Steph.) S. Arn., n. comb.

Syn. *Schisma trabeculatum* Steph., Spec. Hep. IV., p. 18 (1909).

São Paulo: 1) Bertioga prope Santos, ad arbores, 5—25 m (1889). — Ad confines Rio de Janeiro — Minas Geraës: 2) In rupestribus montis Itatiaya, 2750 m (656).

Herberta serrata Spr.

Ad confines Rio de Janeiro—Minas Geraës: In rupestribus montis Itatiaya, 2750 m (2336).

Herberta simplex (Steph.) S. Arn. n. comb.

Syn. Schisma simplex Steph., Spec. Hep. VI., p. 362 (1922).

Ad confines Rio de Janeiro—Minas Geraës: In rupestribus montis Itatiaya, 1300 bis 2750 m (436).

Genus **Trichocolea** Dum.

Trichocolea brevifissa Steph.

São Paulo: 1) In silvaticis prope Barra Mansa in districtu urbis Itapecirica, ad arbores, ca. 1000 m (2063). 2) In silvis ad Brasso Grande in districtu urbis Itapecirica, ad arbores (1434, 1516, 1558). 3) In itinere S. Amaro—Barra Mansa, in districtu urbis Itapecirica, in silvis ad Palmeira de São Lourenzo, 800—900 m (1754). 4) Prope Rio Grande ad „São Paulo Railway", ad arbores, 800 m (590). 5) Prope Campo Grande ad „São Paulo Railway", in silvulis campestribus ad truncos, ca. 700 m (777). — Rio de Janeiro: 6) leg. A. Glaziou (3538, 7098 sub nom. *T. tomentosae*). — Ad confines Rio de Janeiro—Minas Geraës: 7) In rupestribus montis Itatiaya, 2750 m (658). 8) Retiro, Itatiaya (P. Dusén). 9) Serra do Itatiaya, ad truncos, ca. 2200 m (P. Dusén).

Trichocolea elegans Lehm.

São Paulo: In silvis prope Alto da Serra, 900 m, epiphylla (697).

Trichocolea subquadrata Steph.

São Paulo: In silvis prope Alto da Serra, ad arbores, 900 m (414, 466, 953, 1011, 1065, 1096).

Trichocolea Uleana Steph.

São Paulo: 1) In silvaticis prope Barra Mansa in districtu urbis Itapecirica, ad arbores, ca. 1000 m (1580). 2) Prope Campo Grande ad „São Paulo Railway", in silvulis campestribus ad truncos, ca. 700 m (455, 764, 861). 3) Santos, Sorocaba, in cacumine montis Espiquo de Carapira, ad saxa umbrosa (Hj. Mosén 80). 4) In silvis prope Alto da Serra, 900 m (190). — Paraná: 5) Capão Grande, Fortaleta, in saxis (P. Dusén).

Genus **Scapania** Dum.

Scapania portoricensis Hpe. et G.

São Paulo: 1) In silvis prope Alto da Serra, ad arbores, 900 m (999, 1615, 1718). — Ad confines Rio de Janeiro — Minas Geraës: 2) In rupestribus montis Itatiaya, 2750 m (651). 3) Rio, Iasabellata, 2200 m (von Lützelberg 6348 b).

Genus **Radula** Dum.

Bisher aus Brasilien bekanntgewordene Arten:

R. andicola Steph., *R. decora* G., *R. Didrichsenii* Steph. (Syn. *R. pallens* [Sw.] Nees var. *brasiliensis* Nees), *R. flaccida* Lindnbg. et G., *R. glauca* Steph., *R. Gottscheana* Tayl., *R. Kegelii* G., *R. Korthalsii* Steph., *R., ligula* Steph., *R. mammosa* Spr., *R. montana* Steph., *R. nudicaulis* Steph., *R. obtusifolia* Steph., *R. pallens* (Sw.) Nees, *R. pseudostachya* Spr., *R. quadrata* G., *R. ramulina* Tayl., *R. recubans* Tayl., *R. sinuata* G., *R. stenocalyx* Mont., *R. subinflata* Lindnbg. et G.. *R. subtropica* Steph., *R. surinamensis* Steph., *R. tenella* G., *R. tenera* Mitt., *R. Uleana* Steph.

Radula Didrichsenii Steph.

Syn. *Radula pallens* (Sw.) Nees var. *brasiliensis* Nees.

São Paulo: 1) Prope São Bernardo in districtu urbis São Paulo, ad arbores, 800 m (5, 2351). 2) Prope Rio Grande ad „São Paulo Railway", in silva primigenia ad arbores, 800 m (123, 573, 686, 689, 708, 789, 893, 894, 1090). 3) In itinere S. Amaro—Barra Mansa in districtu urbis Itapecirica, in jugo Morro Chuqueiro, ad arbores (2073). 4) In silvaticis prope Barra Mansa in districtu urbis Itapecirica, ad arbores, ca. 1000 m (1875). 5) In silvis ad Brasso Grande in districtu urbis Itapecirica, ca. 1000 m (1258, 1310, 1344, 1552). 6) Ad urbem São Paulo, apud Hygienopolis, 800 m (337). 7) In silvis prope Alto da Serra, ad arbores, 900 m (1006, 1065, 1080). 8) Apud cataractas Salto dos Treis Ranjos prope urbem Cerqueira-Cesar, ad arbores, ca. 500 m (666). 9) In silvaticis inter Apiahy et Yporanga, ad arbores, ca. 400—900 m (1196). 10) In silvaticis inter Faxina et Apiahy, ca. 800 m (146). 11) In silvis prope Apiahy, ad arbores, ca. 1100 m (2316). 12) Apiahy, ad arbores (Puiggari 91). 13) Apiahy, Sitio Lorenzo de Rosa (Puiggari 208). 14) Prope Raiz da Serra ad arbores, 20—30 m (927). 15) In silvaticis Serra São João prope Santos, ad arbores (503, 510). 16) Ad flumen Rio Branco prope Santos, in horto ad arbores, ca. 20 m (1922, 1954). 17) Bertioga prope Santos, prope ostium fluminis Rio do Fazenda, ad ramulos, 5—25 m (1056). 18) Ad cataractas prope Itú ad flumen Buturoba prope Santos, ad saxa, ca. 10 m (1975). 19) In silvaticis Serra do Cayazique prope Santos, ad arbores (558, 1792). 20) In silvaticis ad Rio Mambú in districtu urbis Conceição de Itanhaëm, ad arbores, ca. 100 m (733, 734, 1684, 1775). 21) Ad ripas Aguapihú prope Conceição de Itanhaëm, 20 m (1191).

Radula tenera Mitt.

São Paulo: 1) Prope Campo Grande ad „São Paulo Railway", in silvulis campestribus ad truncos, ca. 700 m (865, 1182, 1361, epiphylla). 2) Prope Ypanema in districtu urbis Sorocaba (M. Wacket 1446). — Paraná: 3) Serra do Mar, in ramulis (P. Dusén 3587).

Radula mexicana Lindnbg. et G.

São Paulo: Apiahy (Puiggari 91 b, 108).

Radula sinuata G.

São Paulo: 1) In silvaticis prope Cantareira haud procul ab urbe São Paulo, ad arbores, 800 m (1170). 2) In silvis ad Brasso Grande in districtu urbis Itapecirica, ad arbores, ca. 1000 m (1437).

Radula surinamensis Steph.

São Paulo: 1) Prope Rio Grande ad „São Paulo Railway", ad arbores in silva, 800 m (706). 2) Prope Salto Grande do Rio Paranapanema, ad arbores, 500 m (2204). 3) In vicinitate sanatorii Guarujá prope Santos, in silva ad arbores (1119).

Radula ramulina Tayl.

São Paulo: In silvis ad Brasso Grande in districtu urbis Itapecirica, ad arbores, ca. 1000 m (1258, 1293).

Radula subtropica Steph.

São Paulo: 1) Prope urbem Faxina, ad rupes arenae, ca. 650 m (1363, 1388). 2) Prope São Bernardo in districtu urbis São Paulo, ca. 800 m (Schiffner s. n.).

Radula subinflata Lindnbg. et G.

São Paulo: 1) Prope Campo Grande ad „São Paulo Railway", in silvulis campestribus ad truncos, ca. 700 m (447, 451, 542, 775, 777, 867, 869). 2) Prope Rio Grande ad „São Paulo Railway", 800 m (1090, 1110). 3) Prope Salto Grande do Rio Paranapanema, in insula magna ad arbores, ca. 500 m (1254). 4) Apud cataractas Salto dos Treis Ranjos prope urbem Cerqueira-Cesar, ca. 500 m (676). 5) In silvaticis inter Faxina et Apiahy, prope Lagoas, ca. 800 m (143).

Radula recubans Tayl.

São Paulo: 1) In silvaticis prope Barra Mansa in districtu urbis Itapecirica, ca. 1000 m (364, 1575). 2) In itinere S. Amaro—Barra Mansa in districtu urbis Itapecirica, in silvis ad Palmeiras de São Lourenzo, 800—900 m (1737). 3) Prope São Bernardo haud procul ab urbe São Paulo, 800 m (2353).

Radula andicola Steph.

Syn. *Radula montana* Steph.

São Paulo: 1) In silvaticis prope Barra Mansa in districtu urbis Itapecirici, ad truncos putridos, ca. 1000 m (1849). 2) Apiahy (Puiggari 91).

Radula obtusifolia Steph.

Ad confines Rio de Janeiro—Minas Geraës: 1) In regionis silvaticae partibus superioribus montis Itatiaya, 1400—2000 m (622). — São Paulo: 2) In monte Jaraguá prope Taipas, 800—1050 m (Schiffner s. n.).

Radula nudicaulis Steph.

Ad confines Rio de Janeiro—Minas Geraës: In rupestribus montis Itatiaya, 1300 bis 2750 m (434).

Radula Korthalsii Steph.

São Paulo: 1) In vicinitate sanatorii Guarujá prope Santos, in silva ad arbores, 1—50 m (1133). 2) Bertioga prope Santos, mangrove, 5—25 m (889). 3) Bertioga prope Santos, apud ostium fluminis Rio da Fazenda, ad arbores, 5—25 m (106). 4) Prope Ypanema in districtu urbis Sorocaba (M. Wacket 1445). 5) In silvaticis inter Apiahy et Yporanga, ad arbores, ca. 400—900 m (1230). 6) In monte Jaraguá prope

Taipas (1048). 7) Prope Fazenda Bella Vista in districtu urbis Sa. Cruz ad flumen Rio Pardo, in silva ad arbores, ca. 500 *m* (1441). 8) Prope Rio Grande ad „São Paulo Railway", ad arbores, 800 *m* (575, 877). 9) In silvulis campestribus prope Fazenda Paranapanema apud Capão Bonito (1651). 10) In silvis ad Brasso Grande in districtu urbis Itapecirica, ad arbores, 1000 *m* (1258). — Ad confines R i o d e J a n e i r o — M i n a s G e r a ë s: 11) In silvaticis regionis inferioris montis Itatiaya, prope Fazenda Monteserrate, 1000 *m* (614).

Radula quadrata G.

S ã o P a u l o : 1) Ad flumen Tieté prope Butantan in circuitu urbis São Paulo, ad ramos, 800 *m* cum gonidiis (1599). 2) Prope Lapa in circuitu urbis São Paulo (2019). 3) Prope urbem Faxina, ca. 650 *m* (1393, 2344). 4) Apiahy, Sitio de Lorenzo de Rosa (P u i g g a r i 203). 5) Prope Campo Grande ad „São Paulo Railway", in silvulis campestribus ad truncos, ca. 700 *m* (547, 869). 6) Apud cataractas Salto dos Treis Ranjos prope urbem Cerqueira-Cesar, ad arbores, ca. 500 *m* (675 p. p.). 7) In itinere Cerqueira-Cesar—Fazenda Bella Vista, prope flumen Rio Turvo, ad arbores parvos, ca. 500 *m* (1238). 8) In itinere S. Amaro—Barra Mansa in districtu urbis Itapecirica prope Capella Nova, ad arbores apud casas 800—900 *m* (1524). 9) In itinere S. Amaro—Barra Mansa, in silvis ad Palmeiras de São Lourenzo (1478, 1736). 10) Prope Yporanga in valle fluminis Rio Ribeira, ca. 130 *m* (2154 p. p.). 11) Ad urbem São Paulo, apud Hygienopolis ad arbores (877). — P a r a n á: 12) In ripa sinistra fluminis Paranapanema ad cataractas Salto Grande, ad arbores (2239, 2401).

Radula decora G.

S ã o P a u l o : 1) Prope urbem Xiririca ad flumen Rio Ribeira, ad arbores, ca. 50 *m* (2219). 2) Prope Yporanga in valle fluminis Rio Ribeira, ca. 130 *m* (2154). 3) Apiahy (P u i g g a r i 769). 4) In silvaticis inter Apiahy et Yporanga, ad arbores, ca. 400—900 *m* (1200). 5) Serra do Cubatão, ad arbores (M. W a c k e t).

Radula stenocalyx M o n t.

S ã o P a u l o : 1) In monte Jaraguá prope Taipas, 800—1050 *m*, epiphylla (977). 2) Apiahy (P u i g g a r i 874). 3) In silvis prope Alto da Serra, 900 *m*, foliicola (106, 196, 962, 1001). 4) Serra São João inter São Sebastio et Bertioga, ca. 200 *m* (E i f f e 2002).

Genus **Porella** K o l d.-R o s e n v.

Porella brasiliensis (R a d.) S. A r n., n. comb. — Taf. XII/41, a, c, e, und 142, c, d.

Syn. *Schulthesia brasiliensis* R a d d i, Mem. Modena 1823, p. 34; *Madotheca ligula* S t e p h.

S ã o P a u l o : 1) Apud cataractas Salto dos Treis Ranjos prope urbem Cerqueira-Cesar, ad arbores, ca. 500 *m* (667). 2) In silvis ad Brasso Grande in districtu urbis Itapecirica, ad arbores, ca. 1000 *m* (1274, 1289, 1295, 1344). 3) Prope Fazenda Bella Vista in districtu urbis Sa. Cruz ad flumen Rio Pardo, ad arbores, ca. 500 *m* (2301). 4) In silvis prope Apiahy ad arbores, ca. 1100 *m* (2331). 5) In silvaticis ad Rio Mambú in districtu urbis Conceição de Itanhaëm, ad arbores, ca. 100 *m* (739, 1685). 6) In silvaticis prope Barra Mansa in districtu urbis Itapecirica, ad arbores, ca. 1000 *m* (360). 7) In circuitu urbis Itapetininga, ca. 550 *m* (46). 8) Prope Rio Grande ad „São Paulo Railway", ad arbores, 800 *m* (793, 1087). 9) In silvulis campestribus prope Fazenda Paranapanema apud Capão Bonito (1671). 10) Prope Raiz da Serra ad arbores, ca. 20—50 *m* (910). 11) Prope Yporanga in valle fluminis Rio Ribeira, ca. 130 *m* (79). 12) In monte Jaraguá prope Taipas, ad arbores, 800—1050 *m* (1040). 13) Ad flumen Rio Branco prope Santos, in silva ad arbores, ca. 20 *m* (1960). 14) Prope Salto Grande do Rio Paranapanema, in insula magna ad arbores, ca. 500 *m* (1247). 15) In itinere S. Amaro—Barra Mansa, in districtu urbis Itapecirica, apud São Lourenzo, 800—900 *m*, modif. *colorata — densifolia* (1479). 16) Viage de Yporanga (P u i g g a r i 828). 17) Faxina (P u i g g a r i 230). 18) Apiahy (P u i g g a r i 279, 284, 779). — Ad confines R i o d e J a n e i r o—M i n a s G e r a ë s: 19) In silvaticis regionis inferioris montis Itatiaya, ad arbores, 1000—1400 m (843). P a r a n á: 20) In ripa sinistra fluminis Paranapanema ad cataractas Salto Grande, ad arbores, ca. 500 m (1385).

Ein Fragment von R a d d i s Typus-Exemplar liegt im Herbar des Schwedischen Naturhistorischen Reichsmuseums in Stockholm. Die oben angeführten Exemplare stimmen mit dem Typus in allen Einzelheiten überein) (S. A r n.).

Porella madida (N e e s) S. A r n., n. comb. — Taf. XII/141, b, d, f, und 142/a, b.

Syn. *Madotheca madida* N e e s, Syn. Hep., p. 276 (1844).

S ã o P a u l o: 1) Prope Rio Grande ad „São Paulo Railway", 800 m (879). 2) In itinere S. Amaro —Barra Mansa, in districtu urbis Itapecirica, prope Capella Nova, ad arbores apud casas, 800—900 m (1523). 3) In circuitu urbis Itapetininga, ca. 550 m (50, 51, 266, 2179). 4) In insula inter cataractas Salto Grande do Rio Paranapanema, ad arbores, ca. 500 m (2026, 2079). 5) Prope Salto Grande do Rio Paranapanema, ad arbores, ca. 500 m (2200, 2201). 6) Prope Fazenda Bella Vista in districtu urbis Sa. Cruz ad flumen Rio Pardo, 500 m (2296). 7) Apud cataractas Salto dos Treis Ranjos prope urbem Cerqueira-Cesar, ad arbores, ca. 500 m (675). 8) Prope Yporanga in valle fluminis Rio Ribeira, ad arbores, ca. 130 m (2173). 9) In silvulis campestribus prope Fazenda Paranapanema apud Capão Bonito, ad arbores (1670). 10) Prope Lapa in circuitu urbis São Paulo, ad arbores (2013). 11) In silvaticis prope Cantareira haud procul ab urbe São Paulo, ad arbores, 800 m (1164). — P a r a n á: 12) In ripa sinistra fluminis Paranapanema ad cataractas Salto Grande, ad arbores, 500 m (2101, 2234, 2235). — Ad confines R i o d e J a n e i r o — M i n a s G e r a ë s: 13) In silvaticis regionis inferioris montis Itatiaya, ad saxa granitica prope Fazenda Monteserrate, 1000 m (801).

Es ist manchmal schwierig zu entscheiden, ob eine Pflanze zu *P. madida* oder zu *P. brasiliensis* gehört. In typischen Fällen sind die beiden Arten sehr deutlich verschieden. Die Blätter von *P. brasiliensis* stehen vom Stengel in einem Winkel von 90—100° ab, sind etwa 2 mm lang und 0,8—1 mm breit, nur am Ventralrand etwas zurückgebogen, und im mittleren Teil — ausgenommen die dem Stengel zunächst befindliche Partie — hohl; der Unterlappen ist ± dreieckig und am Rande reichlich ziliat; die Amphigastrien sind dreieckig und ziliat; die Cuticula der Blattzellen ist papillös mit abgerundeten Papillen. Die Blätter von *P. madida* stehen vom Stengel in einem Winkel von 80—60° ab, sind etwa 1,5 mm lang und 1 mm breit, am Ventralrand und manchmal auch am Dorsalrand stark zurückgebogen, mit geradem bis etwas konvexem Ventralrand; der Unterlappen ist zungenförmig mit parallelen Rändern und abgerundetem Scheitel, an den Rändern spärlich ziliat; die Amphigastrien sind dreieckig mit gestutztem Scheitel und spärlich ziliaten Rändern; die Cuticula der Blattzellen ist fein papillös mit gewöhnlich gestreiften Papillen (S. A r n.).

Porella sordida (Å n g s t r.) S. A r n., n. comb. — Taf. XII/143.

Syn. *Madotheca sordida* Å n g s t r., Svenska Vet. Akad. Förh. 1876, p. 82.

S ã o P a u l o: 1) Fazenda Bella Vista in districtu urbis Sa. Cruz ad flumen Rio Pardo, ad arbores, ca. 500 m (214, 1441, 1444). 2) In itinere Cerqueira Cesar—Bella Vista, ad flumen Rio Turvo, in silvis primigeniis, ad arbores (1237, 1495, 1496). — P a r a n á: 3) In ripa sinistra fluminis Paranapanema ad cataractas Salto Grande, ad arbores, 500 m (2091).

P. sordida ist wahrscheinlich nur eine Schattenform der *P. madida* (S. A r n.).

Porella rugulosa (Å n g s t r.) S. A r n., n. comb. — Taf. XII/144.

Syn. *Madotheca rugulosa* Å n g s t r ö m, Svenska Vet. Akad. Förh. 1876, p. 81; *Madotheca Kunertiana* S t e p h.; *Madotheca Lindbergiana* G. ex S t e p h.

M i n a s G e r a ë s: 1) Serra de Caldas (H j. M o s é n, sub. nom. *Madothecae Kunertianae* det. S t e p h a n i, Herb. Stockholm). 2) Caldas (S. H e n s c h e n, det. Å n g s t r ö m, Herb. Stockholm). — S ã o P a u l o: 3) leg. G. A. L i n d b e r g (sub nom. *Madothecae Lindbergianae* det. G o t t s c h e, Herb. S. O. L i n d b e r g, in Herb. Stockholm).

Die drei angeführten Exemplare gehören alle zur gleichen Art. Das Zellnetz ist hier besonders charakteristisch und weicht vom Zellnetz aller übrigen brasilianischen Arten der Gattung ab; die Eckenverdickungen sind dreieckig, mit je einer konkaven und zwei konvexen Seiten (S. A r n.).

Porella reflexa (L e h m. et L i n d n b g.) S. A r n., n. comb.

Syn. *Madotheca reflexa* L e h m. et L i n d n b g., Syn. Hep., p. 270 (1844); *Madotheca caldana* G. ex S t e p h.

S ã o P a u l o : 1) In itinere S. Amaro—Barra Mansa in districtu urbis Itapecirica, prope Capella Nova, ad arbores apud casas, 800—900 *m* (1527). 2) Prope urbem Faxina, ca. 650 *m* (1385). 3) In silvaticis inter Apiahy et Yporanga, ca. 900—1400 *m* (1229). 4) Faxina (P u i g g a r i 430, sub nom. *Madothecae brasiliensis* ?). — P a r a n á : 5) In ripa sinistra fluminis Paranapanema ad cataractas Salto Grande, 500 *m* (2101 p. p.).

Porella meridana (S t e p h.) S. A r n., n. comb.

Syn. *Madotheca meridana* S t e p h a n i, Spec. Hep. IV., p. 270 (1910).

S ã o P a u l o : Apud cataractas Salto dos Treis Ranjos prope urbem Cerqueira-Cesar, ad saxa humida, ca. 500 *m* (2383).

Genus **Frullania** D u m.

I. Subgenus **Chonanthelia** S p r. emend. S t e p h.

Frullania arecae G.

Syn. *F. hians* L e h m. et L i n d n b g. — *F. tunguraguana* C l a r k et F r y e (Syn. *F. brachyclada* S p r.) wird als diözisch beschrieben, stimmt aber in allen anderen Merkmalen mit *F. arecae* überein.

Ad confines R i o d e J a n e i r o — M i n a s G e r a ë s: 1) In silvaticis regionis inferioris montis Itatiaya, prope Fazenda Monteserrate, 1000 *m* (804). — S ã o P a u l o: 2) Prope Lapa in circuitu urbis São Paulo, ad arbores (2010). 3) In silvulis campestribus prope Rio Chepeo apud Capão Bonito (1486). 4) Ad Pirituba prope Taipas, 750 *m* (1758 p. p.). 5) In silvis ad Brasso grande in districtu urbis Itapecirica ad arbores, ca. 1000 *m* (1332). 6) Prope São Bernardo in districtu urbis São Paulo, ad arbores, 800 *m* (17). 7) In silvaticis prope Cantareira haud procul ab urbe São Paulo, ad arbores, 800 *m* (1169). 8) In silvaticis inter Faxina et Apiahy, prope Lagoas, ca. 800 *m* (144 p. p.). 9) In silvis prope Apiahy ad arbores, ca. 1100 *m* (2321 p. p.). 10) Prope urbem Faxina, ad rupes arenaceas, ca. 650 *m* (1374). 11) Apiahy (P u i g g a r i 105 p. p., sub nom. *F. sebastianopolitanae* L i n d n b g.; 106, sub nom. *F. hiantis* L e h m. et L i n d n b g.).

Frullania arietina T a y l.

Ad confines R i o d e J a n e i r o — M i n a s G e r a ë s: 1) In paludosis partis superioris montis Itatiaya, ad arbores, 2500 *m* (630 p. p., 646). — S ã o P a u l o: 2) Ad ripas fluminis Rio Branco prope Conceição de Itanhaëm, ad arbores, 20—100 *m* (1640). 3) Prope Raiz da Serra, ad arbores, 20—50 *m* (917, 925). 4) Apiahy (P u i g g a r i 105 p. p., 313; sub nom. *F. sebastianopolitanae* L i n d b g.).

Die feine Zähnung der weiblichen Hüllblätter stellt ein gutes Merkmal dieser Art dar (S. A r n.).

Frullania riojaneirensis R a d.

S ã o P a u l o: 1) In itinere S. Amaro—Barra Mansa, in districtu urbis Itapecirica, prope Capella Nova, ad arbores apud casas, 800—900 *m* (1521). 2) In monte Jaraguá prope Taipas, ad arbores, 800—1050 *m* (1034, 1035, 1047). 3) Ad ripas fluminis Rio Branco prope Conceição de Itanhaëm, ad arbores, 20—100 *m* (1639). 4) In itinere S. Amaro—Barra Mansa in districtu urbis Itapecirica, in silvis ad Palmeiras de São Lourenzo, 800—900 *m* (1743). 5) In silvulis campestribus prope Fazenda Paranapanema apud Capão Bonito (1655). 6) Ad Pirituba prope Taipas, 750 *m* (1767, 1768). 7) Ad flumen Tieté prope Butantan in circuitu urbis São Paulo, ad frutices (1604). 8) Prope Yporanga in valle fluminis Rio Ribeira, ad arbores, ca. 1300 *m* (2156). 9) Prope Raiz da Serra, ad arbores, 20—50 *m* (931). 10) Prope Ypanema in districtu urbis Sorocaba (M. W a c k e t 1451). 11) In silvaticis prope Cantareira haud procul ab urbe São Paulo, ad arbores, 800 *m* (1150). 12) Prope urbem Faxina, ca. 650 *m* (1368, 1382, 1394). 13) In silvaticis inter Faxina et Apiahy, prope Lagoas, ca. 700 *m* (144). 14) In silvaticis prope urbem Iguapé, ad arbores, 20—100 *m* (384). 15) Prope urbem Xiririca ad flumen Rio Ribeira, ad arbores, ca. 50 *m* (2224, 2226). 16) Ad cataractas prope Itú ad flumen Rio Buturoba prope Santos, ad saxa, ca. 10 *m* (1985). 17) Prope São Bernardo haud procul ab urbe São Paulo, ad arbores, 800 *m* (2377). 18) Prope Mongaguá inter Santos et Conceição de Itanhaëm, ad arbores, 5—25 *m* (1351, 1352, 1356). 19) In itinere a flumine Rio Comprido ad vicum Piruhiba, in silvis ad arbores, 10—100 *m* (255). 20) Apiahy (P u i g g a r i 103, sub nom. *F. arietinae* T a y l.). — Ad confines R i o d e J a n e i r o — M i n a s G e r a ë s : 20) In paludosis partis superioris montis Itatiaya, ad arbores, ca. 2500 *m* (647).

F. Warmingiana S t e p h. und *F. confertiloba* S t e p h. sind wahrscheinlich synonym mit *F. riojaneirensis* R a d. Die Dorsalfläche des Perianths zeigt gewöhnlich drei niedrige Leisten und manchmal findet sich auch eine niedrige Leiste in der Mittellinie der Ventralfläche; das Rostrum ist gewöhnlich lang und schmal (S. A r n.).

Frullania Wullschlaegeli S t e p h. — Taf. XIII/145.

S ã o P a u l o : 1) Prope urbem Xiririca ad flumen Rio Ribeira, ad arbores, ca. 50 *m*; c. per. (2208). 2) In insula inter cataractas Salto Grande do Rio Paranapanema, ad saxa, ca. 500 *m* (2116, 2123, 2124). 3) In itinere Cerqueira Cesar—Fazenda Bella Vista, apud flumen Rio Turvo, ad arbores parvos, ca. 500 *m* (1236).

Die Art wird als steril beschrieben. Die Blätter sind sehr dicht ziegeldachig; der breite, blattartige Griffel ist sehr charakteristisch. Die weiblichen Organe sind an kurzen Ästen entwickelt: Perianth länglich, 5—6faltig, die Falten am Rücken etwas krenuliert, die dorsalen und die ventral-medianen Falten niedrig, die übrigen hoch und scharf. Rostrum bis 200 μ lang und 110 μ breit, manchmal fast fehlend, an der Mündung stumpf ziliat. Hüllblätter in mehreren Paaren, das innere Paar mit stumpfen Oberlappen, ziemlich spitzem Unterlappen (lobulus) und als stumpfes Anhängsel ausgebildetem Griffel. Hüllunterblätter $^2/_3$ bis $^1/_2$ so lang wie die Hüllblätter, bis zu $^1/_2$ zweilappig mit spitzen Lappen und stumpfer Bucht mit zurückgerolltem Rande, die Außenränder mit je einem Zahn. Männliche Organe wurden nicht beobachtet; die Art scheint diözisch zu sein (S. A r n.).

Frullania tetraptera M o n t. — Taf. XIII/146.

Syn. *Fr. mexicana* L i n d n b g.; *F. semiconnata* L i n d n b g. et G.

S ã o P a u l o : 1) Prope urbem Faxina, ad rupes arenaceas, ca. 650 *m* (2347). — Ad confines R i o d e J a n e i r o — M i n a s G e r a ë s : 2) In paludosis partis superioris montis Itatiaya, ad truncos *Araucariae angustifoliae*, ca. 2500 *m* (647, 945, 2267, 2268, 2269).

Frullania cerina S t e p h.

P a r a n á : 1) In ripa sinistra fluminis Paranapanema ad cataractas Salto Grande, ad arbores (2230). S ã o P a u l o : 2) In insula inter cataractas Salto Grande do Rio Paranapanema, ad arbores, ca. 500 *m* (2078).

Frullania gibbosa N e e s.

S ã o P a u l o : In insula cataractas Salto Grande do Rio Paranapanema, 500 *m* (2030).

II. Subgenus **Diastaloba** S p r.

Frullania gymnotis M o n t.

S ã o P a u l o : 1) Serra de Piruhibe, ad saxa, ca. 100 *m* (235). 2) Prope Rio Grande ad „São Paulo Railway", 800 *m* (2227). 3) Prope Yporanga in valle fluminis Rio Ribeira, ad arbores, ca. 130 *m* (2157). 4) Ad flumen Rio Branco prope Santos, in silva ad arbores, ca. 20 *m* (1940). 5) In silvulis campestribus prope Fazenda Paranapanema apud Capão Bonito (1654). 6) Ad ripas fluminis Rio Aguapihú prope Conceição de Itanhaëm, ad arbores, 20 m (1192). 7) In itinere a flumine Rio Comprido ad vicum Piruhibe, in silvis ad arbores, 10—100 m (248). 8) In circuitu urbis Cerqueira-Cesar, ad arbores, ca. 500 m (1460). 9) Prope Raiz da Serra, ad arbores, 20—50 m (929). 10) In itinere Cerqueira Cesar—Fazenda Bella Vista apud vicum Oleo, ad arborem (1055).

Ich habe die Exemplare S c h i f f n e r s mit dem Typus-Exemplar von M o n t a g n e verglichen; sie stimmen in allen Merkmalen damit überein (S. A r n.).

Frullania obcordata L e h m. et L i n d n b g.

S ã o P a u l o : 1) In silvis litoralibus prope Conceição de Itanhaëm, ad arbores, 5—50 m (367 p. p., 756). 2) Ad flumen Rio Branco prope Santos, ad arbores, 20 m (1912, 2150, 2151). 3) In silvaticis prope Barra Mansa in districtu urbis Itapecirica, ad arbores, ca. 1000 m (2059). 4) Prope Raiz da Serra, ad arbores, 20—50 m (934). 5) In itinere S. Amaro—Barra Mansa, in districtu urbis Itapecirica, ad *Araucariam angustifoliam*, 800—900 m (2074). 6) In silvaticis prope Barra Mansa in districtu urbis Itapecirica, ad flumen Juquiá, ad *Araucariam angustifoliam*, ca. 1000 m (2281). 7) Prope Campo Grande ad „São Paulo Railway" in silvulis campestribus, ad truncos, ca. 700 m (554, 765). 8) Ad flumen Tieté prope Butantan in circuitu urbis São Paulo, ad arbores, 800 m (1790 p. p.). 9) In monte Jaraguá prope Taipas, ad arbores, 800—1000 m (1047). 10) In silvis litoralibus prope Conceição de Itanhaëm, ad arbores, 5—50 m (756). 11) Xiririca (P u i g g a r i 102). 12) Apiahy, en tierra (P u i g g a r i 801).

Frullania exilis T a y l.

S ã o P a u l o : In itinere S. Amaro—Barra Mansa, in districtu urbis Itapecirica, ad *Araucariam angustifoliam*, 800—900 m (2974).

Frullania Pabstiana S t e p h.

S ã o. P a u l o : 1) In silvaticis inter Faxina et Apiahy, prope L a g o a s, ca. 800 m (130). 2) In itinere S. Amaro—Barra Mansa in districtu urbis Itapecirica, apud São Lourenzo, 800—900 m (1483). 3) Ad ripas fluminis Rio Branco prope Conceição de Itanhaëm, ad arbores, 20—100 m (92, 1638). 4) In silvis ad Brasso Grande in districtu urbis Itapecirica, ad arbores, ca. 100 m (1108, 1330, 1413, 1563). 5) Ad ripas fluminis Rio Branco prope Conceição de Itanhaëm, ad truncos *Aurantiorum*, 20—100 m (2149). 6) Prope Rio Grande ad „São Paulo Railway", ad arbores, 800 m (115, 554, 876, 1108). 7) In silvaticis inter Apiahy et Yporanga, ad arbores, ca. 900—400 m (1198). 8) In itinere a flumine Rio Comprido ad vicum Piruhibe, ad arbores in silvis, 10—100 m (257). 9) Prope São Bernardo in districtu urbis São Paulo, ca. 800 m (21). 10) In silvaticis Serra do Cayazique prope Santos ad *Aurantiorum* truncos (1585). 11) Prope Maranguá inter Santos et Conceição de Itanhaëm, ad arbores, 5—25 m (1352). 12) In silvis prope Apiahy, ad arbores, ca. 1100 m (2321 p. p.). 13) In silvis prope Alto da Serra, ad arbores, ca. 900 m (S c h i f f n e r s. n.). 14) Prope Campo Grande ad „São Paulo Railway", in silvulis campestribus ad truncos. ca. 700 m (554). 15) Apiahy (P u i g g a r i 104).

Frullania amoena S t e p h. — Taf. XIII/147.

S ã o P a u l o : 1) In silvaticis prope Barra Mansa in districtu urbis Itapecirica, ad arbores, ca. 1000 m (1837). 2) Ad flumen Rio Branco prope Santos, in horto ad arbores, ca. 20 m (2148). 3) In silvis ad Brasso Grande in districtu urbis Itapecirica, ad arbores, ca. 1000 m (1412). 4) In monte Jaraguá prope Taipas, ad saxa, 800—1050 m (1019). 4) In silvis litoralibus prope Conceição de Itanhaëm, ad arbores, 5—50 m (376, 759). 5) Prope São Bernardo in districtu urbis São Paulo, ad arbores, 800 m (23). 6) Prope Campo Grande ad „São Paulo Railway", in silvulis campestribus ad truncos, ca. 700 m (438). 7) In insula Ilha Comprida prope urbem Iguapé, 5—10 m (522). 8) Bertioga prope Santos, mangrove, 5—25 m (887).

Mehrere Exemplare tragen weibliche Organe, die bisher nicht beschrieben wurden: Weibliche Hüllblätter mit lanzettlichem, am Rande stumpf gezähntem Oberlappen. Lobulus am medianen Rande laziniat und stumpf gezähnt. Hüllunterblatt etwas kürzer als der Oberlappen des Hüllblattes, tief zweilappig, mit kurz laziniaten, stumpf gezähnten Lappen. In den Hüllblättern, im Hüllunterblatt und in den Stengelblättern finden sich zerstreut kleine Ocellen (die auch im Typus-Exemplar vorkommen), die in der Diagnose von Stephani nicht erwähnt werden, jedoch sehr wichtig sind, da diese Art die einzige unter den brasilianischen Arten der Gattung zu sein scheint, bei der Ocellen vorkommen (S. Arn.).

Frullania caulisequa Mart.

São Paulo: 1) Prope Campo Grande ad „São Paulo Railway", in silvulis campestribus ad truncos, ca. 700 m (457). 2) Ad flumen Rio Branco prope Santos, ad arbores, ca. 20 m (2150). 3) Apiahy (Puiggari 104 p. p.). 4) Prope Raiz da Serra, ad arbores, 20—50 m (922). 5) Loco dicto „Os Engenhios" prope urbem Iguapé, ad *Pandani* truncos, 20—100 m (296). 6) In silvaticis prope Barra Mansa in districtu urbis Itapecirica, ad arbores, ca. 1000 m (1829). — Ad confines Rio de Janeiro — Minas Geraës: 7) In silvaticis regionis inferioris montis Itatiaya, 1000 m (612 p. p.).

Frullania Martiana G.

São Paulo: Prope Campo Grande ad „São Paulo Railway", in silvulis campestribus ad truncos, ca. 700 m (472).

III. Subgenus **Thyopsiella** Spr.

Frullania brasiliensis Rad.

São Paulo: 1) Ad Pirituba prope Taipas, 750 m, ♂ (1766). 2) Bertioga prope Santos, mangrove, 5—25 m (891, 1885). 3) Apud cataractas Salto dos Treis Ranjos prope urbem Cerqueira-Cesar, ca. 500 m (664). 4) In insula Ilha Comprida prope urbem Iguapé, ad arbores, 5—10 m (519). 5) In circuitu urbis Cerqueira-Cesar, ad arbores, ca. 500 m (1463). 6) Prope São Bernardo in districtu urbis São Paulo, ad arbores, 800 m (12). 7) In itinere S. Amaro—Barra Mansa in districtu urbis Itapecirica prope Capão Redondo, 800—900 m (2075). 8) In silvis litoralibus prope Conceiçao de Itanhaëm, 5—50 m (367, 368, 369). 9) Prope Raiz da Serra, ad arbores, ca. 20—50 m (913). 10) Prope Rio Grande ad „São Paulo Railway", in silvulis campestribus, ad truncos, ca. 700 m (1184); ibidem, ad arbores apud domos (1592). 11) In silvulis campestribus prope Fazenda Paranapanema apud Capão Bonito (1659). 12) Prope S. Amaro in circuitu urbis São Paulo, 800 m (1607). 13) Ad flumen Tieté prope Butantan in circuitu urbis São Paulo, ad frutices, 800 m (1605). 14) Ad ripas fluminis Rio Branco prope Conceição de Itanhaëm, 20—100 m (93). 15) In silvaticis prope Cantareira haud procul ab urbe São Paulo, ad arbores, 800 m (Schiffner s. n.). 16) In silvis ad Brasso Grande in districtu urbis Itapecirica, ca. 1000 m (Schiffner s. n.). — Ad confines Rio de Janeiro — Minas Geraës: 17) In regionis silvaticae partibus superioribus montis Itatiaya, 1400—2000 m (620, 624). 18) In silvaticis regionis inferioris montis Itatiaya, prope Fazenda Monteserrate, ad terram, 1000 m (593, 612).

Frullania Moritziana Lindnbg. et G.

São Paulo: 1) Prope São Bernardo in districtu urbis São Paulo, ad arbores, 800 m (13). 2) Prope Campo Grande ad „São Paulo Railway", in silvulis campestribus ad truncos, ca. 700 m (553). 3) Prope Rio Grande ad „São Paulo Railway", 800 m (1689).

Frullania supradecomposita Lehm. et Lindnbg.

São Paulo: 1) In insula Ilha Comprida prope urbem Iguapé, ad arbores, 5—10 m (515, 516, 517, 518, 570). 2) In silvaticis prope urbem Iguapé, Morro do Senhor, ad arbores, 20—100 m (385). 3) Prope Yporanga in valle fluminis Rio Ribeira, ad arbores, ca. 130 m (2157, 2161). 4) In silvaticis inter Apiahy et Yporanga, ad arbores, ca. 900—400 m (1207). 5) Ad flumen Rio Branco prope Santos, ad arbores, ca. 20 m (2144, 2145, 2146); ibidem, ad muros (274). 6) In silvulis campestribus prope Fazenda Paranapanema apud Capão Bonito (1656). 7) In itinere a flumine Rio Comprido ad vicum Piruhibe, ad arbores in silvis,

10—100 *m* (256). 8) Prope urbem Xiririca ad flumen Rio Ribeira, ad arbores, ca. 50 *m* (2216, 2225). 9) Prope Lapa in circuitu urbis São Paulo, ad arbores (308, 2257). 10) In silvis ad Brasso Grande in districtu urbis Itapecirica, ad arbores, ca. 1000 *m* (1414). 11) In silvaticis prope Cantareira haud procul ab urbe São Paulo, ad arbores, 800 *m* (1151). 12) Prope Rio Grande ad „São Paulo Railway", 800 *m* (124). 13) In silvis litoralibus prope Conceição de Itanhaëm, ad arbores, 5—50 *m* (760). 14) In silvaticis inter Faxina et Apiahy, prope Lagoas, ca. 800 *m* (136). 15) In monte Jaraguá prope Taipas, 800—1050 *m* (1046). 16) In silvis prope Apiahy, ad arbores, ca. 1100 *m* (2320). 17) In itinere S. Amaro—Barra Mansa, in districtu urbis Itapecirica, apud São Lourenzo, 800—900 *m* (1480).

F. supradecomposita Lehm. et Lindnbg. und *F. brasiliensis* Rad. sind wahrscheinlich Formen derselben Art (S. Arn.).

Frullania setigera Steph.

São Paulo: 1) In silvaticis prope Barra Mansa in districtu urbis Itapecirica, ca. 1000 *m* (343). 2) In silvis ad Brasso Grande in districtu urbis Itapecirica, ad arbores, ca. 1000 *m* (1271, 1312, 1415). 3) Ad flumen Rio Branco prope Santos, in silva ad arbores, ca. 20 *m*, ♂ (1955). 4) Prope Maranguá inter Santos et Conceição de Itanhaëm, 5—25 *m*, ♂ (225). 5) In silvaticis inter Apiahy et Yporanga, ad arbores, ca. 400—900 *m* (1214). — Ad confines Rio de Janeiro—Minas Geraës: 6) In paludosis partis superioris montis Itatiaya, ad truncos *Araucariae angustifoliae*, 2500 *m* (944).

Perianth stark abgeflacht, mit einer sehr hohen ventralen Flügelleiste, auf der Dorsalfläche konvex, an der verschmälerten Spitze mit langem Rostrum (S. Arn.).

Frullania divergens Lehm. et Lindnbg.

Syn. *F. patens* Lindnbg.

São Paulo: 1) In silvaticis prope Barra Mansa in districtu urbis Itapecirica, ad arbores, ca. 1000 *m* (494). 2) In insula Ilha Comprida prope urbem Iguapé, ad arbores, 5—10 *m* (517). 3) In silvaticis inter Faxina et Apiahy prope Lagoas, ca. 800 *m* (136, 299, 1214). 4) Prope Lapa in circuitu urbis São Paulo, ad arbores (2023). 5) In circuitu urbis Itapetininga, ca. 550 *m* (58). 6) Prope urbem Faxina, ad rupes arenae, ca. 650 *m* (1379). In silvis ad Brasso Grande in districtu urbis Itapecirica, ad arbores, ca. 1000 *m* (1333). 8) Prope Ypanema in districtu urbis Sorocaba (M. Wacket). 9) In itinere S. Amaro—Barra Mansa in districtu urbis Itapecirica, in silvis ad Palmeiras de São Lourenzo, ca. 800 *m* (1741). 10) In silvaticis Serra do Cayazique prope Santos (567). 11) Ad ripas fluminis Rio Branco prope Conceição de Itanhaëm, ad truncos *Aurantiorum*, 20—100 *m* (93, 94 p. p.). 12) Prope Rio Grande ad „São Paulo Railway", in silvulis campestribus ad truncos, ca. 700 *m* (553). 13) Prope São Bernardo in districtu urbis São Paulo, ad arbores (7). — Ad confines Rio de Janeiro—Minas Geraës: 14) In regione superiore montis Itatiaya, ad truncos *Auracariae angustifoliae*, ca. 2500 *m* (944). 15) In regione inferiore montis Itatiaya, 1000—1400 *m* (837).

Frullania diffusa Steph.

São Paulo: 1) In silvaticis prope Barra Mansa in districtu urbis Itapecirica, ad arbores, ca. 1000 *m* (359). 2) Ad flumen Rio Branco prope Santos, ca. 20 *m* (2143). 3) Prope Campo Grande ad „São Paulo Railway", in silvulis campestribus ad truncos, ca. 700 *m* (478).

Frullania mucronata (Lehm.) Lehm et Lindnbg.

São Paulo: 1) Ad flumen Rio Branco prope Santos, in silva ad arbores, ca. 20 *m* (1911, 1941, 2143). 2) In silvulis campestribus prope Fazenda Paranapanema apud Capão Bonito (1658). 3) In silvaticis prope Barra Mansa in districtu Itapecirica, ad arbores, 1000 *m* (359, 2058). 4) Prope Rio Grande ad „São Paulo Railway", in silva (1089). 5) In silvaticis inter Faxina et Apiahy prope Lagoas, ca. 800 *m* (129). 6) In monte Morro d'Oro prope Apiahy, 1200—1400 *m* (937).

Frullania fluminensis G. ex Steph.

São Paulo: In monte Morro d'Oro prope Apiahy, 1200—1400 *m* (937).

Frullania rufescens S t e p h.

S ã o P a u l o : 1) Ad flumen Tieté prope Butantan in circuitu urbis São Paulo, ad arbores, ca. 800 *m* (1789). 2) In silvaticis inter Faxina et Apiahy, prope Lagoas, ca. 800 *m* (136, 141, 142). 3) In circuitu urbis Itapetiniga, ca. 550 *m* (1456). 4) Ad Pirituba prope Taipas, 750 *m* (1765). 5) In silvis ad Brasso Grande in districtu urbis Itapecirica, ad arbores, ca. 1000 *m* (1331). 6) Ad flumen Tieté prope Butantan in circuitu urbis São Paulo, ad frutices, 800 *m* (1603).

Die Art ist monözisch (nach S t e p h a n i s Angabe diözisch) (S. A r n.).

Frullania Leprieurii L i n d n b g.

S ã o P a u l o : 1) Prope Raiz da Serra, ad arbores cum *F. arietina* T a y l. consociata, 20—50 *m* (911). 2) In silvaticis inter Faxina et Apiahy prope Lagoas, ca. 800 *m* (141). 3) silvaticis prope urbem Iguapé, 20—100 *m* (383). 4) In itinere Cerqueira Cesar—Fazenda Bella Vista, apud vicum Oteo, ad arbores (1055).

IV. Subgenus **Meteriopsis** S p r.

Frullania Uleana S t e p h.

S ã o P a u l o : 1) Prope Rio Grande ad „São Paulo Railway", ad arbores, 800 *m* (2286). 2) Prope Yporanga in valle fluminis Rio Ribeira, ad arbores, ca. 130 *m* (2155). 3) In silvaticis prope Barra Mansa in districtu urbis Itapecirica, ad arbores, 100 *m* (546). 4) Inter Faxina et Apiahy, prope Lagoas, ca. 800 *m* (137).

Die Lobuli sind bei *F. Uleana* etwa 120 μ lang, bei *F. involuta* etwa 80 μ lang (S. A r n.).

Frullania involuta H p e. ex S t e p h.

S ã o P a u l o : 1) Prope Ypanema in districtu urbis Sorocaba (M. W a c k e t 1454). 2) Prope Rio Grande ad „São Paulo Railway", ad arbores, 800 *m* (2286). 3) In silvis ad Brasso Grande in districtu urbis Itapecirica, ca. 100 *m* (1312). 4) Serra do Cubatão, ad arbores (M. W a c k e t).

Frullania reflexa Å n g s t r. — Taf. XIII/148—149.

Syn. *Frullania turbata* S t e p h., *Frullania atrata* N e e s β *Martiana* N e e s.

S ã o P a u l o : 1) Prope Campo Grande ad „São Paulo Railway", in silvulis campestribus ad truncos, ca. 700 *m* (471, 475, 478, 860). 2) In monte Morro d'Oro prope Apiahy, 1200—1400 *m* (937 p. p.). 3) Prope Rio Grande ad „São Paulo Railway", ca. 800 *m* (576). 4) In silvis ad Brasso Grande in districtu urbis Itapecirica ad arbores, ca. 1000 *m* (1410, 1420, 1545). 5) In silvis prope Alto da Serra, ad arbores, 900 *m* (1693). 6) Ad flumen Tieté prope Butantan in circuitu urbis São Paulo, ca. 800 *m* (1602). — Ad confines R i o d e J a n e i r o — M i n a s G e r a ë s : 7) In rupestribus montis Itatiaya, 1300—2750 *m* (430). 8) In silvaticis regionis inferioris montis Itatiaya, prope Fazenda Monteserrate, ad saxa granitica, ca. 1000 *m* (802). 9) In paludosis partis superioris montis Itatiaya, ad arbores, 2500 *m* (648, 2265). — P a r a n á: 10) Rocca Nova, in terra silvae primaevae, 950 *m* (D u s é n 8161).

Diözisch. Pflanzen schlank, zart, $\pm$ dichte Überzüge bildend, hängend, hell bis dunkel schwärzlichbraun. Stengel bis 20 *cm* lang, locker einfach- bis doppelt-fiederästig; am Querschnitt bis 160 μ breit mit ca. 14 μ weiten dickwandigen Zellen, diese in den beiden äußeren Schichten dunkelbraun, in den inneren Schichten mit gelblichen Zellwänden. Blätter einander berührend, schief abstehend, im trockenen Zustand um den Stengel gewickelt. Blattoberlappen asymmetrisch, eiförmig, kurz und kreisrundlich geöhrlt, 800 μ lang, in der Mitte 600 μ breit, am Scheitel spitz bis zugespitzt, an den Rändern ganzrandig, am Ventralrand $\pm$ dorsal umgerollt, am Dorsalrand gewöhnlich ebenfalls umgerollt, den Stengel zu $^1/_2$ bis $1^1/_2$ der Stengelbreite übergreifend. Lobulus dem Stengel angedrückt, ihm parallel oder zugeneigt, etwa 200 μ lang und 60—80 μ breit, zylindrisch, den unteren Rand des Oberlappens um einige μ überragend, ohne Griffel, an der Mündung mit abgerundetem unterem Rande; flache (blattartig entwickelte) Unterlappen wurden nicht beobachtet. Blattzellen mit dicken flexuosen braunen Wänden, am Rande des Oberlappens ca. 10 × 20 μ, die Binnenzellen ca. 6—10 × 10—20 μ, die basalen Zellen bis 10 × 30 μ. Amphigastrien groß, eilänglich, 450 μ lang, bis 200 μ breit, mit leicht bogiger Insertionslinie; zu ¼ zweilappig mit spitzer Bucht, an den Enden zugespitzt und spitz, an den Rändern ganzrandig und zurückgekrümmt, am Grunde schwach herzförmig. Weibliche Organe an kurzen Ästen endständig, mit oder ohne Innovationssproß. Weibliche Hüllblätter eilänglich. Oberlappen länglich-lanzettlich, ganzrandig mit gewöhnlich zurückgekrümmten Rändern, am Scheitel spitz; Unterlappen bis etwa ¼ seiner Länge frei, fast so lang wie der Oberlappen, lanzettlich, ganzrandig mit zurückgebogenen Rändern, mit lang verschmälertem Scheitel. Hüllunterblatt so lang wie die Hüllblätter, fast bis zur Basis zweilappig geteilt, mit schmalen, lanzettlichen, ganzrandigen Lappen, einseitig mit einem der beiden Hüllblätter verbunden. Perianth am Querschnitt dreieckig, kaum exsert, bis 2 *mm* lang und 600 μ breit, allmählich in das kurze Rostrum verschmälert, das vom übrigen Perianth nicht deutlich abgesetzt ist. Perianthmündung durch abgerundet-vorspringende Zellen krenuliert. Andröcien endständig an ± kurzen Ästen, verkehrt eiförmig, mit dicht ziegeldachigen Hüllblättern (S. A r n.).

Das lange schmale Perianth ist für diese Art charakteristisch. Sie weicht von *F. atrata* N e e s unter anderem ab durch bedeutendere Größe, doppelt so lange wie breite Blätter mit im allgemeinen zurückgekrümmten Dorsalrändern und etwas kleineren Zellen, die in der Nähe des Randes 10—20 × 6—10 μ gegenüber 18—22 × 10 μ bei *F. atrata* messen. Die Ränder der Hüll- und Hüllunterblätter sind ganz, bei *F. atrata* hingegen unregelmäßig gezähnt und weniger stark zurückgebogen (S. A r n.).

V. Subgenus **Trachycolea** S p r.
Syn. Subg. *Galeiloba* S t e p h.

Frullania glomerata L e h m. et L i n d n b g.

S ã o P a u l o : 1) Prope Yporanga in valle fluminis Rio Ribeira, ad arbores, ca. 130 *m* (2156). 2) Ad flumen Tieté prope Butantan in circuitu urbis São Paulo, ad frutices, 800 *m* (1602). 3) In silvaticis inter Faxina et Apiahy, prope Lagoas, ca. 800 *m* (144, 145). 4) Prope Lapa in circuitu urbis São Paulo (2007). 5) In itinere S. Amaro—Barra Mansa in districtu urbis Itapecirica, prope Capella Nova, ad arbores apud casas, 800—900 *m* (1528, 1531). 6) Prope Fazenda Bella Vista in districtu urbis Sa. Cruz ad flumen Rio Pardo, ad arbores, ca. 500 *m* (2289). 7) Ad Pirituba prope Taipas, 750 *m* (1758). 8) Apiahy, ad arbores, ca. 1100 *m* (150). — P a r a n á: 9) In ripa sinistra fluminis Paranapanema ad cataractas Salto Grande, ca. 500 *m* (2391, 2398). 10) In insula inter cataractas Salto Grande do Rio Paranapanema, ca. 500 *m* (2029, 2399). — Ad confines R i o d e J a n e i r o — M i n a s G e r a ë s: 11) In partibus regionis silvaticae superioribus montis Itatiaya, ad arbores, 1400—2000 *m* (629, 638, 639). 12) In rupestribus montis Itatiaya, 2750 *m* (2274). 13) In paludosis superioribus montis Itatiaya, ad truncos *Araucariae angustifoliae*, 2500 *m* (2267, 2269). 14) In silvaticis regionis inferioris montis Itatiaya, ad arbores prope Fazenda Monteserrate, ca. 1000 *m* (592).

F. glomerata hat ein im oberen Teile fast kahles Perianth. Die Färbung ist gewöhnlich rötlichbraun. Die Lobuli sind in der Regel ungefähr so breit wie hoch und beherrschen das Bild bei Betrachtung der Pflanze in Ventralansicht; die laterale Ecke der Mündung springt nicht schnabelförmig vor, sie ist vielmehr häufig eingeschnitten. Die ventrale Flügelleiste des Perianths ist ziemlich stumpf (S. A r n.).

Frullania squarrosa N e e s.

S ã o P a u l o : 1) In monte Jaraguá prope Taipas, ad arbores, 800—1050 *m* (1053). 2) Prope urbem Faxina, ca. 650 *m* (1369). 3) Ad flumen Rio Branco prope Santos, in horto ad arbores, ca. 20 *m* (1926). 4) Prope Yporanga in valle fluminis Rio Ribeira, ca. 130 *m* (78). 5) Prope Salto Grande do Rio Paranapanema, ad arbores, ca. 500 *m* (2197). 6) Prope Lapa in circuitu urbis São Paulo (2008).

Die Androecien sind bei dieser Art gewöhnlich sehr lang, nur selten kurz und kopfig (S. A r n.).

Frullania semivillosa L i n d n b g. et G.

P a r a n á: 1) In ripa sinistra fluminis Paranapanema ad cataractas Salto Grande (2106). — S ã o P a u l o : 2) In silvulis campestribus prope Fazenda Paranapanema apud Capão Bonito (1657). 3) Prope urbem Faxina ad rupes arenae, ca. 650 m (1381, 2348). 4) In silvaticis prope urbem Iguapé, Morro do Senhor, ad arbores, 20—1000 m (386). 5) In itinere S. Amaro—Barra Mansa in districtu urbis Itapecirica, apud São Lourenzo, 800—900 m (1482). 6) In insula inter cataractas Salto Grande do Rio Paranapanema, ad arbores, ca. 500 m (2025). 7) In itinere S. Amaro—Barra Mansa, in districtu urbis Itapecirica, prope Capella Nova, ad arbores apud casas, 800—900 m (1527).

Die männlichen Äste scheinen stets kurz und kopfig zu sein. Die Art hat große Amphigastrien, die 5mal so breit wie der Stengel sind, mit spitzer Bucht, deren Ränder häufig zurückgekrümmt sind. Die Lobuli sind länger als breit; der laterale Rand ihrer Mündung ist oft zurückgekrümmt (S. A r n.).

Frullania julacea S p r.

P a r a n á : 1) In ripa sinistra fluminis Paranapanema ad cataractas Salto Grande, ca. 500 m (2389). — S ã o P a u l o : 2) In insula inter cataractas Salto Grande do Rio Paranapanema, ad arbores, ca. 500 m (2030).

Frullania hirtelliflora G. ex S t e p h. — Taf. XIII/150, h—g.

S ã o P a u l o: 1) Apiahy (P u i g g a r i 264). 2) Campinas ad arbores (H j. M o s é n 319). 3) Prope Salto Grande do Rio Paranapanema, in insula magna ad arbores, ca. 500 m (1248). 4) Prope urbem Faxina, ad arborum ramulos, ca. 650 m (1383). 5) Santos, in horto domini J u l i o C o n c e i ç ã o, 3 m (883). 6) In circuitu urbis Itapetininga ca. 550 m (58). 7) In monte Jaraguá prope Taipas, 800—1050 m (1053). — Ad confines R i o d e J a n e i r o — M i n a s G e r a ë s: 8) In partibus regionis silvaticae superioribus montis Itatiaya, 1400—2000 m (631).

F. hirtelliflora ist wahrscheinlich nur eine Form der *F. julacea* S p r. mit teilweise helmförmigen Lobulis. Die Wände der Blattzellen sind gewunden mit intermediären Verdickungen; die Eckenverdickungen sind knotig (S. A r n.).

Frullania apiahyna G. ex S t e p h. — Taf. XIII/150, j—k.

S ã o P a u l o : 1) Apiahy (L o r e n t z). 2) Prope Salto Grande do Rio Paranapanema, in insula magna ad arbores, ca. 500 m (1248).

Frullania apiahyna ist wahrscheinlich nur eine Form der *F. julacea* S p r. (S. A r n.).

Frullania Deppii G.

S ã o P a u l o : Apiahy (P u i g g a r i 303).

Frullania expansa S t e p h.

S ã o P a u l o : 1) In insula inter cataractas Salto Grande do Rio Paranapanema, ad ramulos, ca. 500 m (2028). — P a r a n á : 2) In ripa sinistra fluminis Paranapanema apud cataractas Salto Grande, ad rupes, ca. 500 m (2392).

Frullania Lindmanii S t e p h. — Taf. XIII/150, a—i.

S ã o P a u l o : 1) Ad Sa. Ana prope Lapa in districtu urbis São Paulo, c. per. (36, 1791). 2) Ad flumen Tieté prope Butantan in circuitu urbis São Paulo, 800 m (1603, 1790).

Perianthien wurden bei dieser Art zuvor nicht beobachtet. Sie sind elliptisch, biconvex. Die Dorsalfläche trägt gewöhnlich zwei stumpfe und etwas flexuose Leisten, die Ventralfläche drei (oder mehr) solcher Leisten, die den dorsalen gleichen; sie reichen bis zur Basis des Perianths herab. Die weiblichen Hüllblätter sind ganzrandig mit stumpfem Scheitel; der Lobulus ist groß, häufig fast so lang wie der Oberlappen, und ganzrandig. Das Hüllunterblatt ist zu $1/_3$ bis $1/_2$ zweilappig, mit spitzen Lappen. Das Rostrum des Perianths ist 70—100 μ lang und ungefähr 100 μ breit, an der Mündung ganzrandig. Die Blattzellen haben deutliche Eckenverdickungen, ohne intermediäre Verdickungen an den Zellwänden (S. A r n.).

Familie **Lejeuneaceae** Kold.-Rosenv.

Schiffner hat von dieser Familie ein umfangreiches und reichhaltiges Material gesammelt, besonders an epiphyllen Pflanzen. Es ist mir nicht möglich gewesen, jede einzelne Pflanze zu untersuchen; ich habe mich darauf beschränkt, die häufigsten und charakteristischsten Arten in den Aufsammlungen zu bestimmen. Auf einem einzelnen Blatt wachsen oftmals zehn oder mehr Arten; eine genaue Sichtung des Materials würde Jahre erfordert haben. Es wird also noch manche Art darin enthalten sein, die von mir nicht festgestellt wurde (S. Arn.).

In der Nomenklatur der Gattungen bin ich den Vorschlägen von Bonner-Bischler-Miller, Studies in Lejeuneaceae II. in Nova Hedwigia III: 351—359 (1961) gefolgt (S. Arn.).

Genus **Anoplolejeunea** (Spr.) Schffn.

Anoplolejeunea conferta (Meissn.) Evans.

São Paulo: 1) In silvaticis prope Barra Mansa in districtu urbis Itapecirica, ad arbores, ca. 1000 *m* (482, 1569, 1570, 1623, 1826, 1848, 1872). 2) In silvis ad Brasso Grande in districtu urbis Itapecirica, ad arbores, ca. 1000 *m* (1559). 3) In silvis litoralibus prope Conceição de Itanhaëm, ad cortices, 5—50 *m* (111 p. p., 375, 757). In circuitu urbis Itapecirica, ad arbores, ca. 550 *m* (39, 271, 273). 5) In itinere a flumine Rio Comprido ad vicum Piruhibe, in silvis ad arbores, 10—100 *m* (249). 6) Prope Lapa in circuitu urbis São Paulo (2009). 7) Prope Rio Grande ad „São Paulo Railway", in silva primigenia ad arbores, 800 *m* (1107). 8) In monte Jaraguá prope Taipas, 1050 *m* (1016, 1538). 9) Ad flumen Rio Branco prope Santos, ad arbores in horto, ca. 20 *m* (1934 p. p., 2141). 10) In silvaticis prope Barra Mansa in districtu urbis Itapecirica, ad arbores, ca. 1000 *m* (482, 1848, 1872). 11) Prope São Bernardo in districtu urbis São Paulo, 800 *m* (8, 22). 12) Prope Campo Grande ad „São Paulo Railway", in silvulis campestribus ad truncos, ca. 700 *m* (448, 776, 777, 873, 874). 13) Prope Raiz da Serra, 20—50 *m* (920).

Genus **Aphanolejeunea** Evans.

Aphanolejeunea sicaefolia (G. in Steph.) Evans

São Paulo: In silvis prope Alto da Serra, 900 *m* (952, 958, 965, 980 p. p., epiphylla).

Aphanolejeunea exigua Evans.

São Paulo: In silvis ad Alto da Serra, 900 *m*, foliicola (395 p. p.).

Aphanolejeunea Kunertiana Steph.

São Paulo: In silvis prope Alto da Serra, 900 *m*, epiphylla (965 p. p.).

Genus **Archilejeunea** Steph.

Aus Brasilien zuvor bekannte Arten:

A. Auberiana (Mont.) Steph., *A. badia* (Spr.) Steph., *A. cognata* (Nees) Steph., *A. crispistipula* (Spr.) Steph., *A. Fischeriana* (Nees) Steph., *A. germana* Steph., *A. negrensis* Steph., *A. parviflora* (Nees) Steph., *A. polyphylla* (Tayl.) Steph., *A. porelloides* (Spr.) Steph., *A. recurvans* (Spr.) Steph., *A. rufa* (Spr.) Steph., *A. saccatiloba* Steph., *A. Spruceana* Steph., *A. unciloba* (Lindnbg.) Steph. (S. Arn.).

Archilejeunea Auberiana (Mont.) Steph.

São Paulo: 1) Ad flumen Rio Branco prope Santos, ad arbores in horto, 20 *m* (1932, 1934); ad truncos putridos (2127). 2) In itinere Cerqueira-Cesar—Fazenda Bella Vista, ad flumen Rio Turvo ad arbores, ca. 500 m (1490). 3) Prope Lapa in circuitu urbis São Paulo (2246). 4) In itinere Cerqueira-Cesar—Fazenda Bella Vista, in silvulis primigeniis ad arbores (1490). — P a r a n á: 5) In ripa sinistra fluminis Rio do Paranapanema ad cataractas Salto Grande ad arbores (2088).

Archilejeunea Fischeriana (N e e s) S t e p h.

S ã o P a u l o : 1) In silvulis campestribus prope Fazenda Paranapanema apud Capão Bonito (1676). 2) Ad flumen Tieté prope Butantan in circuitu urbis São Paulo, ad arbores, ca. 800 m (1788).

Archilejeunea saccatiloba S t e p h.

S ã o P a u l o : In vicinitate sanatorii Guarajá prope Santos, in silva ad arbores, 1—50 m (1117).

Archilejeunea unciloba (L i n d n b g.) S t e p h.

S ã o P a u l o : 1) In monte Jaraguá prope Taipas, 800—1050 m (1032). 2) In silvulis campestribus prope Fazenda Paranapanema apud Capão Bonito, ad arbores (1662). 3) Apiahy (P u i g g a r i 256). 4) In silvaticis prope Cantareira haud procul ab urbe São Paulo, ad arbores, 800 m (1147 p. p.).

Genus **Brachiolejeunea** S t e p h.

Brachiolejeunea densifolia (R a d.) E v a n s.

S ã o P a u l o : 1) Prope Rio Grande ad „São Paulo Railway" ad arbores, ca. 800 m (892, 2228). 2) Ad flumen Tieté prope Butantan in circuitu urbis São Paulo (1601, 1787). 3) Ad Pirituba prope Taipas, 750 m (1769). 4) In silvis ad Brasso Grande in districtu urbis Itapecirica, ad arbores, ca. 800 m (1337). 5) Prope São Bernardo in districtu urbis São Paulo, ad arbores, 800 m (16). 6) In districtu urbis Itapecirica, 800—900 m (2069). 7) In itinere S. Amaro—Barra Mansa, in districtu urbis Itapecirica prope Capella Nova, ad arbores prope casas, 800—900 m (1522, 2074). 8) In silvulis campestribus prope Rio Chepeo apud Capão Bonito (1485). 9) Prope Maranguá inter Santos et Conceição de Itanhaëm, ad arbores, 5—25 m (1348). 10) Apiahy (P u i g g a r i 270 et 233).

Brachiolejeunea Uleana S t e p h.

S ã o P a u l o : 1) Prope Lapa in circuitu urbis São Paulo (305). 2) In silvulis campestribus prope Fazenda Paranapanema apud Capão Bonito, ad arbores (1669). 3) In itinere S. Amaro—Barra Mansa in districtu urbis Itapecirica, apud São Lourenzo, 800—900 m (1475). 4) Prope Rio Grande ad „São Paulo Railway", ad arbores apud domos, 800 m (1591). 5) In itinere Cerqueira-Cesar—Fazenda Bella Vista, ad flumen Rio Turvo, ad arbores parvos, ca. 500 m (1233, 1497). 6) In monte Jaraguá prope Taipas, 800—1050 m (1045). 7) Prope urbem Xiririca ad flumen Rio Ribeira, ad arbores, ca. 50 m (2211). 8) Prope urbem Faxina, ad rupes arenae inter *Peltigeram,* ca. 650 m (1369). — Ad confines R i o d e J a n e i r o — M i n a s G e r a ë s : 9) In partibus regionis silvaticae superioribus montis Itatiaya, 1400—2000 m (633). 10) In paludosis in partibus superioribus montis Itatiaya, 2000—2500 m (2269).

Genus **Bryopteris** (N e e s) L i n d n b g.

Bryopteris diffusa (S w.) N e e s.

S ã o P a u l o : 1) In silvis ad Brasso Grande in districtu urbis Itapecirica, ad arbores, ca. 1000 m (1266, 1299, 1338, 1342, 1416). 2) In silvaticis prope Barra Mansa in districtu urbis Itapecirica, ad arbores, ca. 1000 m (491, 542, 543, 1581). 3) In itinere S. Amaro—Barra Mansa, in districtu urbis Itapecirica, in silvis ad Palmeiras de São Lourenzo, 800—900 m (1752). 4) In circuitu urbis Itapetininga, ca. 550 m (47). 5) In silvaticis ad Rio Mambu in districtu urbis Conceição de Itanhaëm, ad arbores, ca. 100 m (737, 1686). 6) Ad ripas fluminis Aguapihú prope Conceição de Itanhaëm, ad ramulos, ca. 20 m (1194). 7) Ad ripas fluminis Rio Branco prope Conceição de Itanhaëm, ad arbores, 20—100 *m* (1641, 1781). 8) In silvis litoralibus prope Conceição de Itanhaëm, 5—50 *m* (110, 723). 9) In silvaticis Serra do Cayazique prope Santos, ad arbores (1796). 10) Ilha de S. Amaro prope Santos, ad arbores, 5—50 *m* (1834). 11) Prope Raiz da Serra, ad arbores, 20—50 *m* (916). 12) Ad flumen Rio Branco prope Santos, ad arbores, ca. 20 *m* (1923, 1958, 2139). 13) In vicinitate sanatorii Guarujá prope Santos, in silva ad arbores (1116, 1144). 14) In monte Jaraguá prope Taipas, ad arbores, 800—1050 *m* (1042, 1043, 1052). 15) Prope Yporanga in valle fluminis Rio Ribeira, ca. 130 *m* (74). 16) In silvulis campestribus prope Fazenda Paranapanema apud Capão Bonito (1661). 17) Prope S. Amaro in circuitu urbis São Paulo, 800 *m* (1606). 18) Prope Salto Grande do Rio Paranapanema, in insula magna ad arbores, ca. 500 *m* (1245). 19) Apud cataractas Salto dos Treis Ranjos prope urbem Cerqueira-Cesar, ca. 500 *m* (665). 20) Prope Lapa in circuitu urbis São Paulo (309). 21) In insula Ilha Comprida prope urbem Iguapé, ad arbores, 5—10 *m* (526). 22) Prope São Bernardo haud procul ab urbe São Paulo, ad arbores (2357). 23) Prope Rio Grande ad „São Paulo Railway", ad arbores, 800 *m* (126). 24) In silvaticis inter Faxina et Apiahy, prope Lagoas 800 *m* (128). 25) In itinere S. Amaro —Barra Mansa, in districtu urbis Itapecirica, prope Capella Nova, ad arbores prope casas, 800—900 *m* (1535). 26) Prope Yporanga in valle fluminis Rio Ribeira, ad arbores, ca. 130 *m* (2162). 27) Prope Rio Grande ad „São Paulo Railway", ad arbores, ca. 800 *m* (2284). 28) Prope urbem Xiririca ad flumen Rio Ribeira, ad arbores, ca. 50 *m* (2217). 29) In silvaticis prope urbem Iguapé, 200 *m* (1511).

Bryopteris tenuicaulis Tayl.

São Paulo: 1) In silvis ad Brasso Grande in districtu urbis Itapecirica, ad arbores, ca. 1000 *m* (1265, 1338). 2) In silvaticis prope Barra Mansa in districtu urbis Itapecirica, ca. 1000 *m* (361, 362, 490, 2061). 3) In silvis prope Apiahy ad arbores, ca. 1100 *m* (2330). 4) Municipio el Apiahy (Puiggari 1420). 5) In silvaticis inter Apiahy et Yporanga, ad arbores, ca. 900 *m* (1215). 6) Prope Rio Grande ad „São Paulo Railway", ad arbores, 800 *m* (574, 794, 1088, 1099). 7) In silvaticis Serra do Cayazique prope Santos (365, 1795). 8) In vicinitate sanatorii Guarujá prope Santos, in silva ad arbores, 1—50 *m* (1143). 9) In monte Jaraguá prope Taipas, ad arbores, 800—1050 *m* (1044). 10) Prope Raiz da Serra, 20—50 *m* (1725). 11) Ad ripas fluminis Rio Branco prope Conceição de Itanhaëm ad truncos *Aurantiorum*, 20—100 *m* (82, 83). 12) In silvis prope Alto da Serra, ad arbores, 900 *m* (1705). 13) Serra de Piruhibe, ca. 100 *m* (239). 14) In silvaticis ad Rio Mambú in districtu urbis Conceição de Itanhaëm, ca. 100 *m* (1687). 15) In silvaticis prope urbem Iguapé, 20—100 *m* (390, 1512). 16) In circuitu urbis Itapetininga, ad arbores, ca. 550 *m* (48). 17) In silvis ad Brasso Grande in districtu urbis Itapecirica, ad arbores, ca. 1000 *m* (1406 ♀, 1418 ♂). — Ad confines Rio de Janeiro — Minas Geraës: 18) In silvaticis regionis inferioris montis Itatiaya, ad arbores, 1000—1400 *m* (821).

Genus **Ceratolejeunea** (Spr.) Steph.

Aus dem Gebiet zuvor bekannte Arten:

C. brasiliensis (G.) Steph., *C. caducifolia* (Spr.) Steph., *C. longicornis* (G.) Steph., *C. luteola* (Spr.) Steph., *C. maritima* (Spr.) Steph., *C. Martiana* (G.) Steph., *C. Mosenii* Steph., *C. Poeppigiana* (Nees) Steph., *C. rionegrensis* Steph., *C. rufo-pellucida* (Spr.) Steph., *C. scaberula* (Spr.) Steph., *C. tenuicornuta* Steph., *C. Uleana* Steph. (S. Arn.).

Ceratolejeunea brasiliensis (G.) Steph.

São Paulo: 1) In itinere a flumine Rio Comprido ad vicum Piruhibe, ad arbores in silvis, 10—100 *m* (253); ad saxa (261). 2) Prope Campo Grande ad „São Paulo Railway" in silvulis campestribus ad truncos, ca. 700 *m* (442, 445, 550, 770, 777). 3) In silvaticis prope Barra Mansa in districtu urbis Itapecirica, ad arbores, ca. 1000 *m* (486, 492, 529, 1367, 1568, 1570, 1578, 2041, 2042, 2043). 4) In silvaticis ad Rio Mambú in districtu urbis Conceição de Itanhaëm, ad arbores, ca. 100 m (1681). 5) In silvulis campestribus prope Fazenda Paranapanema apud Capão Bonito (1674). 6) Serra de Piruhibe, ca. 100 m (229, 231). 7) In silvis ad Brasso Grande in districtu urbis Itapecirica, ad arbores, ca. 1000 m (1270, 1275, 1284, 1296, 1336, 1421, 1423, 1424). 8) In circuitu urbis Cerqueira-Cesar, ad arbores, ca. 500 m (1458, 1459). 9) Prope Yporanga in valle fluminis Rio Ribeira, ad arbores, ca. 130 m (2169). 10) In silvaticis prope urbem I g u a p é, 20—100 m (1520). 11) Ad flumen Rio Branco prope Santos, ad arbores, ca. 20 m (1942, 2133, 2135, 2139). 12) In circuitu urbis Itapetininga, ca. 550 m (45, 604). 13) Ad ripas fluminis Rio Branco prope Conceição de Itanhaëm, 20—100 m (86, 87, 95, 97). 14) In silvis litoralibus prope Conceição de Itanhaëm, 5—50 m (366). 15) Prope urbem Faxina, ad rupes arenae, ca. 650 m (1367). 16) Bertioga prope Santos, apud ostium fluminis Rio da Fazenda, ad arbores, 5—25 m (1060, 1061). 17) Ad cataractas prope Itú ad flumen Buturoba prope Santos, ad saxa, ca. 10 m (1977, 1981). 18) In vicinitate sanatorii Guarujá prope Santos, in silva ad arbores, 1—50 m (1124 p. p.). 19) Ad ripas fluminis Rio Branco prope Conceição de Itanhaëm, ad truncos *Aurantiorum*, 20—100 m (97). 20) Prope Raiz da Serra, ad arbores, 20—50 m (920). 21) Prope Maranguá inter Santos et Conceição de Itanhaëm, 5—25 m (1356). — Ad confines R i o d e J a n e i r o — M i n a s G e r a ë s : 22) In silvaticis regionis inferioris montis Itatiaya, ad saxa prope Fazenda Monteserrate, 1000 m (606).

Ceratolejeunea cornuta (L i n d n b g.) S c h f f n.

S ã o P a u l o : 1) In insula Comprida prope urbem Iguapé, 5—10 m (514). 2) Serra de Piruhibe, ad saxa, ca. 100 m (236). 3) In silvaticis ad Rio Mambú in districtu urbis Conceição de Itanhaëm, ca. 100 m (1680). 4) Ad flumen Rio Branco prope Santos, ca. 20 m (1973, 2141). 5) Prope urbem Xiririca ad flumen Rio Ribeira, ad arbores, ca. 50 m (2297).

Ceratolejeunea rufo-pellucida (S p r.) S t e p h.

S ã o P a u l o : In silvis prope Alto da Serra, 900 m (1697, sterilis).

Ceratolejeunea coarina (G.) S t e p h.

S ã o P a u l o : 1) Ad flumen Rio Branco prope Santos, in horto ad arbores, 20 m (1917). 2) In silvaticis prope urbem Iguapé, Morro do Senhor, ad arbores, 100—200 m (382).

Ich hatte keine Gelegenheit, das S c h i f f n e r sche Exsikkat n. 1917 mit dem Typus-Exemplar zu vergleichen. Bei ersterem sind die basalen Ocellen manchmal in Ein- oder Zweizahl, gewöhnlich aber zu 3—4 vorhanden, in einer Querreihe eng beieinanderliegend. Die Hörner des Perianths sind bei diesem Exemplar gewöhnlich plump und gegen die Enden zu etwas aufgeblasen (S. A r n.).

Ceratolejeunea longicornis (G.) S t e p h.

S ã o P a u l o : 1) Ad flumen Rio Branco prope Santos, in horto ad arbores, 20 m (1916, 1965); ad muros vetustos, ca. 20 m (282). 2) Ad ripas fluminis Rio Aguapihú prope Conceição de Itanhaëm, ad arbores, 20 m (1188). 3) In vicinitate sanatorii Guarujá prope Santos, in silva ad arbores, 1—50 m (1125, 1140). 4) In itinere S. Amaro—Barra Mansa, in districtu urbis Itapecirica, in silvis ad Palmeiras de São Lourenzo, ca. 800—900 m (1738). 5) Prope Campo Grande ad „São Paulo Railway", in silvulis campestribus ad truncos, ca. 700 m (439). 6) In itinere a flumine Rio Comprido ad vicum Piruhibe, in silvis, 10—100 m (258). 7) In silvis prope Alto da Serra, ad arbores (955, 968, 1611). 8) Prope Rio Grande ad „São Paulo Railway", 800 m (118 p. p.). 9) In silvaticis prope urbem Iguapé, 20—100 m (1520). 10) Prope Maranguá inter Santos et Conceição de Itanhaëm, ad arbores, 2—25 m (1355).

Ceratolejeunea rionegrensis S t e p h.

S ã o P a u l o : In vicinitate sanatorii Guarujá prope Santos, in silva ad arbores, 1—50 m (1136).

Ceratolejeunea Poeppigiana (N e e s) S t e p h.

S ã o P a u l o : 1) In circuitu urbis Itapetininga, ad arbores, ca. 550 m (40). 2) Prope Campo Grande ad „São Paulo Railway", in silvulis campestribus ad truncos, ca. 700 m (446, 449). 3) Ad flumen Rio Branco prope Santos, in horto ad arbores, ca. 20 m (1916 p. p.).

Ceratolejeunea caducifolia (S p r.) S t e p h.

S ã o P a u l o : In silvaticis ad Rio Mambú in districtu urbis Conceição de Itanhaëm, ad arbores, ca. 100 m, sterilis (752 p. p.).

Ceratolejeunea ceratantha (N e e s et M o n t.) S t e p h.

S ã o P a u l o : 1) Ad flumen Rio Branco prope Santos, ad arbores, ca. 20 m (2132). 2) Yporanga (P u i g g a r i 844). 3) Prope Campo Grande ad „São Paulo Railway", in silvulis campestribus ad truncos, ca. 700 m (777 p. p.).

Ceratolejeunea luteola (S p r.) S t e p h.

S ã o P a u l o : Prope Campo Grande ad „São Paulo Railway", in silvulis campestribus ad truncos, ca. 700 m (777 p. p.).

Ceratolejeunea Mosenii S t e p h.

S ã o P a u l o : 1) Ad flumen Rio Branco prope Santos, in horto ad arbores, ca. 20 m (1916 p. p.). 2) In vicinitate sanatorii Guarujá prope Santos, in silva ad arbores, 1—50 m (1124 p. p.). 3) In silvaticis prope urbem Iguapé, 20—100 m (1515).

Ceratolejeunea fuliginosa (S p r.) S t e p h.

S ã o P a u l o : Ad flumen Rio Branco prope Santos, ad arbores, ca. 20 m (2132).

Ceratolejeunea Martiana (G.) S t e p h.

S ã o P a u l o : Ad flumen Rio Branco prope S a n t o s, ad muros vetustos, ca. 20 m (280).

Genus **Cheilolejeunea** (Spr.) Steph.

Cheilolejeunea grandibracteata S t e p h.

Ad confines R i o d e J a n e i r o — M i n a s G e r a ë s : In regionis silvaticae partibus superioribus montis Itatiaya, 1400—2000 m (628).

Cheilolejeunea leptophylla (Å n g s t r.) S t e p h.

S ã o P a u l o : 1) In silvaticis prope Cantareira haud procul ab urbe São Paulo, ad arbores, 800 m (1153). 2) In circuitu urbis Itapetininga, ad arbores, ca. 550 m (2187). 3) In monte Jaraguá prope Taipas, 800—1050 m (155). 4) In silvis ad Brasso Grande in districtu urbis Itapecirica, ca. 1000 m (1904). 5) Prope Raiz da Serra, ad arbores, 20—50 m (919). 6) Apiahy (P u i g g a r i 317).

Cheilolejeunea oxyloba (L i n d n b g. et G.) S t e p h.

P a r a n á : In ripa sinistra fluminis Paranapanema, ad frutices, 500 m (2094, 2105).

Cheilolejeunea brunella S t e p h.

S ã o P a u l o : In silvaticis ad Rio Mambú in districtu urbis Conceição de Itanhaëm, ca. 100 m, epiphylla (35).

Genus **Cololejeunea** (Spr.) Steph.

Cololejeunea ensifolia (S p r.) G. B e a u v e r d.

Syn. *Lejeunea ensifolia* S p r., Hep. Am. And. p. 297 (1884).

S ã o P a u l o : 1) In silvis prope Alto da Serra, 900 m, foliicola (192, 395, 958, 691, 972). 2) Apud cataractas Salto dos Treis Ranjos prope urbem Cerqueira-Cesar ,ca. 500 m (211, 2382 p. p.). 3) In monte Jaraguá prope Taipas, 800—1050 m, foliicola (157).

Cololejeunea clavatopapillata S t e p h.

Syn. *Physocolea clavatopapillata* S t e p h., Spec. Hep. V, p. 875 (1916).

São Paulo: Prope São Bernardo in districtu urbis São Paulo, 800 *m* (25, 26).

Cololejeunea cardiocarpa (Mont.) Steph.

Syn. *Lejeunea cardiocarpa* Mont., Syn. Hep. p. 394 (1845).

São Paulo: Prope São Bernardo in districtu urbis São Paulo, 800 *m* (27 p. p.).

Cololejeunea obliqua (Nees et Mont.) S. Arn., n. comb.

Syn. *Lejeunea obliqua* Nees et Mont., Ann. Sc. Nat. 2. ser. 19: 264 (1843).

São Paulo: 1) In silvis ad Brasso Grande in districtu urbis Itapecirica, ca. 1000 *m* (1841, 1907). 2) Apud cataractas Salto dos Treis Ranjos prope urbem Cerqueira-Cesar, ca. 500 *m* (2382). 3) Prope urbem Faxina, ca. 650 *m* (330). 4) In vicinitate sanatorii Guarujá prope Santos, 1—25 *m* (683). 5) Barra Mansa (1840). 6) Apiahy (Puiggari 791). 7) Xiririca (Puiggari 93). — Paraná: In ripa sinistra fluminis Paranapanema ad cataractas Salto Grande, ca. 500 *m* (2390).

Ich hatte keine Gelegenheit, die brasilianische Pflanze mit dem Typus-Exemplar zu vergleichen. Die brasilianische Pflanze hat häufig einen Ocellus im Blatt (S. Arn.).

Cololejeunea Mosenii (Steph.) S. Arn., n. comb.

Syn. *Physocolea Mosenii* Steph., Spec. Hep. V: 879 (1916).

São Paulo: 1) Ad flumen Rio Branco prope Santos, ca. 20 *m* (326). 2) In silvaticis ad Rio Mambú in districtu urbis Conceição de Itanhaëm, ca. 100 *m* (31, 32, 33, 34, 35, 738). 3) In silvis ad Brasso Grande in districtu urbis Itapecirica, ca. 1000 *m* (1842, 1902). 4) In silvaticis Serra do Cayazique prope Santos (2006). 5) In silvis prope Alto da Serra, ca. 900 *m* (191, 972, 975, 1002). 6) Bertioga prope Santos, 5—25 *m* (1893); Bertioga ad ostium fluminis Rio do Fazenda (382). 7) Prope São Bernardo in districtu urbis São Paulo, 800 *m* (25). 8) Prope Maranguá inter Santos et Conceição de Itanhaëm (334).

Cololejeunea liliputiana (Spr.) S. Arn., n. comb.

Syn. *Lejeunea liliputiana* Spr., Hep. Am. And. p. 297 (1884).

São Paulo: 1) In silvaticis ad Rio Mambú in districtu urbis Conceição de Itanhaëm, ca. 100 *m* (34). 2) In silvaticis prope Barra Mansa in districtu urbis Itapecirica, ca. 1000 *m* (1839). 3) In silvis prope Alto da Serra, ca. 900 *m* (161, 972, 975). 4) In silvaticis Serra do Cayazique prope Santos (2006 p. p.). 5) In monte Jaraguá prope Taipas (157, 977).

Cololejeunea platyneura (Spr.) S. Arn., n. comb.

Syn. *Lejeunea platyneura* Spr., Hep. Am. And. p. 299 (1884).

São Paulo: Ad urbem São Paulo prope Hygienopolis (341). 2) In silvis ad Brasso Grande in districtu urbis Itapecirica, ad folia filicum, ca. 1000 *m* (1902). 3) In silvis prope Salto da Serra, ca. 900 *m* (161 p. p.).

Cololejeunea fluviatilis Steph.

São Paulo: Ad ripas fluminis Rio Branco prope Conceição de Itanhaëm, ad ramos *Araucariae*, 20—100 *m* (28).

Cololejeunea longispica (Steph.) S. Arn., n. comb.

Syn. *Physocolea longispica* Steph., Spec. Hep. V: 878 (1916).

Paraná: In ripa sinistra fluminis Paranapanema ad cataractas Salto Grande, ad frutices, ca. 500 *m* (2393).

Cololejeunea myriocarpa (Nees et Mont.) Steph.

São Paulo: In insula inter cataractas Salto Grande do Rio Paranapanema, ad frutices, ca. 500 *m* (2033).

Cololejeunea Uleana Steph.

São Paulo: Ad Pirituba prope Taipas, 750 *m* (1757).

Genus **Colura** Dum.

Colura tenuicornis (Evans) Steph.

São Paulo: Prope Campo Grande ad „São Paulo Railway" in silvius campestribus, ad *Frullaniam* spec., ca. 700 m (869, 1594).

Colura tortifolia (Mont. et Nees) Trevis.

São Paulo: 1) Prope São Bernardo haud procul ab urbe São Paulo, 800 m (22 p. p.). 2) In silvis prope Alto da Serra, 900 m (190 p. p., 193 p. p., 203 p. p., epiphylla). 3) In silvis ad Brasso Grande in districtu urbis Itapecirica (1860 p. p.).

Genus **Crossotolejeunea** (Spr.) Steph.

Crossotolejeunea apiahyna Steph.

São Paulo: 1) In silvis prope Alto da Serra, ad arbores, 900 m (188). 2) In monte Jaraguá prope Taipas, 800—1050 m (160, 1027, epiphylla). 3) In silvis ad Brasso Grande in districtu urbis Itapecirica, ad arbores, ca. 1000 m (1321 p. p., 1561). 4) Prope Maranguá inter Santos et Conceição de Itanhaëm, 5—25 m (332). 5) Apud cataractas Salto dos Treis Ranjos prope urbem Cerqueira-Cesar, ca. 500 m (2382). 6) Ilha de S. Amaro prope Santos (1311). — Ad confines Rio de Janeiro—Minas Geraës: 7) In regionis silvaticae partibus superioribus montis Itatiaya, 1400—2000 m (627).

Crossotolejeunea cristulaeflora G. ex Steph.

São Paulo: Prope São Bernardo in districtu urbis São Paulo, ad truncos putridos (18).

Crossotolejeunea lignicola (Ångstr.) Steph.

São Paulo: Ad flumen Rio Branco prope Santos, in silva ad truncos putridos, ca. 20 m (1962).

Genus **Cyclolejeunea** Evans.

Cyclolejeunea peruviana (Lehm. et Lindnbg.) Evans.

São Paulo: 1) In silvis prope Alto da Serra, 900 m, epiphylla (142, 190, 192, 197, 395, 396, 397, 398, 410, 957, 963, 964, 965, 968, 970, 971, 973, 980, 989, 1002, 1611). 2) Bertioga prope Santos, 5—25 m (1892).

Cyclolejeunea paulina (Steph.) Steph.

São Paulo: 1) In silvis prope Alto da Serra, 900 m (142, 200, 201, 204, 967, epiphylla). 2) Apiahy (Puiggari 278).

Cyclolejeunea accedens (G.) Evans.

São Paulo: Ilha de S. Amaro prope Santos (1311).

Cyclolejeunea grossidens Steph.

São Paulo: 1) In silvis ad Brasso Grande in districtu urbis Itapecirica, ca. 1000 m (1858, 1899, 1903). 2) In silvis prope Alto da Serra, 900 m (142, 190, 197, 202, 395, 396, 397, 398, 965, 966, 967, 968, 970, 972, 975, 980, 995). 3) Bertioga prope Santos, 5—25 m (1877, 1878, 1879, 1882, 1883, 1884, 1891). 4) In silvaticis Serra São João prope Santos, ca. 200 m (2002, 2004). 5) In silvaticis Serra do Cayazique prope Santos, ca. 300 m (2005). 6) Prope Campo Grande ad „São Paulo Railway", in silvulis campestribus, ca. 700 m (1360).

Cyclolejeunea grandistipula Steph.

São Paulo: In silvis prope Alto da Serra, 900 m, epiphylla (191, 369).

Der Blattrand ist durch kleine, vorspringende Zellen krenuliert. Der laterale Rand des Lobulus zeigt verlängerte Zellen. Brutkörper wurden beobachtet (S. Arn.).

Cyclolejeunea lignicola (Ångstr.) Steph. — Taf. XIII/151.

São Paulo: In silvaticis prope Barra Mansa in districtu urbis Itapecirica, ad truncos putridos, ca. 1000 *m* (535, 540, 1822).

Ocellen kommen im basalen Teil des Oberlappens mancher Blätter vor (S. Arn.).

Genus **Cystolejeunea** Evans.

Cystolejeunea lineata (Lehm. et Lindnbg.) Evans.

São Paulo: 1) Alto da Serra, 900 *m*, epiphylla (190 p. p.). 2) In itinere S. Amaro—Barra Mansa in districtu urbis Itapecirica, in silvis ad Palmeiras de São Lourenzo, 800—900 *m* (1734). 3) Prope Rio Grande ad „São Paulo Railway", 800 *m* (1594).

Genus **Dicranolejeunea** (Spr.) Steph.

Dicranolejeunea phyllorhiza (Nees.) Steph.

São Paulo: In monte Jaraguá prope Taipas ad arbores, ca. 800—1050 *m* (1030).

Dicranolejeunea axillaris (Mont.) Steph.

São Paulo: In silvaticis ad Rio Mambú in districtu urbis Conceição de Itanhaëm, ca. 100 *m*, foliicola (35).

Dicranolejeunea paulina G. ex Steph.

São Paulo: 1) In silvis prope Alto da Serra, 900 *m*, foliicola (395, 963). 2) Ad flumen Rio Branco prope Santos, ad arbores, ca. 20 *m* (2129).

Genus **Diplasiolejeunea** (Spr.) Steph.

Diplasiolejeunea pellucida (Meissn.) Steph.

São Paulo: 1) In silvaticis prope Barra Mansa in districtu urbis Itapecirica, ca. 1000 *m* (1839, 1876). 2) In silvis prope Alto da Serra, 900 *m* (192, 197, 401, 957, 958, 962, 972, 974, 1001, 1838). 3) In silvis ad Brasso Grande in districtu urbis Itapecirica, ca. 1000 *m* (1841, 1901). 4) In silvaticis Serra do Cayazique prope Santos, ca. 300 *m* (2005). 5) Prope São Bernardo in districtu urbis São Paulo, 800 *m* (27). 6) Prope Rio Grande ad „São Paulo Railway" (690). 7) In vicinitate sanatorii Guarujá prope Santos, 1—50 *m* (683 p. p.). 8) Bertioga prope Santos ad ostium fluminis Rio do Fazenda, 5—25 *m* (382). 9) Prope Maranguá inter Santos et Conceição de Itanhaëm, 5—25 *m* (335). 10) Prope Campo Grande ad „São Paulo Railway", in silvulis campestribus ad truncos, ca. 700 *m* (1360).

Diplasiolejeunea brunnea Steph.

São Paulo: 1) In silvis prope Alto da Serra, 900 *m* (161, 191, 192). 2) Prope Maranguá inter Santos et Conceição de Itanhaëm (332, 334). 3) In vicinitate sanatorii Guarujá prope Santos, 1—50 *m* (683 p. p.). 4) Bertioga prope Santos, 5—25 *m* (1877, 1881, epiphylla).

Diplasiolejeunea unidentata (Lehm. et Lindnbg.) Steph.

São Paulo: Prope São Bernardo in districtu urbis São Paulo, 800 *m* (852).

Genus **Drepanolejeunea** Steph.

Drepanolejeunea araucariae Steph.

São Paulo: 1) Prope São Bernardo in districtu urbis São Paulo, 800 m (852). 2) In silvis ad Brasso Grande in districtu urbis Itapecirica, 1000 m (1862, 1872). 3) Prope Rio Grande ad „São Paulo Railway", ad arbores, 800 m (869, 1588). 4) In monte Jaraguá prope Taipas, ad arbores, 800—1050 m (1022). 5) Prope Campo Grande ad „São Paulo Railway", in silvulis campestribus ad truncos, ca. 700 m (870).

Drepanolejeunea biocellata Evans.

São Paulo: 1) In silvis prope Alto da Serra, 900 m (192 p. p., 958 p. p., 960 p. p., 980 p. p.). 2) Bertioga prope Santos, 5—25 m, foliicola (1891).

Drepanolejeunea lancifolia (G.) Steph.

São Paulo: 1) In silvis prope Alto da Serra, 900 m (960, 965, 974, 995, 1001, 1838). 2) In silvis ad Brasso Grande in districtu urbis Itapecirica, ca. 1000 m (1900). 3) Prope Rio Grande ad „São Paulo Railway", 800 m (690). 4) In silvaticis prope Barra Mansa in districtu urbis Itapecirica, ca. 1000 m (1570, 1840). 5) In monte Jaraguá prope Taipas, 800—1050 m (154, 1031). 6) Prope Campo Grande ad „São Paulo Railway", in silvulis campestribus ad truncos, ca. 700 m (870). 7) Bertioga prope Santos, 5—25 m (1891). 8) In itinere S. Amaro—Barra Mansa, in districtu urbis Itapecirica, 800—900 m (1737).

Drepanolejeunea proboscidea (G. ex Steph.) Steph.

São Paulo: 1) Prope Rio Grande ad „São Paulo Railway", ad arbores apud domos, 800 m (1588). 2) In monte Jaraguá prope Taipas, 800—1050 m (154, 155 p. p.).

Drepanolejeunea capulata (Tayl.) Steph.

São Paulo: 1) In silvis prope Alto da Serra, 900 m (190, 958 p. p., 972 p. p.). 2) Prope São Bernardo in districtu urbis São Paulo, 800 m (852). 3) Prope Campo Grande ad „São Paulo Railway", in silvulis campestribus ad truncos, ca. 700 m (457 p. p., 551, 777, 1361, foliicola). 4) Prope Barra Mansa in districtu urbis Itapecirica (1840).

Var. **flagellifera** S. Arn., n. var.

A forma typica differt flagellis numerosis, truncus ramique plerumque in flagellum longum microphyllum abeuntes (S. Arn.).

São Paulo: Prope São Bernardo, in districtu urbis São Paulo, ad truncos putridos, ca. 800 m (18). Typus Hb. W.

Drepanolejeunea campanulata (Spr.) Steph.

São Paulo: 1) Prope Campo Grande ad „São Paulo Railway", in silvulis campestribus ad truncos, ca. 700 m (1361). 2) In silvis prope Alto da Serra, 900 m (980 p. p.).

Genus **Euosmolejeunea** Steph.

Die brasilianischen Arten dieser Gattung haben sämtlich eine große mittelständige Papille auf den Außenwänden der Blattzellen (S. Arn.).

Euosmolejeunea clausa (Nees et Mont.) Evans.

São Paulo: 1) Bertioga prope Santos, ad arbores, 5—25 m (1542, 1543, 1544). 2) In vicinitate sanatorii Guarujá prope Santos, in silva ad arbores (1131 p. p.). 3) Prope Yporanga in valle fluminis Rio Ribeira, ca. 130 m (64, 66, 67, 68, 69, 70 p. p., 71). 4) Ad flumen Rio Branco prope Santos, Sitio Bülow, ad muros vetustos, ca. 10 m (275 p. p., 2141). 5) In insula inter cataractas Salto Grande do Rio Paranapanema, ca. 500 m (2027, 2036). 6) In silvulis campestribus prope Fazenda Paranapanema apud Capão Bonito (1663 p. p.). 7) Prope Salto Grande do Rio Paranapanema, in insula magna ad arbores, 500 m (1243, 1244, 2206). 8) In circuitu urbis Itapetininga, ca. 350 m (41, 42). 9) Prope urbem Xiririca ad flumen Rio Ribeira ad arbores, ca. 50 m (2209, 2213). 10) Prope Raiz da Serra, 20—50 m (914). 11) In silvis litoralibus prope Conceição de Itanhaëm, 5—50 m (371). 12) In itinere Cerqueira-Cesar—Fazenda Bella Vista, ad flumen Rio Turvo ad arbores, ca. 500 m (1509). — Paraná: 13) In ripa sinistra fluminis Paranapanema ad cataractas Salto Grande, ad arbores, 500 m (2095 p. p., 2102, 2112, 2238, 2241).

Euosmolejeunea longiflora (Tayl.) Spr.

São Paulo: 1) Prope Campo Grande ad „São Paulo Railway", in silvulis campestribus ad truncos, ca. 700 m (448, 776, 1277). 2) Prope Yporanga in valle fluminis Rio Ribeira, ad arbores, 130 m (2168). 3) In vicinitate sanatorii Guarajá prope Santos, in silva ad arbores, 1—50 m (1137). 4) In insula inter cataractas Salto Grande do Rio Paranapanema, ca. 500 m (2037). 5) In silvis litoralibus prope Conceição de Itanhaëm, 5—50 m (108, 372, 373). 6) In silvulis campestribus prope Fazenda Paranapanema apud Capão Bonito (1663 p. p.). 7) Prope urbem Iguapé, ad muros vetustos, 20—100 m (388, 389). 8) Prope Raiz da Serra, 20—50 m (920). 9) Prope Maranguá inter Santos et Conceição de Itanhaëm, ad arbores, 5—25 m (1357). 10) Ad flumen Rio Branco prope Santos, ad muros vetustos, ca. 20 m (280 p. p., 1916). 11) In insula Comprida prope urbem Iguapé, ad arbores, 5—10 m (521). 12) In itinere ad flumen Rio Comprido ad vicum Piruhibe, ad arbores in silvis, 10—100 m (254, 262). 13) Prope Rio Grande ad „São Paulo Railway", ad arbores in silva primigenia, 800 m (897). 14) In circuitu urbis Cerqueira-Cesar, ad arbores, ca. 500 m (1462). — Ad confines Rio de Janeiro — Minas Geraës: 15) In silvaticis regionis inferioris montis Itatiaya, ad saxa prope Fazenda Monteserrate (604, 605, 607, 809).

Die Blätter der Pflanzen der Aufsammlung 13) von Rio Grande sind manchmal am Scheitel spitz oder bespitzt. Die Art scheint mit *E. tenerrima* (Lindnbg.) Steph. durch Zwischenformen verbunden zu sein; wahrscheinlich besteht kein tiefergreifender Unterschied zwischen beiden und sind sie in eine einzige Art zusammenzuziehen (S. Arn.).

Euosmolejeunea duriuscula (Nees) Steph.

São Paulo: 1) Ad cataractas prope Itú ad flumen Rio Buturoba prope Santos, ad saxa, ca. 10 m (1976). 2) Prope urbem Faxina, ca. 650 m (1391). 3) Prope Raiz da Serra, ad arbores, 20—50 m (920). — Ad confines Rio de Janeiro—Minas Geraës: In silvaticis regionis inferioris montis Itatiaya, ad saxa terra obtecta prope Fazenda Monteserrate, 1000 m (810, 812).

Euosmolejeunea Beyrichii (Lindnbg.) Steph.

São Paulo: 1) In silvis prope Alto da Serra, ad arbores, ca. 900 m (981, 993, 1699). 2) Prope Raiz da Serra, 20—50 m (1716). 3) In silvaticis prope Barra Mansa in districtu urbis Itapecirica, ad arbores, ca. 1000 m (485, 487, 535, 541, 1805, 2066). 4) In silvis ad Brasso Grande in districtu urbis Itapecirica, ca. 1000 m (1262, 1268, 1306, 1425). 5) In silvis litoralibus prope Conceição de Itanhaëm, 5—50 m (108). 6) Ad flumen Rio Branco prope Santos, in horto ad arbores, 20 m (1916). — Ad confines Rio de Janeiro—Minas Geraës: 7) In silvaticis regionis inferioris montis Itatiaya, ad arbores, 1000—1400 m (619, 823, 842).

Euosmolejeunea Beyrichii (Lindnbg.) Steph., *E. subcrenulata* (Spr.) Steph. und *E. fragrantissima* (Spr.) Steph. sind wahrscheinlich Formen ein und derselben Art (S. Arn.).

Euosmolejeunea suaveolens (Spr.) Steph.

São Paulo: Prope Salto Grande do Rio Paranapanema, ad ramulos, ca. 500 m (210).

Diese Art ist vielleicht nur eine Form der *E. clausa* (S. Arn.).

Euosmolejeunea comans (Spr.) Steph.

São Paulo: In silvaticis prope Barra Mansa in districtu urbis Itapecirica, ad arbores, ca. 1000 m (537).

Genus **Harpalejeunea** (Spr.) Steph.

Zuvor aus dem Gebiet bekannte Arten:

H. blepharogona (Spr.) Steph.
H. diversicuspis (Spr.) Steph.
H. lignicola (Spr.) Steph.
H. longibracteata (Spr.) Steph.
H. Mohrii Steph.
H. oxyphylla (Mont. et Nees) Steph.
H. paratropa (Spr.) Steph.
H. pellucida Herz.
H. tenuicuspis (Spr.) Steph.
H. verrucosa Herz.

Harpalejeunea Schiffnerii S. Arn., n. spec. — Taf. XIII/152.

Dioica, pallide flavo-viridis, corticola. Caulis ad 8 *mm* longus, irregulariter multiramosus. Folia caulina contigua, oblique patula vel suberecta, valde concava apiceque decurva, in plano lanceolata, falcata, 0,25 *mm* longa, apice acuto, brevi basi inserta. Lobulus maximus, inflatus, carina valde arcuata, angulo spina armato. Amphigastria caulina caule parum latiora, obcuneata. Perianthia uno latere innovata, obovata, inflata, quinqueangularia, inferne nuda, superne grosse alata alis irregulariter et longe spinosis, spinis ad 5 cellulas longis, rostro parvo. Folia floralia perianthio aequilonga, late lanceolata, margine integro. Amphigastrium florale magnum, ad $1/4$ bifidum, margine integro. Androecia ignota.

Typus: Schffn. 24, Hb. W. (S. Arn.).

São Paulo: Prope São Bernardo in districtu urbis São Paulo, 800 *m*, corticola (24).

Diözisch, bleich gelblichgrün, rindenbewohnend. Stengel bis 8 *mm* lang, 40 μ dick, blaßbraun. Blätter einander genähert, fast aufrecht, konkav mit eingekrümmter Spitze, ausgebreitet-sichelförmig, am spitzen Scheitel mit 1—3 einreihigen Zellen endigend, am unteren Rand plan-konkav, der obere Rand — besonders im mittleren Teile — bogig, die Insertionslinie kurz. Zellen am Blattrand etwa 10×12 μ, im mittleren Teile des Oberlappens 12×20—18×20 μ, im basalen Teile mit 1—2 Ocellen von 20×30—40 μ. Lobulus groß, aufgeblasen, mit bogigem Kiel, am Scheitel mit einem kurzen Zahn. Amphigastrien verkehrt keilförmig, bis doppelt so breit wie der Stengel, mit breiten stumpfen Lappen. Perianth verkehrt eiförmig, aufgeblasen, im oberen $1/3$ mit 5 Längsflügeln, diese fransig-gezähnt, die Fransen bis 5 Zellen lang. Rostrum 40 μ lang und 20 μ breit. Unter dem Perianth mit einem Innovationsast. Weibliche Hüllblätter ungefähr so lang wie das Perianth, breitlanzettlich, mit spitzlichem Scheitel. Lobulus halb so lang, mit stumpfem Scheitel. Hüllunterblätter fast so lang wie das Perianth, zu $1/4$ zweilappig, mit stumpfen Lappen und stumpfer Bucht. Andröcien wurden nicht beobachtet (S. Arn.).

Weicht von den übrigen südamerikanischen Arten des Genus durch die langen Fransen des Perianths und von den meisten anderen Arten durch das Vorkommen von Ocellen an der Basis der Blätter ab (S. Arn.).

Harpalejeunea tridens (Besch. et Spr.) Steph.

São Paulo: In silvaticis Serra São João prope Santos, epiphylla (2002).

Perianth ähnlich dem von *H. blepharogona* (Spr.) Steph., mit vier hohen und scharfen Längsfalten, die bis 5 Zellen lange und gewöhnlich 1 Zelle breite, an der Basis manchmal 2—3 Zellen breite Fransenzähne tragen (S. Arn.).

Harpalejeunea oxyphylla (Mont. et Nees) Steph.

São Paulo: 1) In silvaticis ad Rio Mambú in districtu urbis Conceição de Itanhaëm, ad arbores ca. 100 *m* (749 p. p., 752). 2) In vicinitate sanatorii Guarujá prope Santos, in silva ad arbores, 1—50 *m* (1123). 3) In silvulis campestribus prope Fazenda Paranapanema apud Capão Bonito (1660).

Harpalejeunea ancistrodes (Spr.) Steph.

São Paulo: 1) In silvis prope Alto da Serra, 900 *m* (202, 205, 967, 968, epiphylla). 2) In silvaticis prope Barra Mansa (348, epiphylla; 1826, corticola).

Harpalejeunea lignicola (Spr.) Steph.

São Paulo: 1) Prope Campo Grande ad „São Paulo Railway", in silvulis campestribus, ca. 700 m (443, 457, 869, 1361). 2) In silvis prope Alto da Serra, 900 m, foliicola (191, 395 p. p., 967 p. p.). 3) Prope São Bernardo in districtu urbis São Paulo (22 p. p.).

Harpalejeunea granatensis Jack et Steph.

São Paulo: 1) In silvaticis ad Rio Mambú in districtu urbis Conceição de Itanhaëm, ca. 100 m (1777). 2) Ad flumen Rio Branco prope Santos, in silva ad arbores, ca. 20 m (1969).

Harpalejeunea longibracteata (Spr.) Steph.

São Paulo: Prope Campo Grande ad „São Paulo Railway", in silvulis campestribus ad truncos, ca. 700 m (796).

Pflanze blaß bis ziemlich dunkelbraun. Blattzellen ungefähr 14—16 μ (S. Arn.).

Harpalejeunea verrucosa Herz.

São Paulo: 1) In silvis ad Brasso Grande in districtu urbis Itapecirica, ca. 1000 m, corticola (1404). 2) Prope São Bernardo in districtu urbis São Paulo, ad truncum putridum, 800 m (22).

Ist wahrscheinlich nur eine Form der *H. lignicola* (S. Arn.).

Harpalejeunea tenuicuspis (Spr.) Steph.

São Paulo: In silvaticis ad Rio Mambú in districtu urbis Conceição de Itanhaëm, ca. 100 m (1774).

Genus **Hygrolejeunea** (Spr.) Steph.

Bei den meisten brasilianischen Arten dieses Genus haben die Blattzellen eine warzige Cuticula und häufig intermediäre Verdickungen an den Zellwänden (S. Arn.).

Hygrolejeunea rionegrensis (Spr.) Steph.

São Paulo: 1) In vicinitate sanatorii Guarujá prope Santos, in silva ad arbores, ca. 1—50 m (1130). 2) Prope Rio Grande ad „São Paulo Railway", ad arbores, 800 m (685, 1112). 3) In silvis ad Brasso Grande in districtu urbis Itapecirica, ad arbores, ca. 1000 m (1341). 4) In itinere S. Amaro—Barra Mansa, in districtu urbis Itapecirica, in silvis ad Palmeiras de São Lourenzo, 800—900 m (1753). 5) In silvaticis prope Barra Mansa in districtu urbis Itapecirica, ad arbores, ca. 1000 m (1572). 6) In itinere Cerqueira-Cesar—Bella Vista, apud vicum Oleo, ad arbores (1054). 7) In circuitu urbis Itapetininga, ad arbores, ca. 550 m (270). 8) Ad flumen Rio Branco prope Santos, in horto ad arbores, ca. 20 m (1913). — Paraná: 9) In ripa sinistra fluminis Paranapanema ad cataractas Salto Grande, ad arbores (2240).

Hygrolejeunea reflexistipula (Lehm. et Lindnbg.) Steph.

São Paulo: 1) Prope Yporanga in valle fluminis Rio Ribeira, ad arbores, ca. 130 m (2174). 2) Ad ripas fluminis Rio Branco prope Conceição de Itanhaëm, ad truncos *Aurantiorum*, 20—100 m (69 p. p.). 3) In itinere Cerqueira-Cesar—Fazenda Bella Vista, ad flumen Rio Turvo, ad arbores, ca. 500 m (1503).

Hygrolejeunea eluta (Nees) Steph.

São Paulo: 1) Prope Salto Grande do Rio Paranapanema, in insula magna, ad arbores, ca. 500 m (1234, 1241, 1256, 1257). 2) Prope Salto Grande do Rio Paranapanema, ca. 500 m (208, 2195). 3) In insula inter cataractas Salto Grande do Rio Paranapanema, ca. 500 m (2076). 4) In circuitu urbis Itapetininga, ca. 550 m (56, 271, 2176, 2180, 2187 p. p., 2191, 2192). 5) In itinere Cerqueira-Cesar—Bella Vista, in silvis primaevis (1466, 1490, 1507). 6) Apud cataractas Salto dos Treis Ranjos prope urbem Cerqueira-Cesar, ca. 500 m (677). 7) Prope São Bernardo haud procul ab urbe São Paulo, ad arbores, 800 m (2356). 8) In silvulis campestribus prope Fazenda Paranapanema apud Capão Bonito (1653). 9) Prope Lapa in circuitu urbis São Paulo, ad arbores (2017). 10) Prope Yporanga in valle fluminis Rio Ribeira, ca. 130 m (2171).

11) In silvulis campestribus prope Fazenda Paranapanema apud Capão Bonito (1653). 12) In monte Jaraguá prope Taipas, 800—1050 m (1032).

Hygrolejeunea matteola (S p r.) S t e p h.

S ã o   P a u l o : 1) Ad ripas fluminis Rio Aguapihú prope Conceição de Itanhaëm, ad arbores, 20 m (1193). 2) In vicinitate sanatorii Guarujá prope Santos, in silva ad arbores, 1—50 m (1138). 3) Ad flumen Rio Branco prope Santos, in silva ad arbores, ca. 20 m (1972).

Hygrolejeunea pallida (L i n d n b g. et G.) S t e p h.

S ã o   P a u l o : 1) Prope urbem Faxina, ad rupes arenae, ca. 650 m (390, 2345). 2) Prope São Paulo, ad *Schini* truncos, 780 m (779). 3) Prope Lapa in circuitu urbis São Paulo (2020). 4) Prope São Bernardo in districtu urbis São Paulo, ad arbores, 800 m (18). 5) Ad Pirituba prope Taipas, 750 m (1760). — P a r a n á : 6) In ripa sinistra fluminis Paranapanema ad cataractas Salto Grande, ad arbores (2402).

Hygrolejeunea Glaziowii S t e p h.

S ã o   P a u l o : 1) Prope Maranguá inter Santos et Conceição de Itanhaëm, ad arbores, 5—25 m (1358). 2) Ad flumen Rio Branco prope Santos, in horto ad arbores, ca. 20 m (1914); ad muros vetustos (280). 3) Prope Yporanga in valle fluminis Rio Ribeira, ca. 130 m (68). 4) Apud cataractas Salto dos Treis Ranjos prope urbem Cerqueira-Cesar, ca. 500 m (677 p. p.).

Hygrolejeunea cerina (L e h m. et L i n d n b g.) S t e p h.

S ã o   P a u l o : 1) In itinere S. Amaro—Barra Mansa, in districtu urbis Itapecirica, in silvis ad Palmeiras de São Lourenzo (1739, 1740). 2) Prope Rio Grande ad „São Paulo Railway", ad arbores, 800 m (585, 701). 3) In silvis ad Brasso Grande in districtu urbis Itapecirica, ca. 1000 m (1261, 1270, 1271, 1340, 1421, 1433). 4) In silvaticis inter Faxina et Apiahy prope Lagoas, ca. 800 m (135). 5) In silvaticis prope Barra Mansa in districtu urbis Itapecirica, ad arbores, ca. 1000 m (481, 493, 535, 540, 1583, 2046, 2056, 2068). 6) In silvaticis Serra do Cayazique prope Santos (560, 561). 7) Prope São Bernardo haud procul ab urbe São Paulo, ad arbores, 800 m (2354, 2355). 8) Prope Lapa in circuitu urbis São Paulo (303). 9) In vicinitate sanatorii Guarujá prope Santos (1123 p. p., 1131 p. p.). 10) Serra de Piruhibe, ca. 100 m (234). 11) Ad flumen Rio Branco prope Santos, Sitio Bülow, ad muros vetustos, ca. 20 m (275). 12) In circuitu Cerqueira-Cesar, ad arbores, ca. 500 m (1465). 13) Prope urbem Xiririca ad flumen Rio Ribeira, ad arbores, ca. 50 m (2209). 14) Prope Campo Grande ad „São Paulo Railway", in silvulis campestribus ad truncos, ca. 700 m (1359). 15) Prope urbem Faxina, ad rupes arenae, ca. 650 m (1377, 1390). 16) Ad cataractas prope Itú ad flumen Rio Buturoba prope Santos, ad saxa, ca. 10 m (1981). 17) In silvis prope Apiahy, ad arbores, ca. 1100 m (2310). 18) In itinere Cerqueira-Cesar—Fazenda Bella Vista, ad flumen Rio Turvo, ad arbores, ca. 500 m (1506). 19) In silvaticis probe urbem Iguapé, 20 m (1514 p. p.). 20) In silvula prope Franca, ad arbores (M. W a c k e t). — Ad confines R i o   d e   J a n e i r o — M i n a s   G e r a ë s : 21) In silvaticis regionis inferioris montis Itatiaya, 1000—1400 m (825, 826, 828, 831). 22) Ad saxa prope Fazenda Monteserrate, 1000 m (605, 609, 611).

Genus **Lejeunea** Lib.

Syn. *Lejeunea* subg. *Eulejeunea* S p r.

Aus Brasilien angegebene Arten:

L. adpressa N e e s	*L. geophila* S p r.
L. artocarpi S p r.	*L. glaucescens* G.
L. carolensis S p r.	*L. humefacta* S p r.
L. cauapunensis S p r.	*L. laeta* L e h m. et L i n d n b g.
L. coffeae S p r.	*L. lepida* L i n d n b g. et G.
L. consimilis G. ex S t e p h.	*L. leucophaea* S p r.

L. limbata S p r.
L. monimiae S t e p h.
L. musciccla S p r.
L. obidensis S p r.
L. orbicularis S p r.
L. ovalifolia S t e p h.
L. ptosimophylla M a s s.
L. Puiggariana S t e p h.
L. pulvinata L e h m. et L i n d n b g.

L. Regnellii Å n g s t r.
L. resupinata S t e p h.
L. setiloba S p r.
L. setistipa S t e p h.
L. siccata S p r.
L. subhyalina L i n d n b g. et G.
L. subsessilis S p r.
L. symphoreta S p r.
L. Uleana S t e p h.

Die Gattung bedarf dringend einer Revision. Wahrscheinlich sind manche der oben angeführten Arten synonym (S. A r n.).

Lejeunea monimiae S t e p h.

S ã o P a u l o : 1) Alto da Serra, 900 *m* (983). 2) Ad flumen Rio Branco prope Santos, ad saxa in rivulo, ca. 20 *m* (290). 3) In silvaticis ad Rio Mambú in districtu urbis Conceição de Itanhaëm, ad arbores, ca. 100 *m* (745). — Ad confines R i o d e J a n e i r o — M i n a s G e r a ë s : 4) In regionis silvaticae partibus superioribus montis Itatiaya, ad folia *Anemone Wettsteinii,* 1400—2000 *m* (1457).

Ölkörper erhalten bleibend, klein, stäbchenförmig, vom *Lejeunea cavifolia—L. Eckloniana*-Typ. (S. A r n.).

Lejeunea pulvinata L e h m. et L i n d n b g.

S ã o P a u l o : 1) In silvis litoralibus prope Conceição de Itanhaëm, ad cortices, 5—50 *m* (111). 2) Prope Raiz da Serra, ad arbores, 20—50 *m* (919). 3) Prope urbem Faxina, ad rupes arenae, 650 *m* (1370). 4) Prope Fazenda Bella Vista in districtu urbis Sa. Cruz ad flumen Rio Pardo, ca. 500 *m* (2292). 5) In itinere S. Amaro—Barra Mansa, in districtu urbis Itapecirica, in silvis ad Palmeiras de São Lourenzo, 800—900 *m* (1734). 6) In silvaticis prope Barra Mansa in districtu urbis Itapecirica, ca. 1000 *m* (1854 p. p.). 7) In monte Jaraguá prope Taipas, 800—1050 *m* (1031).

Lejeunea glaucescens G.

S ã o P a u l o : 1) Ad flumen Rio Branco prope Santos, in silva ad arbores, ca. 20 *m* (1964). 2) Ad urbem São Paulo, in horto doctoris P u i g g a r i ad lateres (2251). 3) In silvis prope Apiahy, ad arbores, ca. 1100 *m* (2312). 4) Ad ripas fluminis Rio Branco prope Conceição de Itanhaëm, ad arbores, 20—100 *m* (1782). 5) In silvaticis ad Rio Mambú in districtu urbis Conceição de Itanhaëm, ad arbores, ca. 100 *m* (748). 6) In silvis prope Barra Mansa in districtu urbis Itapecirica, ad arbores, ca. 1000 *m* (488). 7) In silvis ad Brasso Grande in districtu urbis Itapecirica, ad arbores, ca. 1000 *m* (1305).

Lejeunea setiloba S p r.

S ã o P a u l o : 1) Prope Maranguá inter Santos et Conceição de Itanhaëm, 5—25 *m*, epiphylla (334 p. p.). 2) In silvis prope Apiahy, ad arbores, ca. 1100 *m* (2312). 3) In insula Ilha Comprida prope urbem Iguapé, ad terram, 5—10 *m* (570).

Lejeunea geophila S p r.

S ã o P a u l o : 1) In itinere S. Amaro—Barra Mansa, in districtu urbis Itapecirica, apud São Lourenzo, 800—900 *m* (1477). 2) In circuitu urbis Itapetininga, 550 *m* (62).

Lejeunea Puiggariana S t e p h.

S ã o P a u l o : 1) Prope Maranguá inter Santos et Conceição de Itanhaëm, 5—25 *m*, epiphylla (332, 334). 2) Ad urbem São Paulo, prope Hygienopolis, epiphylla (431).

Lejeunea setistipa S t e p h.

S ã o P a u l o : 1) In monte Jaraguá prope Taipas, 800—1050 *m*, epiphylla (158). 2) Ad ripas fluminis Rio Branco prope Conceição de Itanhaëm, ad arbores, 20—100 *m*, epiphylla (1639).

Lejeunea cordifolia Spr.

São Paulo: 1) In silvaticis ad Rio Mambú in districtu urbis Conceição de Itanhaëm, ad arbores, ca. 100 m (750). 2) In silvaticis prope urbem Iguapé, ad arbores, 20—100 m (387). 3) In insula inter cataractas Salto Grande do Rio Paranapanema, ca. 500 m (2121).

Lejeunea symphoreta Spr.

São Paulo: In silvaticis ad Rio Mambú in districtu urbis Conceição de Itanhaëm, ad arbores, ca. 100 m (744).

Lejeunea resupinata Steph.

São Paulo: 1) Prope São Bernardo haud procul ab urbe São Paulo, ad arbores (2360). 2) In silvaticis prope Barra Mansa in districtu urbis Itapecirica, ad arbores, ca. 1000 m (157). 3) Prope Rio Grande ad „São Paulo Railway", 800 m (1102). 4) Prope Raiz da Serra, ad arbores, 20—50 m (908 p. p.).

Lejeunea pililoba Spr.

Paraná: In ripa sinistra fluminis Rio Paranapanema ad cataractas Salto Grande, 500 m (2094).

Lejeunea lepida Lindnbg. et G.

Syn. *Lejeunea Regnellii* J. Ångstr.; *Lejeunea Rosana* G. mscr.

São Paulo: 1) Apiahy, Sitio de Lorenzo da Rosa (Puiggari 142, 143). 2) In insula inter cataractas Salto Grande do Rio Paranapanema, ca. 500 m (2085). 3) Prope São Bernardo in districtu urbis São Paulo, ad arbores, 800 m (3). 4) In silvaticis ad Rio Mambú in districtu urbis Conceição de Itanhaëm, ad arbores, 100 m (745, 1772). — Paraná: 5) In ripa sinistra fluminis Paranapanema ad cataractas Salto Grande, 500 m (2104). — Minas Geraës: 6) Caldas (Regnell; sub nom. *L. Regnellii*). — Rio de Janeiro: s. l. (Regnell; sub nom. *L. Regnellii*).

Die Lobuli variieren in der Größe, sie sind häufig klein und undeutlich am Hauptstengel und ziemlich groß und aufgeblasen an manchen Seitenästen. Der Scheitel des Lobulus ist häufig so lang wie bei *Cheilolejeunea oxyloba* (Lindnbg. ct G.) Steph. (S. Arn.).

Lejeunea laeta Lehm. et Lindnbg.

São Paulo: 1) Prope Rio Grande ad „São Paulo Railway", ad arbores in silva, 800 m (688). 2) Ad ripas fluminis Rio Aguapihú prope Conceição de Itanhaëm, 20 m (1186). 3) Ad flumen Rio Branco prope Santos, in silva ad arbores, ca. 20 m (1971).

Lejeunea flava (Sw.) Nees.

São Paulo: 1) Ad ripas fluminis Rio Branco prope Conceição de Itanhaëm, ad truncos *Aurantiorum*, 20—100 m (95, 1634). 2) In silvaticis ad Rio Mambú in districtu urbis Conceição de Itanhaëm, ca. 100 m (750, 1772). 3) In silvis litoralibus prope Conceição de Itanhaëm, ad cortices, 5—50 m (111). 4) Bertioga prope Santos, „mangrove", 5—25 m, epiphylla (1891). 5) In silvaticis in valle fluminis Rio Ribeira, ca. 130 m (1176, 2176). 6) Ad flumen Rio Branco prope Santos, ad arbores in horto, ca. 20 m (1925, 1934, 1935, 2141, 2142). 7) In urbe Santos, in horto domini Julio Conceição, ad radices arborum (884, 1597). 8) In silvaticis prope urbem Iguapé (1513, 1514); Morro Senhor, ad arbores, 20—100 m (381, 387). 9) Prope Maranguá inter Santos et Conceição de Itanhaëm (1356). 10) In circuitu urbis Itapetininga, ad arbores, ca. 550 m (40, 2065). 11) In silvaticis prope Cantareira haud procul ab urbe São Paulo, ad arbores, 800 m (1152, 1168). 12) In itinere S. Amaro—Barra Mansa, in districtu urbis Itapecirica, in silvis ad Palmeiras de São Lourenzo, 800—900 m (1734). 13) Prope São Bernardo in districtu urbis São Paulo, 800 m (26, epiphylla; 27). 14) Prope Rio Grande ad „São Paulo Railway", in silva primigenia, 800 m (141, 142 [epiphylla], 1102). 15) In silvaticis prope Barra Mansa in districtu urbis Itapecirica, ad arbores, 1000 m (489, 538, 539, 1570, 1806, 1826, 1846, 1876 [epiphylla], 2056, 2063, 2065, 2068). 16) In silvis ad Brasso Grande in districtu urbis Itapecirica, ca. 1000 m (143, 1263, 1267, 1276, 1321, 1432, 1560, 1861, 1862, 1903 [epiphylla], 1909). 17) In silvis prope Alto da Serra, 900 m (171, 190,

410, 1078). 18) Ad Pirituba prope Taipas (1761). 19) Apiahy (Puiggari 109). 20) Prope urbem Faxina, ca. 650 m (329). 21) Prope Raiz da Serra, 20—50 m (908). — Ad confines Rio de Janeiro—Minas Geraës: 22) In silvaticis regionis inferioris montis Itatiaya, ad arbores, 1000—1400 m (829, 845).

Die Cuticula ist bei den brasilianischen Pflanzen oft in schwankender Weise papillös (besonders bei den Nummern 489, 538, 750, 1826, 2056, 2058) (S. Arn.).

Lejeunea limbata Spr.

São Paulo: 1) In monte Jaraguá prope Taipas, 800—1050 m, epiphylla (158). 2) Prope Rio Grande ad „São Paulo Railway", ad arbores, 800 m (701).

Genus **Leptolejeunea** (Spr.) Steph.

Leptolejeunea elliptica (Lehm. et Lindnbg.) Steph.

São Paulo: 1) In silvis ad Brasso Grande in districtu urbis Itapecirica, ca. 1000 m (1858, 1859, 1862, 1900, 1903). 2) In silvaticis prope Barra Mansa (1857 p. p.). 3) Apud cataractas Salto dos Treis Ranjos prope urbem Cerqueira-Cesar, 500 m (508). 4) Prope Rio Grande ad „São Paulo Railway", 800 m (423, 881). 5) Prope Alto da Serra (191). 6) Apud Bertioga prope Santos, 5—25 m (1893). 7) In insula inter cataractas Salto Grande do Rio Paranapanema, 500 m (2084). 8) Prope Campo Grande ad „São Paulo Railway", in silvulis campestribus ad truncos, ca. 700 m (1360). 9) Prope Maranguá inter Santos et Conceição de Itanhaëm, 5—25 m (335). 10) In silvaticis prope Iguapé, Morro do Senhor, 20—100 m (328).— Paraná: 11) In ripa sinistra fluminis Rio Paranapanema ad cataractas Salto Grande, ca. 500 m (2387).

Leptolejeunea stenophylla (Lindnbg. et G.) Steph.

São Paulo: 1) In silvis prope Alto da Serra, ca. 900 m (190, 191, 193, 196, 199, 201, 202, 205, 397, 400, 958, 959, 961, 962, 966, 967, 968, 969, 970, 972, 975, 980, 1001, 1842, 1858). 2) Prope São Bernardo in districtu urbis São Paulo, 800 m (26, 27). 3) Monte Jaraguá prope Taipas (154, 156). 4) Bertioga prope Santos, 5—25 m (1883). 5) Prope Maranguá inter Santos et Conceição de Itanhaëm, 5—25 m (335). 6) Prope Campo Grande ad „São Paulo Railway", in silvulis campestribus, ca. 700 m (1360).

Leptolejeunea unguiculata Steph.

São Paulo: In silvis prope Alto da Serra, 900 m (974 p. p.).

Leptolejeunea exocellata (Spr.) Steph.

São Paulo: In silvaticis ad Rio Mambú in districtu urbis Conceição de Itanhaëm, ca. 100 m (30).

Leptolejeunea hamulata (G.) Schffn. ex. Steph.

São Paulo: 1) Prope Rio Grande ad „São Paulo Railway", 800 m (693). 2) In silvis prope Alto da Serra, 900 m (194, 195). 3) In silvaticis prope Barra Mansa in districtu urbis Itapecirica, ca. 1000 m (1857 p. p.).

L. hamulata ist wahrscheinlich nur eine ökologische Form der *L. stenophylla* (S. Arn.).

Genus **Leucolejeunea** Evans.

Leucolejeunea xanthocarpa (Lehm. et Lindnbg.) Evans.

São Paulo: 1) Bertioga prope Santos, 5—25 m (885, 1888). 2) Ad Rio Branco prope Santos ad arbores, ca. 20 m (2140). 3) In silvis litoralibus prope Conceição de Itanhaëm, ad arbores, 5—50 m (370, 374, 378, 758). 4) Ad ripas fluminis Rio Branco prope Conceição de Itanhaëm, ad truncos *Aurantiorum*, 20—100 m (98). 5) Prope Campo Grande ad „São Paulo Railway", in silvulis campestribus ad truncos, ca. 700 m (447 p. p., 857, 869, 872, 1183). 6) Prope Rio Grande ad „São Paulo Railway", ad arbores, 800 m (1587). 7) Ad

Pirituba prope Taipas, 750 m (1759, 1762). 8) In itinere S. Amaro—Barra Mansa in districtu urbis Itapecirica, in jugo Morro do Chuqueiro, ad arbores, 800—900 m (2071). 9) Prope S. Amaro in circuitu urbis São Paulo, 800 m (1609). 10) Prope São Bernardo in districtu urbis São Paulo, 800 m (22). 11) Ilha de S. Amaro prope Santos, ad arbores, 5—50 m (1833). 12) In silvis prope Apiahy, ad arbores, ca. 1100 m (2311). 13) Prope Maranguá inter Santos et Conceição de Itanhaëm, ad arbores, 5—25 m (1350). 14) In silvaticis prope Barra Mansa in districtu urbis Itapecirica, ad *Araucariae angustifoliae truncos* ad flumen Juquiá, ca. 1000 m (2282). 15) In monte Jaraguá prope Taipas, 1050 m (1810).

Leucolejeunea Sellowiana S t e p h.

S ã o P a u l o : 1) In insula Ilha Comprida prope urbem Iguapé, 5—10 m (513). 2) Prope São Bernardo haud procul ab urbe S ã o P a u l o, ad arbores, 800 m (12, 26, 2362). 3) Ad ripas fluminis Rio Branco prope Conceição de Itanhaëm, ad truncos *Aurantiorum,* 20—100 m (99). 4) In silvis prope Barra Mansa, epiphylla (1838). 5) In silvis prope Alto da Serra, ad arbores, 900 m (1005). 6) Prope Campo Grande ad „São Paulo Railway", in silvulis campestribus ad truncos, ca. 700 m (445 p. p.). — Ad confines R i o d e J a n e i r o — M i n a s G e r a ë s : 7) In silvaticis regionis inferioris montis Itatiaya, prope Fazenda Monteserrate, 1000 m (610).

Genus **Lopholejeunea** (Spr.) S t e p h.

Lopholejeunea apiahyna (G. ex S t e p h.) S t e p h.

S ã o P a u l o : 1) Prope Yporanga in valle fluminis Rio Ribeira, ca. 130 m (72). 2) In insula inter cataractas Salto Grande do Rio Paranapanema, ad saxa, ca. 500 m (2035, 2122). 3) Ad ripas fluminis Rio Aguapihú prope Conceição de Itanhaëm, ad arbores, 20 m (1190). 4) In silvaticis ad Rio Mambú in districtu urbis Conceição de Itanhaëm, ad arbores (1677, 1770). 5) Serra de Piruhibe, ad saxa, ca. 100 m (226). 6) In itinere S. Amaro—Barra Mansa in districtu urbis Itapecirica, in jugo Morro do Chuqueiro ad arbores, 800—900 m (2072). 7) In vicinitate Sanatorii Guarujá prope Santos, in silva ad arbores, 1—50 m (1141). 8) Ad flumen Rio Branco prope Santos, ad muros vetustos, ca. 20 m (278). 9) Apiahy (P u i g g a r i 268). 10) Prope Campo Grande ad „São Paulo Railway", in silvulis campestribus ad truncos, ca. 700 m (777).

Lophocolea caldana (Å n g s t r.) S. A r n., n. comb.

Syn. *Lejeunea caldana* Å n g s t r., K. Vet. Akad. Förh. Stockh. 1876.

S ã o P a u l o : 1) In circuitu urbis Itapetininga, ad arbores, ca. 550 m (2189). 2) Ad flumen Rio Branco prope Santos, ca. 20 m (327). 3) Prope Campo Grande ad „São Paulo Railway", in silvulis campestribus ad truncos, ca. 700 m (777). 4) Prope Yporanga in valle fluminis Ribeira, ca. 130 m (2158). — P a r a n á : 5) In ripa sinistra fluminis Paranapanema ad cataractas Salto Grande, ad arbores, 500 m (2111, 2158).

Lopholejeunea sagraeana (M o n t.) S t e p h.

S ã o P a u l o : 1) In insula inter cataractas Salto Grande do Rio Paranapanema, ad saxa, 500 m (2118). 2) Ad flumen Rio Branco prope Santos, in horto ad arbores, ca. 20 m (1927). 3) Ibidem, ad muros vetustos (279). 4) Prope Yporanga in valle fluminis Rio Ribeira, ad arbores, ca. 130 m (2170). 5) In silvaticis prope urbem Iguapé, Morro do Senhor, ad arbores, 20—100 m (382). 6) In silvaticis ad Rio Mambú in districtu urbis Conceição de Itanhaëm, ad ramulos, ca. 100 m (747). 7) Ad ripas fluminis Rio Branco prope Conceição de Itanhaëm, 20—100 m (1635, sterilis). 8) Prope Salto Grande do Rio Paranapanema, in insula magna ad arbores, ca. 500 m (1255). — Ad confines R i o d e J a n e i r o — M i n a s G e r a ë s : 9) In silvaticis regionis inferioris montis Itatiaya, ad arbores, ca. 1000—1400 m (830).

Genus **Marchesinia** Gray.

Marchesinia brachiata (S w.) S c h f f n.

S ã o P a u l o : 1) In silvaticis prope Barra Mansa in districtu urbis Itapecirica, ad arbores, ca. 1000 *m* (1804, sterilis). 2) In itinere S. Amaro—Barra Mansa, in districtu urbis Itapecirica, apud São Lourenzo (1474); in jugo Morro do Chuqueiro, ad arbores (2072). 3) Prope Yporanga in valle fluminis Rio Ribeira (72, 130). 4) Prope Rio Grande ad „São Paulo Railway", in silva primigenia ad arbores, ca. 800 *m* (1104). 5) Iguapé (P u i g g a r i 406). 6) Ad cataractas prope Itú ad flumen Rio Buturoba prope Santos, ad saxa, ca. 10 *m* (1990). 7) In silvaticis prope urbem Iguapé, ca. 200 *m* (1519). 8) Prope Ypanema in districtu urbis Sorocaba (M. W a c k e t, 1455). 9) In silvaticis prope Barra Mansa, ad arbores, ca. 1000 *m* (345). 10) Ad ripas fluminis Rio Aguapihú prope Conceição de Itanhaëm, ad arbores, ca. 20 *m* (1190). 11) Ad flumen Rio Branco prope Santos, ad arbores (1920, 1951); ad muros vetustos (278). 12) Serra do Piruhibe, ad saxa, ca. 100 *m* (226). 13) In insula ad cataractas Salto Grande do Rio Paranapanema, ca. 500 *m*, ad arbores (2035, 2115, 2122). 14) In silvaticis ad Rio Mambú in districtu urbis Conceição de Itanhaëm, ad arbores, ca. 100 *m* (1677, 1770). 15) In vicinitate sanatorii Guarujá prope Santos, in silva ad arbores (1127, 1141). — P a r a n á : 16) In ripa sinistra fluminis Paranapanema ad arbores, 500 *m* (2113). — Ad confines R i o d e J a n e i r o — M i n a s G e r a ë s : 17) In silvaticis regionis inferioris montis Itatiaya, ad saxa prope Fazenda Monteserrate, ca. 1000 *m* (807).

Die Exemplare der Fundorte 5)—17) haben grazile Gestalt und sind in der Hauptsache steril. Die Amphigastrien sind gewöhnlich länger als breit und laufen häufig am Stengel etwas herab. Diese Form stimmt gut überein mit *Phragmicoma Bongardiana* L i n d n b g. im Herbarium L e h m a n n. Die Blätter sind am Scheitel manchmal ± schwach gezähnt, jedoch nicht so stark wie bei *M. languida* S t e p h. (S. A r n.).

Marchesinia corcovadensis S t e p h.

S ã o P a u l o : In monte Jaraguá prope Taipas, ad arbores, 800—1000 *m* (1033).

Marchesinia Schiffneri S. A r n., n. spec. — Taf. XIV/153.

Monoica, minor, brunnea, in cortice et rupibus et ad terram dense caespitosa. Caulis ad 3 *cm* longus, valde irregulariter ramosus, ramis brevibus, microphyllis. Folia caulina imbricata, valde concava, in plano triangulari-ovata usque -orbiculata, apice obtusa, basi antica truncato-rotundata. Cellulae marginales 8 μ, trigonis nullis, basales ad 8 $\times$ 30 μ, parietibus validis. Lobulus mediocris, in situ oblongus, bullatim inflatus, in plano ovatus; apice longe acuminata, incurva. Androecia in ramis brevibus, bracteis ad 4-jugis. Perianthia inflato-compressa, urniformia, apice obcordata, rostro parvo. Folia floralia unijuga, parva, integra, foliis caulinis similia. Amphigastrium florale parvum, integrum.

Typus: S c h f f n. 602, Hb. W. (S. A r n.).

S ã o P a u l o : 1) Ad cataractas prope Itú ad flumen Buturoba prope Santos, ad saxa, ca. 10 *m* (1979). 2) In silvaticis prope Barra Mansa in districtu urbis Itapecirica, ad arbores, ca. 1000 *m* (2047). 3) In silvaticis ad Rio Mambú in districtu urbis Conceição de Itanhaëm, ad arbores, ca. 100 *m* (1681). — Ad confines R i o d e J a n e i r o — M i n a s G e r a ë s : 4) In silvaticis regionis inferioris montis Itatiaya, prope Fazenda Monteserrate, ad saxa et ad terram, ca. 1000 *m* (602).

Monözisch, dunkelbraun, matt; auf Gestein, Erde oder Rinde wachsend. Stengel braun, ungefähr 90 μ dick, bis 30 *mm* lang, spärlich verzweigt, mit kleinblättrigen, kurzen Ästen; Rindenzellen 8 $\times$ 18—30 μ, dünnwandig. Blätter ziegeldachig bis genähert stehend, unter einem Winkel von etwa 70° abgehend. Oberlappen kreisrundlich bis (im Alter) rundlich-dreieckig, ± sichelig, median den Stengel nur teilweise übergreifend, am Scheitel abgerundet, am Rand ganz. Lobulus $1/3$ bis $1/4$ so lang wie der Oberlappen, an der Verbindungsstelle mit dem Kiel kerbig eingezogen, aufgeblasen, am oberen Rande eingerollt, mit bogigem unterem Rand (Kiel), mit langem und einwärts gebogenem apikalem Zahn, am medianen Rande der Zahnbasis mit einer Schleimpapille. Randzellen etwa 8 μ, Binnenzellen 12—14 μ, Basalzellen verlängert, bis 12 × 24 μ; Zellwände verdickt, braun. Amphigastrien entfernt stehend, abgerundet, kurz herablaufend, mit schwach bo giger Insertionslinie. Andröcien an kurzen, kleinblättrigen Ästen; Hüllblätter in 3—4 Paaren; Amphigastrien klein. Perianth terminal an kurzen Ästen, mit zwei kleinblättrigen Innovationsästen, aufgeschwollen, in dorso-ventraler Richtung etwas zusammengedrückt, am Querschnitt fast elliptisch, urnenförmig, am Scheitel mit abgerundeten seitlichen Fortsätzen, in der Mitte buckelförmig; Rostrum 70 μ lang und 40—45 μ breit. Hüllblätter nur geringfügig größer als die Blätter, einpaarig; Hüllunterblatt von gleicher Gestalt und Größe wie die Amphigastrien (S. A r n.).

Die eigentümliche, fast herzförmige Gestalt des Perianths weicht von der Gestalt des Perianths der anderen Arten des Genus ab, ich halte es jedoch nicht für nötig, auf diese Verschiedenheit hin ein neues Genus zu begründen. Der Habitus der Pflanze und die vegetativen Merkmale, ausgenommen vielleicht die Kleinheit und Dickwandigkeit der Zellen, stimmen mit denen der anderen Arten des Genus überein (S. A r n.).

Genus **Mastigolejeunea** Steph.

Mastigolejeunea auriculata (W i l s. et H o o k.) S t e p h.

S ã o P a u l o : 1) Prope Fazenda Bella Vista in districtu urbis Sa. Cruz ad flumen Rio Pardo, in silva ad arbores, ca. 500 *m* (1438, 2304). 2) Prope Salto Grande do Rio Paranapanema, ad arbores, ca. 500 *m* (2005). 3) In insula inter cataractas Salto Grande do Rio Paranapanema, ca. 500 *m* (2031, 2083, 2087, 2205). 4) In itinere Cerqueira-Cesar—Fazenda Bella Vista, ad flumen Rio Turvo, ad arbores, ca. 900 *m* (1508). 5) Prope Lapa in circuitu urbis São Paulo (2014). — P a r a n á : 6) In ripa sinistra fluminis Paranapanema, ad cataractas Salto Grande, 500 *m* (2388).

Mastigolejeunea plicatiflora (S p r.) S t e p h.

S ã o P a u l o : 1) Prope Salto Grande do Rio Paranapanema, ca. 500 *m*, foliicola (2199). 2) Prope Maranguá inter Santos et Conceição de Itanhaëm, ca. 5—25 *m* (334).

Genus **Microlejeunea** (Spr.) Steph.

Microlejeunea aphanes (S p r.) S t e p h.

S ã o P a u l o : 1) Prope São Bernardo in districtu urbis São Paulo, 800 *m* (25, 852). 2) In silvis silvaticis ad Rio Mambú in districtu urbis Conceição de Itanhaëm, ca. 100 *m* (746 p. p., 963 [epiphylla], 1771). 3) In silvis prope Alto da Serra, 900 *m* (1001). 4) Prope Campo Grande ad „São Paulo Railway", in silvulis campestribus ad truncos, ca. 700 *m* (1660). 5) In silvaticis ad Rio Mambú in districtu urbis Conceição de Itanhaëm (1774). 6) In silvaticis prope Barra Mansa in districtu urbis Itapecirica, ad arbores, ca. 1000 *m* (483).

Microlejeunea aphanella S p r.

S ã o P a u l o : 1) Prope São Bernardo in districtu urbis S ã o P a u l o, 800 *m* (25, 852). 2) In silvis prope Barra Mansa in districtu urbis Itapecirica (1840). 3) In silvaticis ad Rio Mambú in districtu urbis Conceição de Itanhaëm, ad arbores, ca. 100 *m* (749, 752). 4) Prope Rio Grande ad „São Paulo Railway", in silvulis campestribus ad truncos, ca. 700 *m* (869). 5) In silvaticis inter Faxina et Apiahy, prope Lagoas, ad arbores, ca. 800 *m* (300 p. p.).

Microlejeunea cystifera H e r z.

S ã o P a u l o : 1) In silvis prope Alto da Serra, 900 *m* (396, 1002). 2) Prope Campo Grande ad „São Paulo Railway", in silvulis campestribus, foliicola (1361). 3) In silvaticis prope Barra Mansa in districtu urbis Itapecirica, ca. 1000 *m*, foliicola (1836).

Microlejeunea globosa S p r.

S ã o P a u l o : In silvis prope Barra Mansa in districtu urbis Itapecirica (483).

Microlejeunea laetevirens (M o n t. et N e e s) E v a n s.

S ã o P a u l o : 1) In silvaticis prope Barra Mansa in districtu urbis Itapecirica, ad arbores, ca. 1000 *m* (1826, 1838, 1840, 1854). 2) Prope urbem Faxina, ad rupes arenae, ca. 650 *m* (1366). 3) In silvis prope Cantareira haud procul ab urbe São Paulo, 800 *m* (1145). 4) In itinere S. Amaro—Barra Mansa, in districtu urbis Itapecirica, 800—900 *m* (1737).

Microlejeunea bullata (T a y l.) S t e p h.

S ã o P a u l o : 1) Prope São Bernardo in districtu urbis São Paulo (26). 2) Prope Campo Grande ad „São Paulo Railway", in silvulis campestribus, ca. 700 *m* (443). 3) In silvis prope Alto da Serra, 900 *m*, foliicola (395).

Microlejeunea corcovadae (G. ex S t e p h.) S t e p h.

S ã o P a u l o : 1) In silvis prope Alto da Serra, 900 *m* (202 p. p., 1073). 2) Prope urbem Xiririca ad flumen Rio Ribeira, ca. 50 *m* (2221). 3) In circuitu urbis Itapetininga, ca. 550 *m* (2180). 4) In silvis ad Brasso Grande in districtu urbis Itapecirica, ca. 1000 *m* (1300). 5) In vicinitate sanatorii Guarujá prope Santos, in silva ad arbores, 1—50 *m* (1123). 6) In silvaticis inter Apiahyna et Yporanga, ad arbores, ca. 900—1400 *m* (1232). 7) In silvaticis prope Barra Mansa in districtu urbis Itapecirica, in silvis ad Palmeiras de São Lourenzo, ca. 1000 *m* (346 p. p., 1737).

Microlejeunea subaphanes H e r z. — Taf. XIV/154.

S ã o P a u l o : 1) In silvis prope Alto da Serra, 900 *m*, foliicola (395, 967). 2) In silvulis campestribus prope Fazenda Paranapanema apud Capão Bonito (1660). 3) In silvaticis prope Barra Mansa in districtu urbis Itapecirica, ad arbores, ca. 1000 *m* (346). 4) In monte Jaraguá prope Taipas, 800—1050 *m*, foliicola (160). 5) Apiahy (P u i g g a r i 1100).

Die Art wurde von T. H e r z o g in Mem. Soc. F. et F. Fennica, vol. 25, p. 70 (1950), von Alto da Serra, Estação Biologica, beschrieben (S. A r n.).

Microlejeunea subulistipa S t e p h.

S ã o P a u l o : 1) In silvaticis prope Barra Mansa in districtu urbis Itapecirica, ad arbores, ca. 1000 *m* (1826). 2) In silvaticis ad Rio Mambú in districtu urbis Conceição de Itanhaëm, ca. 100 *m* (35, 1777 p. p.). 3) In silvis prope Alto da Serra, 900 *m*, foliicola (395). 4) Ad flumen Rio Branco prope Santos, ad arbores in horto, ca. 20 *m* (1934 p. p.).

Genus **Neurolejeunea** (S p r.) S c h f f n.

Neurolejeunea Breutelii (G.) S t e p h.

S ã o P a u l o : 1) Prope Campo Grande ad „São Paulo Railway", in silvulis campestribus ad truncos, ca. 700 *m* (777 p. p.). 2) Ad cataractas prope Itú ad flumen Rio Buturoba prope Santos, ad saxa, ca. 10 *m* (1983). 3) Prope São Bernardo in districtu urbis São Paulo, 800 *m* (2358, 2359). 4) Prope urbem Xiririca ad flumen Rio Ribeira, ad arbores, ca. 50 *m* (2297). — Ad confines R i o d e J a n e i r o—M i n a s G e r a ë s : 5) In silvaticis regionis inferioris montis Itatiaya, prope Fazenda Monteserrate, 1000 *m* (619).

Genus **Odontolejeunea** (S p r.) S t e p h.

Odontolejeunea levistipula S t e p h.

S ã o P a u l o : 1) In silvaticis ad Rio Mambú in districtu urbis Conceição de Itanhaëm, ca. 100 *m* (29, 31, 33). 2) Prope Campo Grande ad „São Paulo Railway", in silvulis campestribus, ca. 700 *m* (551). 3) Prope Rio Grande ad „São Paulo Railway", 800 *m* (691).

Odontolejeunea lunulata (Web.) Steph.

São Paulo: 1) In silvis prope Alto da Serra, 900 m (190, 195, 196, 201, 400, 957, 963, 967, 972). 2) In silvis ad Brasso Grande in districtu urbis Itapecirica, ca. 1000 m (192, 970, 975, 1362, 1842 ♂, 1844 ♀, 1901, 1902). 3) Apud cataractas Salto dos Treis Ranjos prope urbem Cerqueira-Cesar, ca. 500 m (2382). 4) In silvaticis prope Barra Mansa in districtu urbis Itapecirica, ca. 1000 m (1839). 5) In silvaticis Serra do Cayazique prope Santos, ca. 300 m (2005). 6) Prope São Bernardo in districtu urbis São Paulo, 800 m (852). 7) Bertioga prope Santos, ad ostium fluminis Rio do Fazenda, 5—25 m (882).

Odontolejeunea Sieberiana (G.) Steph.

Syn. *Lejeunea chaerophylla* Spr.

Var. **spinosa** S. Arn., n. var. — Taf. XIV/155.

Differt a typo rostro spinoso.

Typus: Schffn. 156, Hb. W.

São Paulo: 1) In silvis prope Alto da Serra, 900 m (190, 191, 197, 199, 201, 203, 204, 205, 395, 401, 958, 959, 967, 973, 988, 1002). 2) In silvaticis prope Barra Mansa in districtu urbis Itapecirica, ca. 1000 m (1838, 1857). 3) In monte Jaraguá prope Taipas, 800—1050 m (156). 4) In silvis ad Brasso Grande in districtu urbis Itapecirica, ca. 1000 m (1862).

O. Sieberiana ist monözisch. Wie schon Evans angibt, hat der ventrale Rand der Blätter kleinere Zellen als bei *O. lunulata,* auch fehlt die mondförmige Ausbuchtung am ventralen Rande der Blätter von *O. lunulata.* Das Vorkommen scharfer, spinöser Zähne am Rand der Perianthmündung ist bei *O. Sieberiana* bisher nicht angegeben worden; bei *O. lunulata* habe ich derartige Zähne niemals gesehen (S. Arn.).

Genus **Omphalanthus** Lindnbg. et Nees.

Omphalantus filiformis (Sw.) Nees.

São Paulo: 1) Bertioga prope Santos, apud ostium fluminis Rio do Fazenda, 5—25 m (1062). 2) Ad ripas fluminis Rio Branco prope Conceição de Itanhaëm, ad truncos *Aurantiorum,* 20—100 m (84, 89). 3) In silvis litoralibus prope Conceição de Itanhaëm, 5—50 m (377, 453, 755). 4) Ad flumen Rio Branco prope Santos, in silva ad arbores, ca. 20 m (1945). 5) Prope urbem Xiririca ad flumen Rio Ribeira, ca. 50 m (2212, 2218). 6) Prope Maranguá inter Santos et Conceição de Itanhaëm, 5—50 m (223). 7) Prope Yporanga in valle fluminis Rio Ribeira, ca. 130 m (77, 2167). 8) In circuitu urbis Itapetininga, ca. 550 m (55). 9) Prope S. Amaro in circuitu urbis São Paulo, 800 m (1608). 10) In itinere S. Amaro—Barra Mansa, in districtu urbis Itapecirica, prope Capella Nova, ad arbores apud casas, 800—900 m (1525). 11) Ibidem, in silvis ad Palmeiras de São Lourenzo (1749). 12) In silvulis campestribus prope Fazenda Paranapanema apud Capão Bonito (1665). 13) Prope Rio Grande ad „São Paulo Railway", ad arbores, ca. 800 m (122, 126, 549, 579, 586, 863, 1261, 1595). 14) Prope Campo Grande ad „São Paulo Railway", in silvulis campestribus ad truncos, ca. 700 m (44, 777, 790, 871). 15) Prope Lapa in circuitu urbis São Paulo (306, 1261). 16) Prope São Bernardo haud procul ab urbe São Paulo, ad arbores, 800 m (14, 19, 24, 2361). 17) In silvaticis prope Barra Mansa in districtu urbis Itapecirica, ad arbores, ca. 1000 m (484, 1566, 1807, 2067, 2068). 18) Ibidem, ad *Araucariae angustifoliae* truncos, ad flumen Juquiá (2283). 19) Prope Lapa in circuitu urbis São Paulo, ad arbores (2260). 20) Circa Parnahyba ad flumen Tietê, ad terram argillosam, ca. 700 m (785). 21) In silvis ad Brasso Grande in districtu urbis Itapecirica, ca. 100 m (1272, 1274, 1335, 1427). 22) Prope Salto Grande do Rio Paranapanema, in insula magna, ad arbores (1242). 23) In silvaticis prope Cantareira haud procul ab urbe São Paulo, ad arbores, 800 m (1135, 1146). 24) In monte Jaraguá prope Taipas, ad rupes, 1050 m (1041, 1539). 25) In silvaticis inter Faxina et Apiahy, prope Lagoas, ca. 800 m (132, 134, 298). 26) In silvaticis inter Apiahy et Yporanga, ad arbores, 400—900 m (1201, 1213). 27) Prope urbem Faxina, ad rupes arenae (1378). 28) Ibidem, ca. 650 *m* (1375). 29) In silvis prope Apiahy, ad arbores, ca. 1100 *m* (2317). 30) Apiahy (P u i g g a r i 87, 89). 31) Riveron Prets (P u i g g a r i 89). 32) In circuitu urbis Itapetininga, ad arbores, ca. 550 *m* (2186). 33) Prope Ypanema in districtu urbis Sorocaba (M. W a c k e t 1447). — Ad confines R i o d e J a n e i r o — M i n a s G e r a ë s : 34) In silvaticis regionis inferioris montis Itatiaya, ad saxa prope Fazenda Monteserrate, 1000 *m* (596, 608, 808). 35) Ibidem, ad terram, 1000—1400 *m* (824, 828, 829). 36) In regionis silvaticae partibus superioribus montis Itatiaya, 1400—2000 *m* (625).

Omphalanthus grandistipulus S t e p h.

S ã o P a u l o : In silvis prope Alto da Serra, ad arbores, 900 *m* (1612).

Genus **Otigoniolejeunea** (Spr.) Schffn.

Otigoniolejeunea apiahyna S t e p h.

S ã o P a u l o : 1) In silvis prope Alto da Serra, 900 *m* (190 p. p.). 2) Ad flumen Rio Branco, ca. 20 *m* (280).

Otigoniolejeunea xiphotis (S p r.) S c h f f n.

S ã o P a u l o : Bertioga prope Santos, 5—25 *m* (1884).

Genus **Prionolejeunea** (Spr.) Steph.

Prionolejeunea scaberula (S p r.) S t e p h.

S ã o P a u l o : 1) Prope Campo Grande ad „São Paulo Railway", in silvulis campestribus, ca. 700 *m* (77 [epiphylla], 551, 856). 2) Prope São Bernardo in districtu urbis São Paulo, 800 *m* (852). 3) Prope Alto da Serra (963 p. p.). 4) Ad flumen Rio Branco prope Santos, ad saxa ad rivulum, 20 *m* (288); ibidem, in silva ad arbores (1943, 1969). 5) In silvaticis inter Apiahy et Yporanga (1203, 1232). 6) Prope Raiz da Serra, 20—50 *m* (1072, 1717). 7) In silvaticis inter Apiahy et Yporanga, ad arbores, ca. 400—900 *m* (1202). 8) In silvis ad Brasso Grande in districtu urbis Itapecirica, ad arbores, ca. 1000 *m* (1207, 1266).

Prionolejeunea eroso-dentata S t e p h.

S ã o P a u l o : Ad flumen Rio Branco prope Santos, in silva ad arbores, ca. 20 *m* (1973).

Prionolejeunea validiuscula (S p r. ex S t e p h.) S t e p h.

S ã o P a u l o : Prope Raiz da Serra, 20—50 *m* (908).

Prionolejeunea prionodes S t e p h.

S ã o P a u l o : In silvis prope Alto da Serra, 900 *m*, foliicola (106).

Genus **Ptychocoleus** Trevis.

Ptychocoleus juliformis (N e e s) S t e p h.

S ã o P a u l o : 1) Prope São Bernardo haud procul ab urbe São Paulo, ad arbores, 800 *m* (1365). 2) In itinere S. Amaro—Barra Mansa in districtu urbis Itapecirica, in silvis ad Palmeiras de São Lourenzo, 800—900 *m* (1738). 3) Ad flumen Rio Branco prope Santos, ad arbores in horto, 20 *m* (1933, 2128).

Ptychocoleus polycarpus (N e e s) E v a n s.

S ã o P a u l o : 1) In monte Jaraguá prope Taipas, 800—1050 *m* (S c h i f f n e r s. n.). 2) In silvis litoralibus prope Conceição de Itanhaëm, 5—50 *m* (109). 3) In circuitu urbis Itapetininga, ad arbores, ca. 550 *m* (2188).

Ptychocoleus torulosus (L e h m. et L i n d n b g.) E v a n s.

P a r a n á : In ripa sinistra fluminis Paranapanema ad cataractas Salto Grande, ad arbores (134, 2231).

Genus **Pycnolejeunea** (Spr.) Steph.

Pycnolejeunea caldana Steph.

São Paulo: In silvis ad Brasso Grande in districtu urbis Itapecirica, ad arbores, ca. 1000 m (1561 p. p.).

Pycnolejeunea densiuscula (Spr. et Steph.) Steph.

São Paulo: In silvis ad Brasso Grande in districtu urbis Itapecirica, ca. 1000 m, foliicola (1845).

Pycnolejeunea densistipula (Lehm.) Steph.

São Paulo: In silva ad Brasso Grande in districtu urbis Itapecirica, ad arbores, ca. 1000 m (1436).

Pycnolejeunea Uleana Steph.

São Paulo: 1) Prope Rio Grande ad „São Paulo Railway", in silva primigenia ad arbores, 800 m (702, 1113). 2) In silvaticis prope Barra Mansa in districtu urbis Itapecirica, ca. 1000 m (1828); ibidem, ad truncos putridos (1854, 1856). 3) Ad flumen Rio Branco prope Santos, in silva ad truncos putridos, ca. 20 m (1962). 4) Ad ripas fluminis Rio Aguapihú prope Conceição de Itanhaëm, ad ramulos, ca. 20 m (1187). 5) Prope Campo Grande ad „São Paulo Railway", in silvulis campestribus ad truncos, ca. 700 m (552, 1111 p. p.). 6) Apiahy (Puiggari 1, 614).

Pycnolejeunea flagellifera S. Arn., n. spec. — Taf. XIV/156.

Dioica, mediocris, foliicola, pallide brunneo-viridis. Caulis ad 10 mm longus, irregulariter ramosus, ramis ± attenuatis, apice flagelliformibus.

Typus: Schffn. 1845, Hb. W.

São Paulo: In silvis ad Brasso Grande in districtu urbis Itapecirica, ca. 1000 m, foliicola (1845).

Diözisch, mittelgroß blaß bräunlich-grün, epiphyll. Stengel bis 10 mm lang, 60—70 μ dick, unregelmäßig verzweigt, mit häufig verdünnten Ästen mit flagelliformen Enden. Rindenzellen des Stengels 12 × 16—24 μ, Wände mäßig dick, blaßbraun. Blätter genähert bis ziegeldachig, unter einem Winkel von 60—90° vom Stengel abstehend, gesichelt (mit Ausnahme der oberen Blätter). Blattoberlappen eiförmig, ganzrandig, der Dorsalrand median den Stengel bedeckend, bogig, am Scheitel abgerundet; Ventralrand (unterer Rand) fast gerade bis etwas konkav, bei den oberen Blättern schwach konvex. Lobulus in Größe und Gestalt wechselnd, gewöhnlich aufgeblasen, $1/3$ bis $1/4$ so lang wie der Oberlappen, an der einen Stengelseite bis zu $1/2$ vom Amphigastrium bedeckt, mit gewöhnlich kurzem und stumpfem, aber auch langem und ± gekrümmtem Apikalzahn. An den oberen Teilen der Sprosse ist der Lobulus gewöhnlich klein, mit einem langen Apikalzahn. Zellen des Blattrandes ca. 10 μ, in der Mittelpartie des Oberlappens ca. 18 μ, hexagonal, an der Basis etwas größer; Wände ziemlich dünn, ohne Eckenverdickungen; Cuticula glatt. Ocellen kommen vor als einzelstehende, in den Oberlappen zerstreute Zellen oder als etwas größere Zellen (ca. 20 × 50 μ) in einem Bandstreifen oder einer Gruppe an der Basis des Oberlappens (S. Arn.).

Amphigastrien entfernt stehend, fast kreisrund, häufig mit einer Ausbuchtung an den Seiten, zu $1/2$ zweilappig, mit lanzettlichen Lappen und spitzwinkeliger und schmaler Bucht. An den flagelliformen Enden der Sprosse fehlen Blätter mit Ausnahme der eigentlichen Spitzen, wo 1—3 unregelmäßig herzförmige Blätter ohne Lobuli stehen. Am Rand dieser Blätter kommen oft kurze Rhizoiden vor. Die Amphigastrien an der Ventralseite der Flagellen werden spitzenwärts allmählich kleiner, sie sind häufig ziegeldachig angeordnet und stehen etwas ab. Die endständigen Blätter der Flagellen sind abfällig und dienen offenbar der vegetativen Vermehrung der Pflanze (S. Arn.).

Es wurden nur sterile weibliche Organe beobachtet; sie haben einen subfloralen Innovationsast. Die Hüllblätter sind einpaarig, etwas größer als die Stengelblätter, ihnen gleichgestaltet oder verkehrt eiförmig. Der Lobulus ist breiter als bei den Stengelblättern und $1/3$ bis $1/2$ so lang wie der Oberlappen. In der Nähe der

Basis des Oberlappens findet sich gewöhnlich eine Gruppe großer Ocellen. Hüllunterblätter so lang wie die Hüllblätter selbst, verkehrt eiförmig, am Scheitel gestutzt und schwach ausgerandet. Andröcien an kurzen Ästen endständig, mit 3—4paarigen Hüllblättern und einzeln stehenden Antheridien (S. Arn.).

Die Art weicht ab von *P. Galatheae* Steph. durch die Gestalt des Blattoberlappens, von *P. densiuscula* durch kleinere Blattzellen, von *Rectolejeunea* Evans durch das Vorkommen von Ocellen (S. Arn.).

Genus **Rectolejeunea** Evans.

Rectolejeunea parviloba (Ångstr.) Steph.

São Paulo: 1) In itinere Cerqueira-Cesar—Fazenda Bella Vista, ad flumen Rio Turvo, in silvis primaevis ad arbores (ad *Porellam* spec.) (1494). 2) In itinere S. Amaro—Barra Mansa apud São Lourenzo in districtu urbis Itapecirica, 800—900 *m* (1972). 3) Circa Parnahyba ad flumen Tieté, ad arbores, ca. 700 *m* (781). 4) Apiahy (Puiggari 317). 5) Prope Lapa in circuitu urbis São Paulo, ad arbores (2018). 6) In monte Jaraguá prope Taipas, 800—1050 *m* (1031, 1050). 7) Prope Campo Grande ad „São Paulo Railway", in silvulis campestribus ad truncos, ca. 700 *m* (777). 8) Prope Rio Grande ad „São Paulo Railway", 800 *m* (1594). 9) In insula inter cataractas Salto Grande do Rio Paranapanema, 500 *m* (2082). — Paraná: 10) In ripa sinistra fluminis Paranapanema ad cataractas Salto Grande, 500 *m* (2094, 2102).

Rectolejeunea mandiocana Steph.

São Paulo: 1) In silvis prope Alto da Serra, 900 *m*, epiphylla (106). 2) Prope Campo Grande ad „São Paulo Railway", in silvulis campestribus ad truncos, ca. 700 *m* (777).

Rectolejeunea apiahyna Steph.

São Paulo: 1) In silvaticis ad Rio Mambú in districtu urbis Conceição de Itanhaëm, ca. 100 *m* (749, 1774). 2) Prope Raiz da Serra, ad arbores, 20—50 *m* (921). 3) In silvis ad Brasso Grande in districtu urbis Itapecirica, ad arbores, ca. 1000 *m* (1400).

Zellen des Blattrandes ca. 8 μ (S. Arn.).

Rectolejeunea Bornmuelleri Steph.

São Paulo: 1) In silvaticis prope Cantareira haud procul ab urbe São Paulo, ad arbores, 800 *m* (1154). 2) Prope Fazenda Bella Vista in districtu urbis Sa. Cruz, ad flumen Rio Pardo, ca. 500 *m* (159). 3) Prope Lapa in circuitu urbis São Paulo, ad arbores (2009). — Paraná: 4) In ripa sinistra fluminis Paranapanema ad cataractas Salto Grande, 500 *m* (2229).

Zellen des Blattrandes ca. 10 μ (S. Arn.).

Genus **Stictolejeunea** (Spr.) Steph.

Stictolejeunea Kunzeana (G.) Steph.

São Paulo: 1) In silvaticis ad Rio Mambú in districtu urbis Conceição de Itanhaëm, ca. 100 *m* (1683, 1778). 2) Ad cataractas prope Itú, ad flumen Rio Buturoba prope Santos, ad saxa, ca. 10 *m*, una cum *Bazzania convexa* (1980). 3) Prope Raiz da Serra, ad arbores, 20—50 *m* (923, 928 p. p.). 4) In silvaticis Serra do Cayazique prope Santos (563).

Stictolejeunea squamata (Willd.) Steph.

São Paulo: 1) Ad flumen Rio Branco prope Santos, in silva ad arbores, ca. 30 *m* (1963). 2) In silvaticis ad Rio Mambú in districtu urbis Conceição de Itanhaëm, ca. 100 *m* (735, 1772). 3) Ad ripas fluminis Aguapihú prope Conceição de Itanhaëm, ad ramulos, 20 *m* (1186).

Genus Strepsilejeunea (Spr.) Steph.

Strepsilejeunea acutangula (Nees) Steph.

São Paulo: 1) In silvaticis prope Barra Mansa in districtu urbis Itapecirica, ad arbores, ca. 1000 *m* (351, 1827). — Ad confines Rio de Janeiro—Minas Geraës: 2) In silvaticis regionis inferioris montis Itatiaya, prope Fazenda Monteserrate, ad saxa, 1000 *m* (603).

Strepsilejeunea Hieronymi (Spr.) Steph.

São Paulo: Apiahy, Sitio Lorenzo da Rosa (Puiggari 1142).

Strepsilejeunea Theriotii Steph.

São Paulo: 1) In circuitu urbis Cerqueira-Cesar, ca. 500 *m* (1464). 2) In silvaticis prope Barra Mansa in districtu urbis Itapecirica, ad arbores, ca. 1000 *m* (535, 537, 1584, 2064). 3) In silvaticis prope Cantareira haud procul ab urbe São Paulo, ad arbores, 800 *m* (1147 p. p.). 4) Prope Campo Grande ad „São Paulo Railway", in silvulis campestribus ad truncos, ca. 700 *m* (777).

Strepsilejeunea gabrielensis (Spr.) Steph.

São Paulo: Prope São Bernardo in districtu urbis São Paulo, 800 *m* (2359).

Strepsilejeunea Lindenbergii Steph.

São Paulo: 1) Prope Yporanga in valle fluminis Rio Ribeira, ca. 130 *m* (65). 2) In circuitu urbis Cerqueira-Cesar, ca. 500 *m* (1464). 3) In silvaticis prope Barra Mansa in districtu urbis Itapecirica, ca. 1000 *m* (537).

Genus Symbyezidium Trevis.

Symbyezidium barbiflorum (Lindnbg. et G.) Steph.

São Paulo: 1) Ad flumen Rio Branco prope Santos, ad arbores, ca. 20 *m* (1967, 2126, 2130). 2) In itinere a flumine Rio Comprido ad vicum Piruhibe, ad arbores in silvis, 10—100 *m* (251). 3) In silvis ad Brasso Grande in districtu urbis Itapecirica, ad arbores, ca. 1000 *m* (1339, 1428).

Symbyezidium subrotundum (Hook.) Steph.

São Paulo: 1) In silvaticis ad Rio Mambú in districtu urbis Conceição de Itanhaëm, ca. 100 *m* (1773). 2) In vicinitate sanatorii Guarujá prope Santos, in silva ad arbores, 1—50 *m* (1129). 3) Prope Raiz da Serra, 20—50 *m* (107). 4) Ad flumen Rio Branco prope Santos, ca. 20 *m* (1915, 2126 p. p., 2131).

Genus Taxilejeunea Steph.

Taxilejeunea asthenica (Spr.) Steph.

São Paulo: 1) Prope Maranguá inter Santos et Conceição de Itanhaëm, 5—25 *m* (334). 2) In silvaticis ad Rio Mambú in districtu urbis Conceição de Itanhaëm, ca. 100 *m* (742).

Taxilejeunea brasiliensis Steph.

Minas Geraës: Caldas, ad arbores (Hj. Mosén).

Taxilejeunea caracensis (Lindnbg.) Steph.

São Paulo: 1) In vicinitate sanatorii Guarujá prope Santos, in silva ad arbores, 1—50 *m* (1132). 2) In silvaticis ad Rio Mambú in districtu urbis Conceição de Itanhaëm, ad arbores, ca. 100 *m* (743).

Taxilejeunea Iheringii Steph.

São Paulo: 1) In silvis prope Alto da Serra, ca. 900 *m*, foliicola (204). 2) In monte Jaraguá prope Taipas, ad arbores, 800—1050 *m* (1029). 3) Prope Lapa in circuitu urbis São Paulo, ad arbores (2015).

Taxilejeunea Chamissonis (Lindnbg.) Steph.

São Paulo: Circa Parnahyba ad flumen Tieté, ad terrram argillosam, ca. 700 m (786).

Taxilejeunea isocalycina (Nees) Steph.

São Paulo: 1) In silvaticis ad Rio Mambú in districtu urbis Conceição de Itanhaëm, ca. 100 m (741). 2) Prope Raiz da Serra, 20—50 m (909). 3) In silvis ad Brasso Grande in districtu urbis Itapecirica, ad arbores, ca. 1000 m (1273, 1308, 1555). 4) Prope Rio Grande ad „São Paulo Railway", in silva ad arbores, 800 m (696). 5) Apiahy (Puiggari n. 36, 92). — Ad confines Rio de Janeiro—Minas Geraës: 6) Serra do Itatiaya, Monte Serrate, ad saxa (P. Dusén).

Taxilejeunea Uleana Steph.

São Paulo: 1) Prope Rio Grande ad „São Paulo Railway", ad arbores, 800 m (1594). 2) Prope Yporanga in valle fluminis Rio Ribeira, ca. 130 m (63 p. p.). 3) Circa Parnahyba ad flumen Tieté, ad terram, ca. 700 m (787).

Taxilejeunea lusoria (Lindnbg. et G.) Steph.

Syn. *T. implexa* (Spr.) Steph.; *T. crebriflora* (Spr.) Steph.

São Paulo: 1) In insula Comprida prope urbem Iguapé, 5—10 m (523). 2) In circuitu urbis Itapetininga, ca. 550 m (61). 3) In silvaticis ad Rio Mambú in districtu urbis Conceição de Itanhaëm, ad arbores, ca. 100 m (740, 743). 4) Prope Yporanga ad Rio Ribeira, ad arbores, ca. 130 m (63, 70, 2153). 5) Prope Rio Grande ad „São Paulo Railway", in silva ad arbores, 800 m (696 p. p.). 6) Municipio de Iguapé, Ovillas del rio (Puiggari 1207). 7) Prope Fazenda Bella Vista in districtu urbis Sa. Cruz ad flumen Rio Pardo, in silva ad arbores, ca. 500 m (1442). 8) Prope Maranguá inter Santos et Conceição de Itanhaëm, 5—25 m (333, 1356). 9) Ad cataractas prope Itú ad flumen Rio Buturoba prope Santos, ad saxa, ca. 10 m (1983). — Paraná: 10) In ripa sinistra fluminis Paranapanema, ad arbores (2083).

Taxilejeunea multiflora Steph.

São Paulo: Prope Fazenda Bella Vista in districtu urbis Sa. Cruz ad Rio Pardo, ca. 500 m (220).

Taxilejeunea pterogonia (Lehm. et Lindnbg.) Steph.

São Paulo: 1) In silvaticis inter Faxina et Apiahy, ca. 800 m (139). 2) Apiahy (Puiggari 120, 255). 3) Circa Parnahyba ad flumen Tieté, ad terram argillosam, 700 m (784). 4) Alto da Serra, epiphylla (1002). 5) In silvaticis Serra do Cayazique prope Santos (557). 6) Ad flumen Rio Branco prope Santos, in silva ad arbores, ca. 20 m (1961).

Taxilejeunea Puiggarii Steph.

São Paulo: 1) In monte Jaraguá prope Taipas, 800—1050 m (1028). — Paraná: 2) In ripa sinistra fluminis Paranapanema ad cataractas Salto Grande, ad arbores, ca. 500 m (2093).

Taxilejeunea obtusangula (Spr.) Steph.

São Paulo: 1) In monte Jaraguá prope Taipas, 800—1050 m (1031). 2) In silvis ad Brasso Grande in districtu urbis Itapecirica, ca. 1000 m (1321). — Paraná: Desvio Yporanga, in foliis filicum (P. Dusén 12.186).

Genus **Trachylejeunea** Steph.

Trachylejeunea inflexa (Hpe.) Steph.

São Paulo: 1) Prope Campo Grande ad „São Paulo Railway", in silvulis campestribus ad truncos, ca. 700 m (771, 870). — In confines Rio de Janeiro—Minas Geraës: 2) Serra do Itatiaya, in truncis putridis, ca. 2200 m (P. Dusén 81).

Trachylejeunea Didrichsenii Steph.

São Paulo: 1) Prope Yporanga in valle fluminis Rio Ribeira, ca. 130 m (63). 2) Prope São Bernardo haud procul ab urbe São Paulo, ad arbores, 800 m (2364).

Trachylejeunea subplana Steph.

São Paulo: 1) Apiahy (Puiggari). 2) In insula inter cataractas Salto Grande do Rio Paranapanema, ca. 500 m (2038). 3) Prope Yporanga in valle fluminis Rio Ribeira, ca. 130 m (63). — Sa. Catarina: 4) S. Joaquin, Fazenda Espenillo, ad *Pelliam ulveam*, 1000 m (Spannagel 172).

Trachylejeunea polystachya Steph.

São Paulo: Prope Yporanga in valle fluminis Rio Ribeira, ca. 130 m (63).

Trachylejeunea Raddiana (Lindnbg.) Steph.

São Paulo: Prope Campo Grande ad „São Paulo Railway", in silvulis campestribus ad truncos, ca. 700 m (777).

Genus **Thysananthus** Lindnbg.

Thysananthus brasiliensis S. Arn., n. spec. — Taf. XIV/157.

Monoica robusta, brunnea vel fusco-brunnea, foliicola. Caulis ad 4 cm longus, irregulariter multiramosus. Folia caulina approximata, recte patula, apice obtusa, leviter concava vel plana, in plano ovato-elliptica. Cellulae marginales $20 \times 20\,\mu$, mediae $20 \times 30\,\mu$, trigonis magnis. Lobulus in situ oblongus, folio duplo vel triplo brevior, angulo spina longa stricta armatus, carina leviter arcuata. Amphigastria obcuneata, caule triplo latiora, apice truncato-emarginata, integra vel leviter crenulata. Perianthia pyriformia vel obcordata, triplicata, rostro parvo. Folia floralia perianthio subaequilonga, oblonga. Amphigastrium florale perianthio parum brevius, obovato-oblongum, apice acutum, ad $1/10$ bilobum, sub apice paucidentatum. Androecia in ramis brevibus, bracteis 5—6 jugis.

Typus: Schffn. 2199, Hb. W.

São Paulo: 1) Prope Salto Grande do Rio Paranapanema, ca. 500 m (2199). 2) Prope Maranguá inter Santos et Conceição de Itanhaëm, 5—25 m, foliicola (334).

Monözisch, groß, braun bis dunkelbraun, epiphyll. Stengel bis 4 cm lang, unregelmäßig und reich verzweigt. Blätter einander genähert, aufrecht-abstehend, nicht gesichelt, fast flach, eiförmig-elliptisch, ca. 0,6—0,7 mm lang, 0,35—0,4 mm breit, mit stumpfem bis spitzlichem Scheitel, ganzrandig, mit dem basalen Teile des oberen Randes den Stengel übergreifend. Randzellen $20 \times 20\,\mu$, Zellen in der Blattmitte ca. $20 \times 30\,\mu$, mit deutlichen Eckenverdickungen und häufig mit dazwischen liegenden Wandverdickungen. Lobulus aufgeblasen, in situ länglich, $1/2$ bis $1/3$ so lang wie der Blattoberlappen, am Scheitel mit einem langen, geraden Zahn, mit schwach bogigem Kiel. Amphigastrien verkehrt keilförmig, dreimal so breit wie der Stengel, am Scheitel abgestutzt bis ausgerandet, ganzrandig oder im ausgerandeten Teil schwach krenuliert. Perianth birnenförmig bis verkehrt herzförmig, 3faltig, die seitlichen Falten schwach geflügelt mit krenulierten bis schwach gezähnten Flügeln, die Ventralfalte hoch und ganzrandig; Rostrum 60—70 μ lang, 60 μ breit. Weibliche Hüllblätter fast so lang wie das Perianth, lanzettlich bis länglich, am Scheitel spitz, mit kurzer Insertionslinie; Lobulus klein, am Winkel mit einem kurzen Zahn. Inneres Hüllunterblatt $2/3$ so lang wie das Perianth, lanzettlich, am Scheitel spitzwinkelig- und kurz-zweispaltig, mit spitzen, gezähnten Lappen. Zweites Hüllunterblatt kürzer, kurz-zweispaltig mit schwach gezähnten Lappen. Drittes Hüllunterblatt kurz-zweilappig, mit ganzrandigen Lappen. Andröcien an kurzen Ästen; Hüllblätter bis 6paarig, kürzer und schmäler als die Stengelblätter, lanzettlich mit stumpfem Scheitel; Lobulus aufgeblasen. (S. Arn.).

Weicht von dem nächstverwandten *Thysananthus amazonicus* (Spr.) Steph. ab durch den langen Zahn des Lobulus, den stumpfen Scheitel des Blattoberlappens und den kleinen Lobulus der weiblichen Hüllblätter; von den südamerikanischen Arten der Gattung *Mastigolejeunea* durch das epiphylle Vorkommen, das schwach verkehrt herzförmige und geflügelte Perianth, den langen und geraden Zahn des Lobulus der Stengelblätter (S. Arn.).

Thysananthus Schiffnerii S. A r n., n. spec. — Taf. XIV/158.

Monoica, magna, brunnea, in cortice dense depresso-caespitosa. Caulis ad 2 mm longus, irregulariter pinnatus. Folia caulina conferta, 0,8—0,9 mm longa, 0,35—0,4 mm lata, subrecte patula, concava, in plano ovata, apice acuta, brevi basi inserta. Cellulae marginales $10 \times 14\,\mu$, mediae $24 \times 30\,\mu$, parietibus tenuibus, trigonis parvis. Cuticula sparsim striata. Lobulus parvus apice apiculatus. Amphigastria caule duplo vel triplo latiora, subrotunda, $\pm$ concava; margine integro. Perianthia obovata, rostro breviusculo, plicis longe denticulatis. Folia floralia caulinis aequimagna, lanceolata vel longe ovata, acuta, integra vel sub apice sparsim paucidentata; lobulus parvus. Amphigastrium florale magnum, subrotundum; margine integro. Androecia in ramulis brevibus, bracteis 2—6 jugis; amphigastria subrotunda.

Typus: S c h f f n. 2097, Hb. W.

P a r a n á : 1) In ripa sinistra fluminis Paranapanema ad cataractas Salto Grande, ad arbores, ca. 500 m (2097). — S ã o P a u l o : 2) Prope Raiz da Serra, ad arbores, 20—50 m (924). 3) In monte Jaraguá prope Taipas, 800—1050 m (1032).

Monözisch, groß, braun bis grünlichbraun, auf Rinde wachsend. Stengel bis 2 cm lang, unregelmäßig und ziemlich dicht verzweigt. Blätter einander genähert bis ziegeldachig, 0,8—0,9 mm lang, 0,35—0,4 mm breit, aufrecht-abstehend, eiförmig, schwach konvex, der mediane Teil des Hinterrandes einwärts gebogen, am Scheitel spitz, am Rand ganz oder manchmal dem Scheitel zunächst schwach krenuliert, mit kurzer Insertionslinie. Randzellen $10 \times 14\,\mu$, Zellen der Blattmitte ca. $24 \times 30\,\mu$, dünnwandig, mit deutlichen Eckenverdickungen; Cuticula gestreift. Lobulus klein, am Scheitel häufig durch eine Schleimpapille bespitzt. Amphigastrien fast kreisrund, zwei- bis dreimal so breit wie der Stengel, schwach konkav, ganzrandig. Perianth verkehrt eiförmig, stark zusammengedrückt-geflügelt, an den Seitenflügeln in den oberen $^2/_3$ lang gezähnt bis wimperfransig, auf der dorsalen Fläche plan, auf der ventralen Fläche mit einem deutlichen Flügel, der im oberen $^1/_3$ gelappt ist; Rostrum $24\,\mu$ lang und $60\,\mu$ breit. Weibliche Hüllblätter so lang wie das Perianth und die oberen Blätter, lanzettlich-eiförmig, am Scheitel spitz, in der Nähe des Scheitels manchmal schwach gezähnelt, sonst ganzrandig; Lobulus klein, wie bei den Stengelblättern. Hüllunterblatt rundlich, fast so lang wie das Perianth, ganzrandig. Andröcien an kurzen Ästen; Hüllblätter bis 6paarig; Amphigastrien klein, kreisrund (S. A r n.).

Weicht von dem nahe verwandten *Thysananthus amazonicus* (S p r) S t e p h. ab durch die wimperlappigen Perianthflügel, die gestreifte Cuticula der Blattzellen, die rundlichen Amphigastrien; von den übrigen südamerikanischen Arten der Gattung durch Einhäusigkeit und durch die fast ganzrandigen Blätter, Amphigastrien und Hüllblätter (S. A r n.).

S c h i f f n e r hat im Jahre 1944 in HEDWIGIA 81: 236 eine neue Gattung, *Myriocoleopsis*, mit der Typusart *M. Puiggarii* S c h f f n., São Paulo: Iporanga, Sitio des Joaguin Antonio de Sylva, Julio 1873 (P u i g g a r i 39) aufgestellt. In der S c h i f f n e r'schen Lebermoossammlung der brasilianischen Expedition von 1901, die im Naturhistorischen Museum in Wien verwahrt wird, ist kein bezügliches Material enthalten, auch ist über den sonstigen Verbleib des Typus nichts bekannt. Die neue S c h i f f n e r'sche Art wurde deshalb in die vorliegende Aufzählung nicht aufgenommen.

Figurenerklärung: Die Zeichnungen stammen von V. Schiffner, soweit sie nicht als „Zeichnung S. Arn." bezeichnet sind. Die Vergrößerung der Schiffner'schen Figuren ist jeweils angegeben. Die Arnell'schen Figuren sind etwas stärker vergrößert; hier muß auf die absoluten Größenangaben im Text verwiesen werden.

Tafel I.

Fig. 1. *Riccia echinatispora* Schffn.

Santos (Schiffner 854). — a Ganze Pflanze, 0,25/1; b Querschnitt durch den Thallus, 11/1; c Desgleichen, 30/1; d Zellen der Epidermis, 30/1; e Junge Sporentetraden, 100/1; f Spore, 100/1.

Fig. 2. *Riccia brasiliensis* Schffn.

Salto Grande (Schiffner 2395). — a Fragment des Thallus in Dorsalansicht; b Querschnitt durch eine Auszweigung letzter Ordnung; c Querschnitt durch einen älteren Thallusteil; d Epithelzellen und Trichome; e—f Sporen; g Spore mit ungewöhnlich großen und eckigen Areolen.
Riccia echinatispora Schffn. — h Spore.
(Zeichnung S. Arn.).

Fig. 3. *Riccia Weinionis* Steph.

Salto Grande (Schiffner 2394). — a Thallus-Querschnitte, 6/1; b Randzellen des Thallus-Scheitels, 100/1.

Fig. 4. *Marchantia faxinensis* Schffn.

Faxina (Schiffner 2349). — a Thallus, 0,5/1; b Querschnitt durch den Thallus, 6/1; c Ventralschuppe, 11/1; d Anhängsel der Ventralschuppe, 30/1; e Atempore, 100/1; f Innerer Zellring der Atempore, 100/1; g Sporogonköpfchen, 0,5/1; h Schuppen des Sporogonköpfchens, 11/1; i Rand des Pseudoperianths, 100/1. *M. chenopoda* L. — j Anhängsel einer Ventralschuppe (zum Vergleich), 30/1.

Fig. 5. *Riccardia devexa* Schffn.

a Weibliche Pflanze; b Querschnitt durch den Hauptstamm; c Männlicher Ast von einem Primärast des Thallus, in Ventralansicht; d Weiblicher Ast.
(Zeichnung S. Arn.)

Fig. 6. *Riccardia Loefgrenii* Schffn.

Alto da Serra (Schiffner 2425). — a Pflanze in Dorsalansicht; b Scheitel einer letzten Auszweigung; c Querschnitt durch den Hauptstamm; d Weiblicher Ast; e Männlicher Ast.
(Zeichnung S. Arn.)

Fig. 7. *Riccardia insignis* Schffn.

Itatiaya (Schiffner 431). — a Ganze Pflanze, Habitus; b Querschnitte durch den Hauptstamm; c Querschnitt durch einen Sekundärast; d Aststück mit männlichen Geschlechtsästen; e Männlicher Geschlechtsast.
(Zeichnung S. Arn.)

Schiffner, Hepaticae Brasilienses   Tafel I

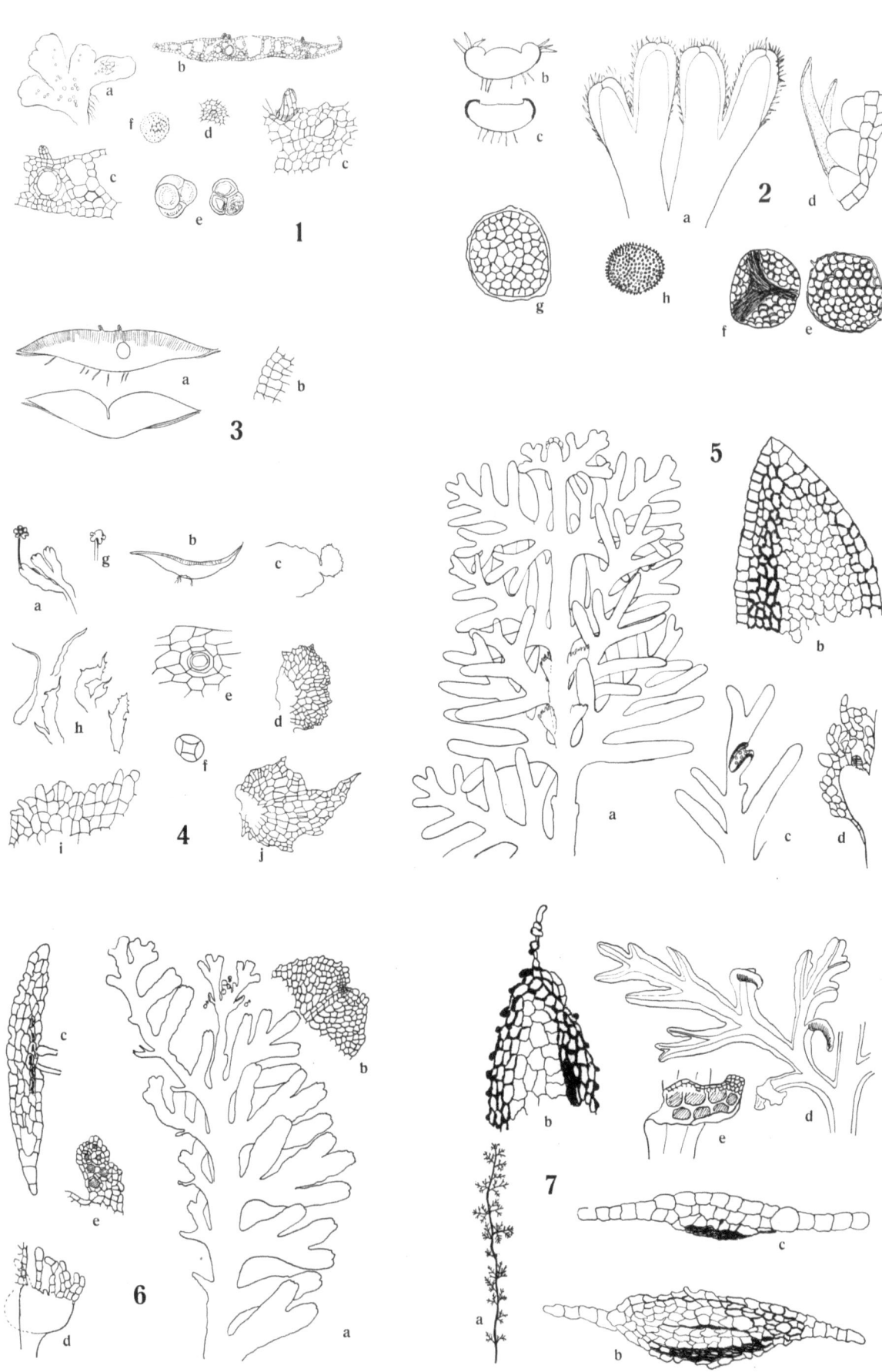

Tafel II

Fig. 8. *Riccardia paulensis* Schffn.

Jaraguá (Schiffner 1014). — a Apikaler Teil der Pflanze; b Querschnitt durch den Hauptstamm; c Querschnitt durch eine letzte Auszweigung.
(Zeichnung S. Arn.)

Fig. 9. *Riccardia gemmipara* Schffn.

Alto da Serra (Schiffner 413). — a Weibliche Pflanze mit Stolonen und Gemmen; b Querschnitt durch den Hauptstamm; c Querschnitte durch eine letzte Auszweigung; d Alter weiblicher Geschlechtsast in Dorsalansicht; e Männlicher Geschlechtsast; f Gemme, 200/1.
(Zeichnung S. Arn.)
R. digitiloba (Spr.) Schffn. — g Querschnitte durch den Hauptstamm.
(Zeichnung S. Arn.)

Fig. 10. *Riccardia squamifera* Schffn.

a Weibliche Pflanze; b Querschnitte durch den Hauptstamm; c Querschnitt durch eine letzte Auszweigung; d Weibliche Geschlechtsäste mit Calyptren.
(Zeichnung S. Arn.)

Fig. 11. *Metzgeria subaneura* Schffn.

a Thallusfragment in Ventralansicht, 30/1; b Zellen von der Mittelrippe, 100/1; c Zellen vom Rand und von der mittleren Partie des Flügels, 100/1.

Fig. 12. *Metzgeria brasiliensis* Schffn.

Serra Sao Joao (Schiffner 512). — a Ganze Pflanze, 0,25/1; b Fragment des Thallus, Ventralansicht, 30/1; c Mittelrippe, Dorsalansicht, 30/1; d Querschnitt durch die Mittelrippe und den einen Flügel, 100/1; e Weiblicher Geschlechtsast, 6/1; f Zellen der Flügelmitte, 100/1; g Zellen der Kapselwand, 100/1; h Sporen und Elatere, 100/1.

Fig. 13. *Metzgeria cratoneura* Schffn.

Brasso Grande (Schiffner 1283). — a Fragment des Thallus in Ventralansicht, 30/1; b Zellen von der Mitte des Thallusflügels, 100/1; c Mittelrippe in Dorsalansicht, 30/1; d Querschnitt durch die Mittelrippe, 100/1; e Weiblicher Geschlechtsast, 11/1; f Sporogon, 11/1; g Spore und Elatere, 100/1; h Haare, 30/1.

Fig. 14. *Metzgeria albinea* Spr.

Brasilia (Glaziou 18.689, Herb. Stephani). — a Fragment des Thallus in Ventralansicht, 30/1; b Zellen aus dem mittleren Teil des Flügels, 100/1; c Zellen vom Rand des Flügels, 100/1; d Fragment der Mittelrippe, 100/1.
Metzgeria albinea Spr. var. *aberrans* Schffn.
Barra Mansa (Schiffner 1821). — e Fragment des Thallus in Ventralansicht, 30/1; f Zellen aus dem mittleren Teil des Flügels, 100/1; g Zellen vom Rand des Flügels, 100/1; h Fragment der Mittelrippe, 100/1.

Fig. 15. *Metzgeria hamata* Lindb. var. *breviseta* Schffn.

Raiz da Serra (Schiffner 2416). — a Querschnitt durch den Thallus, 30/1; b Querschnitt durch die Mittelrippe, 100/1; c Rand des Thallus, 30/1.

Fig. 16. *Metzgeria crenatiformis* Schffn.

Salto dos Treis Ranjos (Schiffner 663). — a Pflanzen in natürlicher Größe; b Fragment des Thallus in Ventralansicht, 30/1; c Mittelrippe in Dorsalansicht, 30/1; d Ungewöhnlich schmale Mittelrippe, 30/1; e Mittelrippe in Ventralansicht, 30/1; f Randzellen, 100/1; g Zellen aus dem mittleren Teil der Flügel, 100/1.

Fig. 17. *Metzgeria crenatiformis* Schffn.

Inter Apiahy et Yporanga (Schiffner 1205). — a Weiblicher Geschlechtsast, 11/1; b Kapsel, 11/1; c Spore und Elatere, 100/1; d Zellen aus dem mittleren Teil einer Kapselklappe, Ansicht von außen, 100/1; e Ebenso, Ansicht von innen, 100/1.

Fig. 18. *Metzgeria grandiretis* Schffn.

Alto da Serra (Schiffner 1003). — a Fragment des Thallus in Ventralansicht, 30/1; b Zellen aus der Mitte des Flügels, 100/1; c Weiblicher Geschlechtsast, 11/1.

SCHIFFNER, Hepaticae Brasilienses

Tafel II

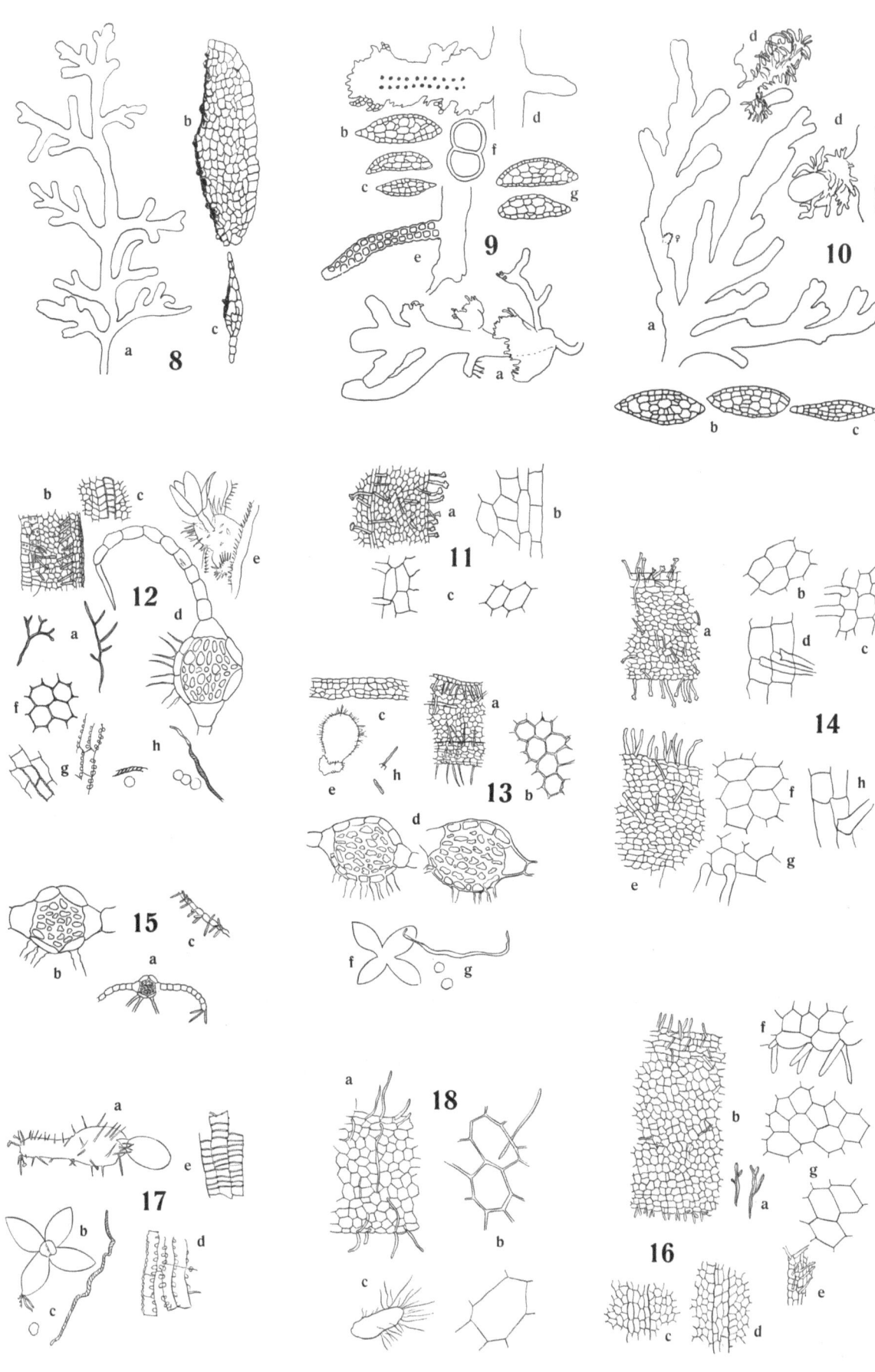

Tafel III

Fig. 19. *Symphyogyna submarginata* Schffn.

a Thalli von Apiahy (links), Cantareira (Mitte), Rio Grande (rechts), 0,25/1; b Querschnitt durch den Thallus, 11/1; c Ebenso, 120/1; d Randzellen des Thallus, 30/1; e Weibliche Schuppe von einer fast reifen Calyptra, 11/1; f Sporen, 100/1. — *S. canaliculata* Steph.: g Sporen, 100/1.

Fig. 20. *Symphyogyna submarginata* Schffn.

a Weibliche Pflanze; b Querschnitt durch den Thallus nahe seinem Scheitel; c Spore. — *S. canaliculata* Steph.: d Spore.
(Zeichnung S. Arn.)

Fig. 21. *Fossombronia paranapanemae* Schffn.

Insula inter cataractas Salto Grande do Rio Paranapanema (Schiffner 2001). — Querschnitt durch den Stamm, 30/1.

Fig. 22. *Fossombronia paranapanemae* Schffn.

(Schiffner 2001). — a Pflanze in Dorsalansicht, 6/1; b Blätter, 6/1; c Perianth, 6/1; d Blattzellen, 100/1; e Sporen und Elatere, 100/1.

Fig. 23. *Fossombronia brasiliensis* Steph.

Guarujá prope Santos (Schiffner 2432). — a Pflanze in Dorsalansicht, 6/1; b Blätter, 6/1; c Zellen aus der Blattspitze, 100/1; d Zellen aus der Blattmitte, 100/1; e Basale Blattzellen, 100/1; f Querschnitt durch den Stamm, 30/1; g Perianth, 6/1; h Elatere und Sporen (außen- und innenseitig), 100/1.

Fig. 24. *Fossombronia brasiliensis* Steph.

Orig. Ex. (Brasilia, Ule 109, ex Herb. Stephani). Die Pflanze ist einhäusig! — a Blätter, 6/1; b Blattzellen, 100/1; c Perianth, 6/1; d Kapsel, 30/1; e Sporen, 100/1.

Fig. 25. *Notoscyphus Lindmanii* (Steph.) Schffn.

Orig. Ex. (Rio Grande do Sul, leg. C. A. M. Lindman, ex Herb. Stephani). — a Randzellen eines Blattes, 100/1; b Basalzellen eines Blattes, 100/1; c Amphigastrium, 100/1; d Spore und Elatere, 100/1.

Fig. 26. *Notoscyphus paulensis* Schffn.

Lapa prope São Paulo (Schiffner 2022). — Sproß in Ventralansicht, 6/1.

Fig. 27. *Notoscyphus paulensis* Schffn.

Lapa prope São Paulo (Schiffner 2437). — a Sproß-Spitze in Ventralansicht, 11/1; b Blätter, 11/1; c Randzellen eines Blattes, 100/1; d Zellen aus der Mitte eines Blattes, 100/1; e Basalzellen eines Blattes, 100/1; f Amphigastrien, 11/1.

Fig. 28. *Notoscyphus paulensis* Schffn.

Lapa prope São Paulo (Schiffner 2022). — a Perianth, Involucrum und Subinvolucrum ein und derselben Pflanze, 11/1; b Ein anderes Perianth, dorsal ganz frei, innen mit einem angewachsenen Läppchen, 11/1; c Perianth, alle drei Blätter weit hinauf verwachsen, 11/1; d Anderes Perianth, 11/1; e Anderes Perianth (Amphigastrium der Länge nach halbiert), 11/1.

Fig. 29. *Notoscyphus macroscyphus* Schffn.

Alto da Serra (Schiffner 172). — Pflanzen in Ventralansicht, links mit verwachsenen, rechts mit bis zur Basis freien Involukralblättern, 11/1.

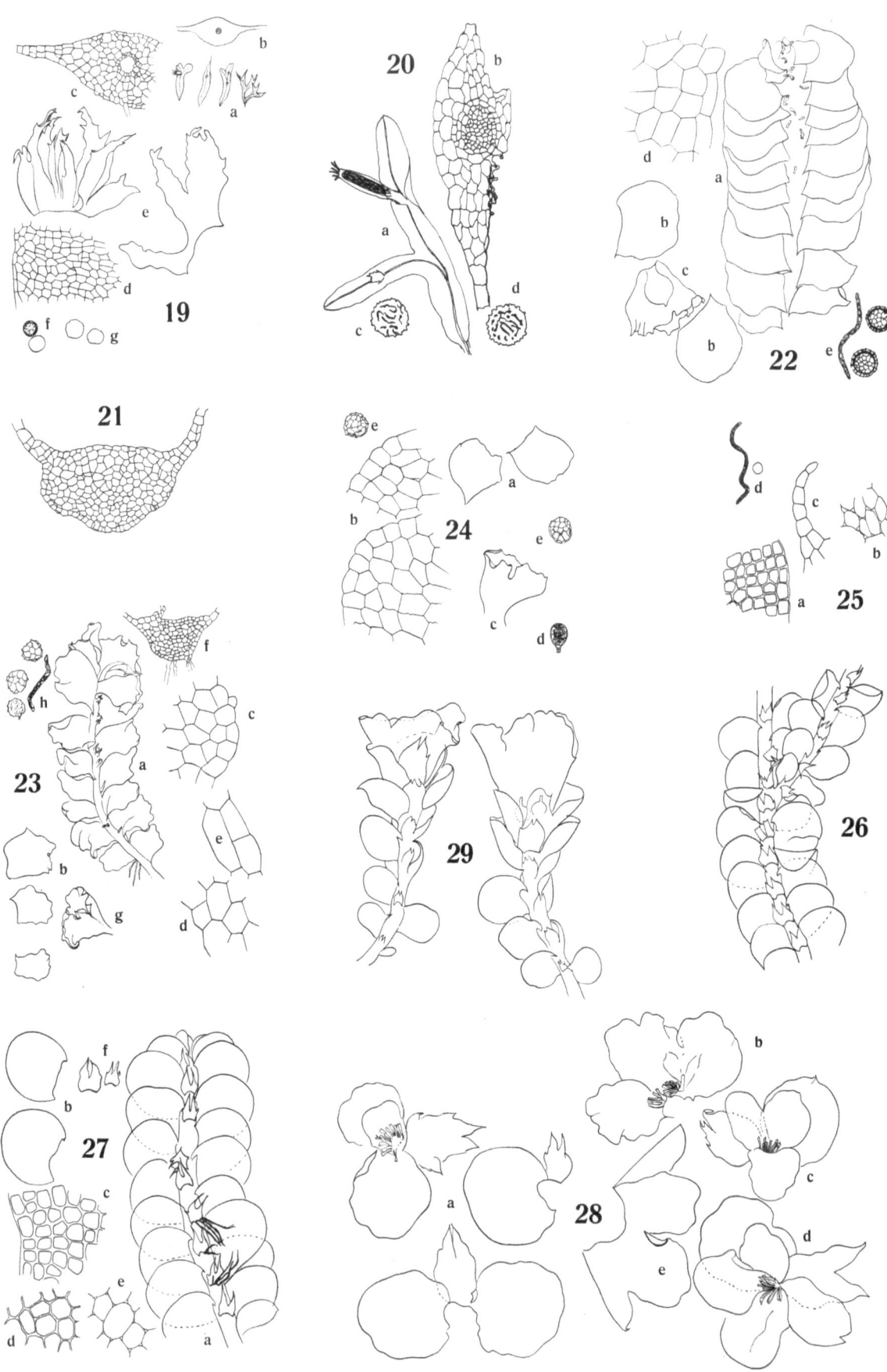

Tafel IV

Fig. 30 *Notoscyphus macroscyphus* Schffn.

Alto da Serra (Schiffner 172). — a Pflanze mit Perianth, in Ventralansicht, 11/1; b Perianth mit rudimentärem Dorsalkiel, 11/1.

Fig. 31. *Notoscyphus macroscyphus* Schffn.

Alto da Serra (Schiffner 172). — a Spitzenteil einer Pflanze in Ventralansicht, 11/1; b Zellen vom Blattrand, 100/1; c Zellen der Blattmitte, 100/1; d Basalzellen eines Blattes, 100/1; e Andrözium, 11/1.

Fig. 32. *Notoscyphus fluviorum* Schffn.

Rio Branco prope Conceição de Itanhaëm (Schiffner 847). — a Ganze Pflanze, 0,25/1; b Sproß-Fragment in Dorsalansicht, 6/1; c Ebenso, in Ventralansicht, 6/1; d Blatt, 6/1; e Randzellen eines Blattes, 100/1; f Zellen der Blattmitte, 100/1; g Basalzellen eines Blattes, 100/1; h Amphigastrium, 17/1; i ♂ Hüllblatt in Ventralansicht, 6/1; j Ebenso, in Ventralansicht, 6/1.

Fig. 33. *Notoscyphus caldensis* (Ångstr.) Schffn.

Prope Itapetininga (Schiffner 2182). — a Sproß-Fragment in Ventralansicht, 11/1; b Randzellen eines Blattes, 100/1. — Viage de Yporanga (Puiggari 828). — c Zellen der Blattspitze, 100/1.

Fig. 34. *Notoscyphus caldensis* (Ångstr.) Schffn.

Prope Itapetininga (Schiffner 2182). — a Perianth und Involukrum; Perianth 3lippig, becherförmig, längs der Linie x...x aufgeschnitten und ausgebreitet; ein Involukralblatt ist mit dem unteren Teil seines einen Seitenrandes (nicht mit der ganzen Fläche!) dem Perianth außen aufgewachsen; das zweite Involukralblatt ist an der Basis hoch hinauf mit dem Amphigastrium verwachsen, 11/1; b Subinvolukralblätter, 11/1.

Fig. 35. *Notoscyphus carneus* (Nees) Steph.

Itapetininga (Schiffner 2247). — a Amphigastrien, 6/1.
Notoscypus argillaceus (Nees) Steph.
Faxina (Schiffner 1372). — b Amphigastrien, 6/1; c—f Teile des Perianths, 6/1; g Rand-Zahn, 100/1.

Fig. 36. *Nardia callithrix* (Lindnbg. et G.) Spr.

Brasilia (Ule 107). — a Blatt, 11/1; b Randzellen eines Blattes, 100/1; c Basale Blattzellen, 100/1; d Randzellen der Perianthmündung, 100/1; e Sporen, 100/1.
Jungermannia brasiliensis Steph.
Brasilia (Martius, Orig. Ex.). — f Blätter, 11/1; g Randzellen eines Blattes, 100/1; h Basale Blattzellen, 100/1; i Randzellen der Perianthmündung, 100/1.

Fig. 37. *Jungermannia papulosa* Steph.

Minas Geraës (Lindman 23 p. p., Orig. Ex.). — a Blatt, 11/1; b Randzellen eines Blattes, 100/1; c Basale Blattzellen, 100/1; d Randzellen der Perianthmündung, 100/1; e Sporen und Elatere, 100/1. — Überall das dritte Blatt eines fertilen Stengels.

Fig. 38. *Solenostoma apertûm* (Schffn.) S. Arn.

Raiz da Serra (Schiffner 2436). — a Pflanzen mit Perianthien, 11/1; b Perianth, 11/1; c Involukren, 11/1.

Fig. 39. *Solenostoma apertûm* (Schffn.) S. Arn.

Raiz da Serra (Schiffner 2436). — a Pflanze in Dorsalansicht, 11/1; b Randzellen aus der Spitze eines Blattes, 100/1; c Zellen der Blattmitte, 100/1; d Zellen der Blattbasis, 100/1; e Mündung des Perianths, 100/1; f Involukrum, 11/1; g Kapsel, 11/1; h Elatere und Sporen, 100/1; i Zellen der Kapselwand, 100/1.
Sitio Bülow (Schiffner 283). — j Involukrum, 11/1.

Fig. 40. *Anastrophyllum Glaziovii* Steph.

Brasilia (Glaziou 4534, Herb. Stephani, Orig. Ex.). — a Blätter, 11/1; b Spitze eines Blattlappens, 100/1; c Zellen der Blattmitte, 100/1; d Zellen der Blattbasis, 100/1.
Anastrophyllum brasiliense Schffn.
Itatiaya, Fazenda Monteserrate (Schiffner 17. IX. 1901, s. n.). — e Blätter, 11/1; f Spitze eines Blattlappens, 100/1; g Zellen der Blattmitte, 100/1; h Zellen der Blattbasis, 100/1.

Fig. 41. *Anastrophyllum brasiliense* Schffn.

Itatiaya, Fazenda Monteserrate (Schiffner 17. IX. 1901, s. n.). — a Perianth und Involukrum, 11/1; b Subinvolukrum, 11/1; c Perianth, 11/1; d Perianthmündung, 100/1.

Fig. 42. *Anastrophyllum conforme* (Lindnbg. et G.) Steph.

Mexico, Trafiche de la Concepcion (Liebman, Orig. Ex.). — a Blätter, 11/1; b Spitze eines Blattlappens, 100/1; c Zellen der Blattmitte, 100/1; d Zellen der Blattbasis, 100/1.
Anastrophyllum leucostomum (Tayl.) Steph.
Peru (Jameson, Orig. Ex.). — e Blätter, 11/1; f Spitze eines Blattlappens, 100/1; g Zellen aus der Mitte eines Blattlappens, 100/1; h Zellen der Blattbasis, 100/1.

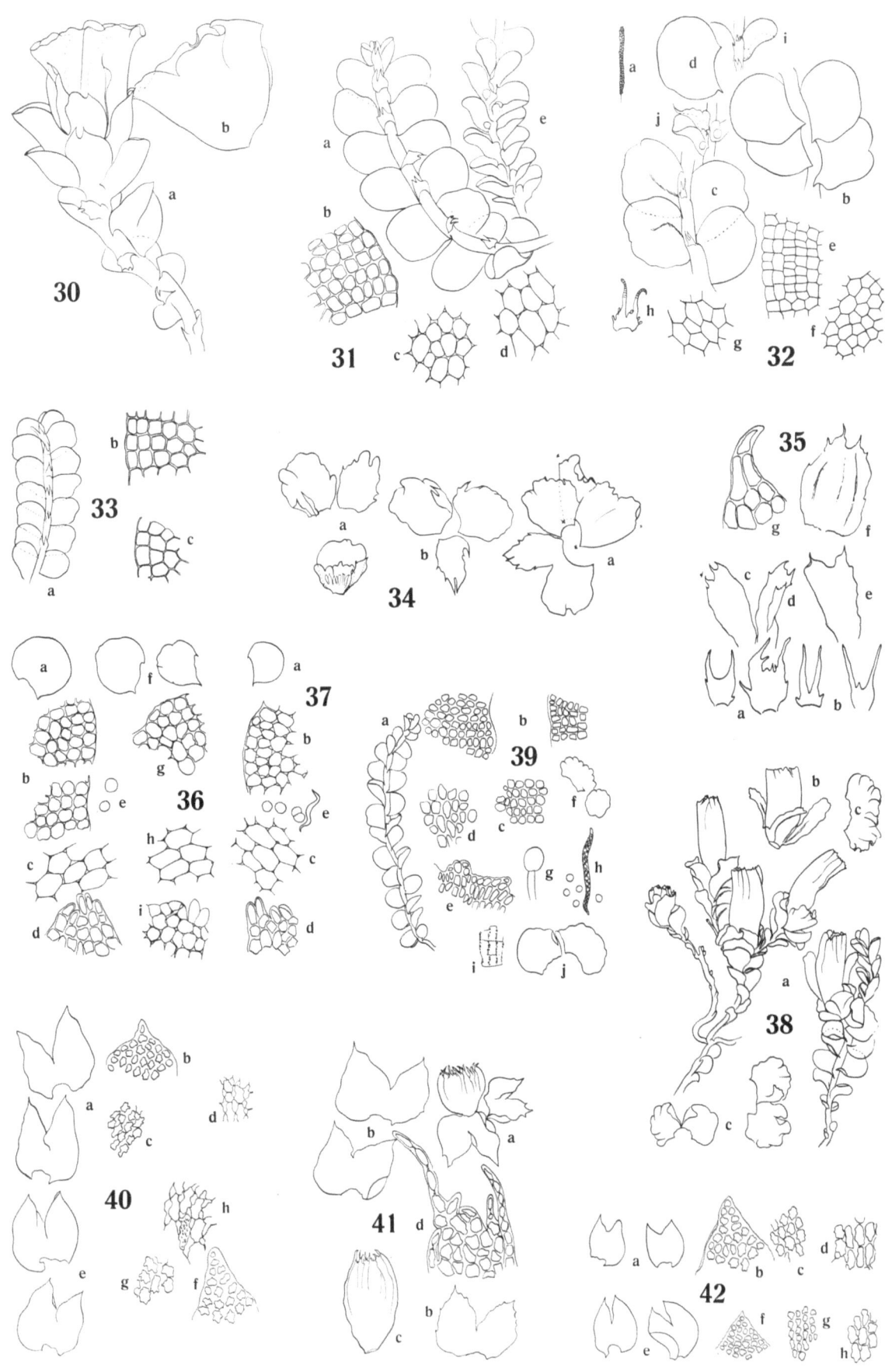

Tafel V

Fig. 43. *Anastrophyllum leucostomum* (Tayl.) Steph.

Itatiaya (Schiffner 2337). — a Blätter, 11/1; b Spitze eines Blattlappens, 100/1.

Fig. 44. *Syzygiella parvula* Schffn.

Alto da Serra (Schiffner 979). — a Sproßfragment in Dorsalansicht, 6/1; b Desgleichen in Ventralansicht, 6/1; c Blätter, 6/1; d Zellen des Blattrandes, 100/1; e Zellen der Blattmitte, 100/1; f Zellen der Blattbasis, 100/1.

Fig. 45. *Syzygiella contigua* (G.) Steph.

Itatiaya (Schiffner 2342). — a Sproß mit Andröceum, 6/1; b Blatt, 6/1; c Zellen der Blattmitte, 6/1; d Zellen des Blattrandes, 100/1; e Basale Blattzellen, 100/1; f ♂ Hüllblätter, 6/1; g Perianth, 6/1; h Perianthmündung, 100/1; i Involukrum, 6/1; j Subinvolukrum I, 6/1; k Subinvolukrum II, 6/1.

Fig. 46. *Syzygiella linguifolia* Schffn.

Prope Rio Grande (Schiffner 947). — a Sproß mit Andröceum in Dorsalansicht, 6/1; b Sproßfragment in Ventralansicht, 6/1; c Blätter, 6/1; d Zellen des Blattrandes, 100/1; e Zellen der Blattmitte, 100/1; f Basale Blattzellen, 100/1.

Fig. 47. *Syzygiella anomala* (Lindnbg. et G.) Steph.

Itatiaya (Schiffner 657, 2338). — a Perianth, 6/1; b Querschnitt durch das Perianth, 6/1; c Perianthmündung, 100/1; d Kapselklappen, 6/1; e Spore und Fragment einer Elatere, 100/1.

Fig. 48. *Syzygiella anomala* (Lindnbg. et G.) Steph.

Itatiaya (Schiffner 657, 2338). — a Querschnitt durch eine Kapselklappe, 100/1; b Subinvolukrum I, 6/1; c Subinvolukrum II, 6/1.

Fig. 49. *Syzygiella biloba* Schffn.

Itatiaya (Schiffner 621). — a Pflanze in Ventralansicht, 6/1; b Fragment einer Pflanze in Dorsalansicht, 6/1; c Blätter, 6/1; d Zellen des Blattrandes, 100/1; e Zellen der Blattmitte, 100/1.

Fig. 50. *Syzygiella biloba* Schffn.

Itatiaya (Schiffner 621). — a Involukrum; b Subinvolukrum I; c Subinvolukrum II.

Fig. 51. *Syzygiella biloba* Schffn.

Itatiaya (Schiffner 621). — a Involukrum, 6/1; b Subinvolukrum I, 6/1; c Subinvolukrum II, 6/1; d Perianthmündung, 100/1.

Fig. 52. *Syzygiella biloba* Schffn. var. *grandistipula* Schffn.

Itatiaya (Schiffner 2435). — a Sproßfragment in Ventralansicht, 6/1; b Blätter, 6/1; c Amphigastrien, 6/1; d Randzellen eines Blattes, 100/1; e Zellen der Blattmitte, 100/1.

Fig. 53. *Plagiochila rutilans* Lindnbg.

Itatiaya, Mont Serrat, in saxis rivalibus (P. Dusén). Ist identisch mit *P. gymnocalycina*. — a Stengelblätter, 6/1; b Astblätter, 6/1.
Apiahy (Puiggari 2091). — c Stengelblatt.
Itatiaya, in terra silvosa (P. Dusén). — d Stengelblätter, 6/1; e Stengelblätter, 6/1. Ist *P. aurea*.

Fig. 54. *Plagiochila rutilans* Lindnbg.

Minas Geraës, Caraca (Herb. Stephani n. 83). Ist identisch mit *P. gymnocalycina*. — a Blätter, 6/1.
Dominica (Elliot 2198, ex Herb. Stephani). Ist identisch mit *P. remotifolia* Hpe. et G. von Guadeloupe (Gottsche et Rabenhorst 552), auch in der Zellgröße. — b Stengelfragment in Ventralansicht u. Blatt, 6/1; c Zellen der Blattspitze, 100/1; d Basale Blattzellen, 100/1.

Schiffner, Hepaticae Brasilienses

Tafel V

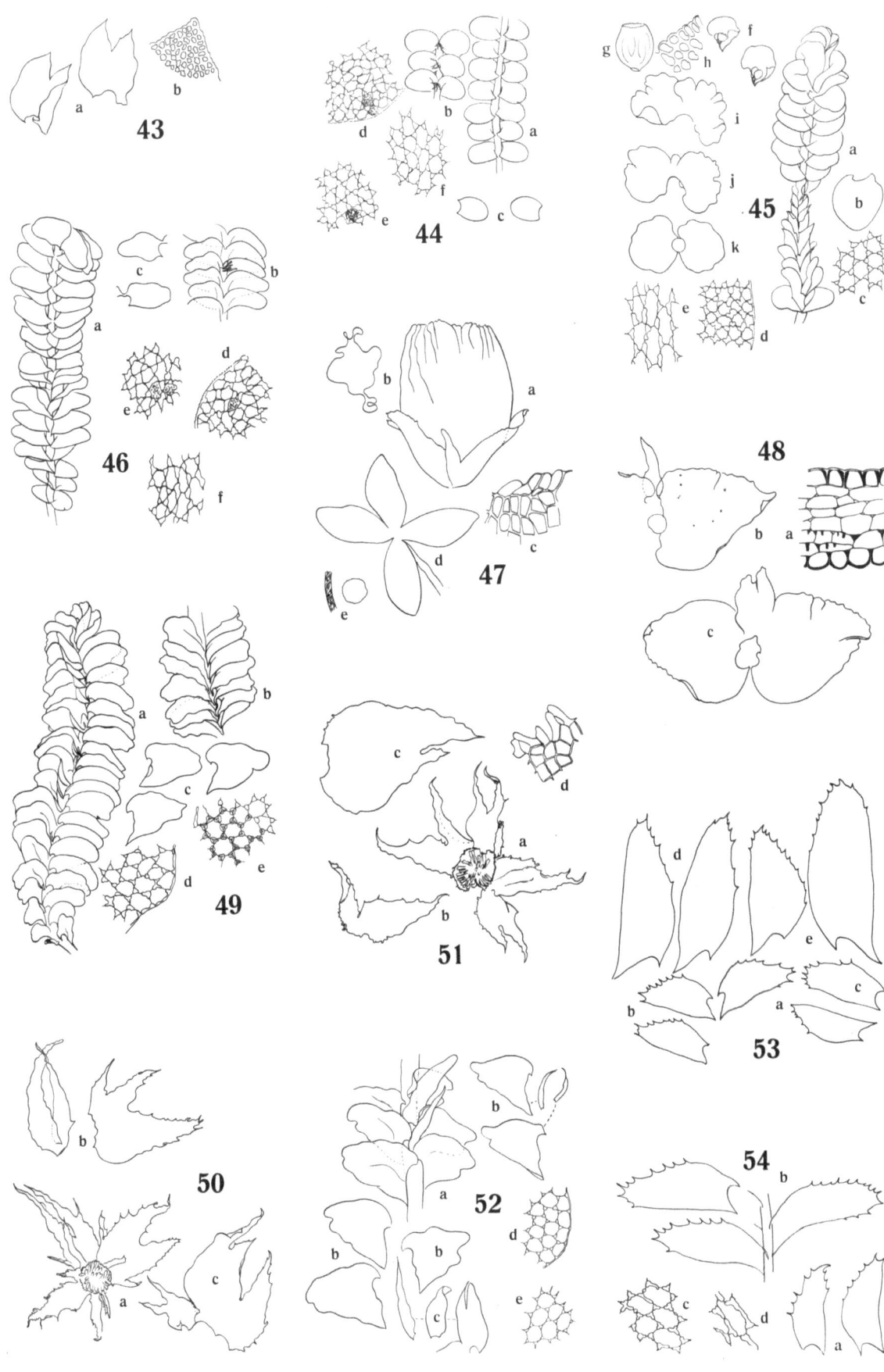

Tafel VI

Fig. 55. *Plagiochila rutilans* Lindnbg. var *laxa* Lindnbg.

Jamaica (leg. Lambert, ex Herb. Hooker; Herb. Lindenberg n. 581). — a Stengelblatt, ausgebreitet, 9/1; b Stengelblatt in natürlicher Lage, 9/1; c Zellen der Blattspitze, 100/1. Ist identisch mit *Plagiochila Lambertiana* G., Hep. Mex. p. 117.

Fig. 56. *Plagiochila rutilans* Lindnbg.

Brasilia (Raddi, Orig. Ex. fide Lindenberg, Spec. Hep. p. 47; Herb. Lindenberg n. 583). Zwei Blätter vom selben Stengel, der als Habitusbild in Lindnbg. et Gottsche, Spec. Hep. Tab. IX, sehr naturgetreu abgebildet ist; 9/1.

Fig. 57. *Plagiochila rutilans* Lindnbg.

Brasilia (Raddi, Herb. Lindenberg n. 583). — a Stengelblätter, 6/1; b Apikaler Blattzahn, 100/1; c Basalzellen des gleichen Blattes, 100/1; d Perianth, 6/1; e Zähne der Perianthmündung, 17/1.

Fig. 58. *Plagiochila rutilans* Lindnbg.

Brasso Grande (Schiffner, 15. VI. 1901, s. n.). — a Stengelblätter, 6/1; b Apikaler Blattzahn, 100/1; c Basale Blattzellen, 100/1; d Perianth, 6/1; e Partie der Perianthmündung, 17/1; f Weibliche Hüllblätter, 6/1.

Fig. 59. *Plagiochila simplex* (Sw.) Dum.

India occid. (Swartz, Orig. Ex.). — a Blätter und Fragment eines Sprosses in Ventralansicht, 6/1.
Apiahy (Puiggari 259-b, ♂). — b Blätter, 6/1.
Tarapoto (Spruce). Ist sicher identisch mit *P. gymnocalycina*. — c Blätter, 6/1; d Weibliches Hüllblatt, 6/1; e Perianth, 6/1; f Zähne der Perianthmündung, 17/1.
Brasso Grande (Schiffner 1553, ♂). — g Blatt, 6/1.
Plagiochila tenuis Lindnbg.
S. Kitts, Mont Misery (Breutel, Herb. Schiffner). — h Sproßfragment in Ventralansicht, 6/1.

Fig. 60. *Plagiochila erronea* Steph.

Syn. *P. simplex* Lindnbg. quoad plantam Martianam.
Brasilia (Martius). Orig. Ex. — a Stengelblätter, 6/1; b Subbasales Stengelblatt, 6/1; c Ast, 6/1.
Guadeloupe (L'Herminier). — d Stengelblatt, 6/1.

Fig. 61. *Plagiochila erronea* Steph.

Syn. *P. simplex* (Sw.) Lindnbg. forma „*P. Duriei*". Guadeloupe (l'Herminier). — a Stengelblätter, 6/1; b Zahn des Blattrandes, 100/1.
Caraca (Wainio 39, *P. rutilans* Lindnbg. major det. Stephani). — c Stengelblatt, 6/1.

Fig. 62. *Plagiochila erronea* Steph.

Rio-Janeiro (mis. Nees, Herb. Lindenberg n. 534; Orig. Ex. der *P. simplex* (Sw.) Lindnbg. var. *major* Lindnbg.). — a 2 Blätter, 9/1.
Brasilia (Sello, Herb. Lindenberg n. 535). — b Stengelblatt, 9/1; c Astblatt derselben Pflanze, 9/1; d Subinvolukralblatt II, 9/1.

Fig. 63. *Plagiochila latitrigona* Schffn.

Inter Faxina et Apiahy prope Lagos (Schiffner 23. VI. 1901, s. n.). — a Stengelblätter, 6/1.
Apiahy (Puiggari 108). — b Stengelblatt, 6/1.

Fig. 64. *Plagiochila gymnocalycina* (Lehm. et Lindnbg.) Lindnbg.

Dargestellt sind 4 verschiedene Belege aus dem Herb. Stephani, die dort sämtlich als *P. rutilans* bezeichnet werden. — Die Erklärung der Figuren folgt am Schluß der Erklärungen zu Tafel XIV.

Fig. 65. *Plagiochila gymnocalycina* (Lehm. et Lindnbg.) Lindnbg.

Inter Apiahy et Yporanga (Schiffner 1220). — a Stengelblätter, 6/1; b Zwei basale Stengelblätter, 6/1; c Apikaler Blattzahn, 100/1; d Basale Blattzellen, 100/1.

Fig. 66. *Plagiochila gymnocalycina* (Lehm. et Lindnbg.) Lindnbg.

Inter Apiahy et Yporanga (Schiffner 1220). — a Perianth und Involukrum, 6/1; b Zilien der Perianthmündung, 17/1.

Fig. 67. *Plagiochila remotifolia* Hpe. et G.

Guadeloupe (L'Herminier; Herb. Jack). — a Zwei Stengelblätter einer sterilen Pflanze, 6/1; b Drei Stengelblätter einer fertilen Pflanze, 6/1.

Fig. 68. *Plagiochila translucens* Schffn.

Inter Faxina et Apiahy prope Lagos (Schiffner a. 1901, s. n.). — a Stengelblätter, 6/1; b Zahn vom Blattrand, 100/1; c Basale Blattzellen, 100/1.

Fig. 69. *Plagiochila itatiajensis* Steph.

Itatiaya (Ule 443 p. p.). — a Stengelblätter, 6/1; b Subinvolukralblatt, 6/1.

Fig. 70. *Plagiochila pulchella* Steph.

Prope Faxina (Schiffner 1380). — a Stengelblätter gut entwickelter Pflanzen, 6/1; b Zahn des Blattrandes, 100/1; c Basale Blattzellen, 100/1; d 4 Stengel- und 5 Astblätter der etiolierten Form, 6/1.

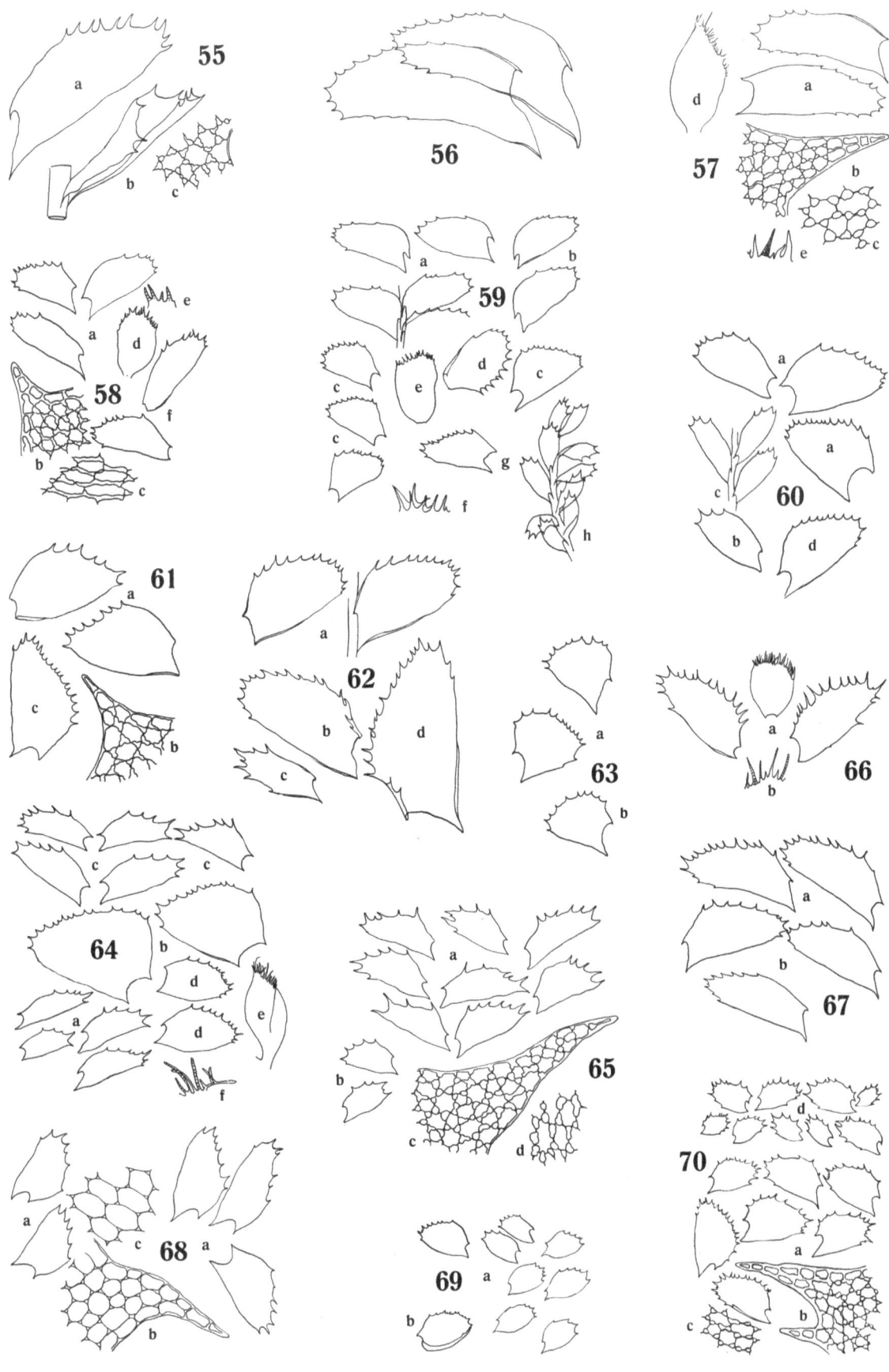

Tafel VI

Tafel VII

Fig. 71. *Plagiochila pulchella* Steph.

    Apiahy (Puiggari 822a). — a Astfragment einer sterilen Pflanze, 6/1.
    Apiahy (Puiggari 1100). — b Stengelblätter und Astfragment einer männlichen Pflanze, 6/1.

Fig. 72. *Plagiochila pulchella* Steph.

    Forma foliis fragilissimis, Faxina (Schiffner s. n.). — a Stengelblätter, 6/1; b Apikaler Blattzahn, 100/1.

Fig. 73. *Plagiochila aurea* Steph.

    Itatiaya (Ule 441), Orig. Ex. aus dem Herb. Stephani. — a Stengelblätter, 6/1.
    Apiahy (Puiggari 286, sub nom. *P. alpina* var. *grandistipula*). — b Hüllblatt, 6/1; c Perianth, 6/1; d Stengel blätter, 6/1; e Sproßbasis mit Amphigastrien, 6/1.
    Var. *longiretis* Schffn.
    Brasso Grande (Schiffner 1286). — f 2 Stengel- und 2 Astblätter, 6/1.

Fig. 74. *Plagiochila confertifolia* Tayl.

    Brasilia (Sellow; Orig. Ex.). — Stengel- und Astblatt, 6/1.

Fig. 75. *Plagiochila crispabilis* Lindnbg.

    Brasilia, Serra d'Estrella (Herb. Lindenberg, Orig. Ex.). — a Stengelblätter, ♂, 6/1; b Stengel- und Astblatt, 6/1.
    Apiahy (Puiggari 119). — c Stengel- und Astblatt, 6/1 (von Stephani als „optima" bezeichnet, aber mit etwas anderer Blattform und etwas kleineren Zellen).
    Brasilia (Pohl). — d Stengelblatt, 6/1.

Fig. 76. *Plagiochila parallela* Steph.

    Brasilia (Ule 132, ♂; Herb. Stephani). — a Blätter, 6/1.
    Apiahy (Puiggari 780, ♂; Herb. Stephani). — b Astblätter, 6/1 (Eckenverdickungen sehr gut entwickelt!).
    Brasilia (Glaziou; Herb. Stephani). — c Stengel- und Astblatt, 6/1 (Eckenverdickungen sehr gut entwickelt!).

Fig. 77. *Plagiochila patentissima* Lindnbg.

    Apiahy (Puiggari 259a). — a Astfragment, 6/1; b Stengelblatt, 6/1; c Astblätter, 6/1.
    Itatiaya (Dusén, ♀). — d Astblätter, 6/1.
    Sa. Catarina (Hantsch, ♀; Herb. Schiffner). — e Astblätter, 6/1; f Stengelblatt, 6/1.

Fig. 78. *Plagiochila patentissima* Lindnbg.

    Rio de Janeiro (Miß Hooker; Herb. Stephani, Orig. Ex.). — a Stengelblätter, 6/1; b Astblatt, 6/1; c Blattzahn, 100/1; d Weibliches Hüllblatt, 6/1; e Perianth, 6/1.

Fig. 79. *Plagiochila socia* Lindenbg. et G.

    Apiahy (Puiggari 258). — a Stengelblätter, 6/1; b Sproßfragment in Ventralansicht, 6/1.
    Brasilia (Herb. K. Müller). — c Stengel- und Astblatt, 6/1 (Pflanze größer, mit viel größeren Blattzellen).

Fig. 80. *Plagiochila tamariscina* Steph.

    Guadeloupe (L'Herminier; Gottsche et Rabenh. exs. n. 551 sub *P. distinctifolia*). — a Stengelfragment in Ventralansicht, 6/1; b Astfragment, 6/1; c Stengelblätter, 6/1.

Fig. 81. *Plagiochila arenacea* Schffn.

    Prope Faxina (Schiffner s. n.). — a Fragment eines Sprosses in Ventralansicht, 6/1; b Blätter, 6/1; c Apikaler Blattzahn, 100/1; d Basale Blattzellen, 100/1; e Ringzelle des basalen Blatt-Zellnetzes, 100/1.

Fig. 82. *Plagiochila Pohliana* Steph.

    Brasilia (Pohl; Orig. Ex., Herb. Stephani). — a Blätter, 6/1.
    Insula São Francisco (Ule 12). — b Stengelblatt, 6/1.

Fig. 83. *Plagiochila Wettsteiniana* S. Arn.

    Brasso Grande (Schiffner 1346). — a Ganz schwacher (wie etiolierter) Sproß, 6/1; b Stengelblätter, 6/1; c Hüllblatt, 6/1; d Perianth, 6/1; e Zilien der Perianthmündung, 17/1.

Fig. 84. *Plagiochila Wettsteiniana* S. Arn.

    Brasso Grande (Schiffner 1346). — Starker Stengel einer weiblichen Pflanze, 6/1.

Fig. 85. *Plagiochila Wiemanniana* S. Arn.

    Brasso Grande (Schiffner s. n.). — a Sproßfragment in Dorsalansicht, 6/1; b Blätter, 6/1; c Hüllblatt, 6/1; d Spitze eines Stengelblattes (starker Stengel), 100/1; e Perianth, 6/1; f Zilien der Perianthmündung, 17/1.

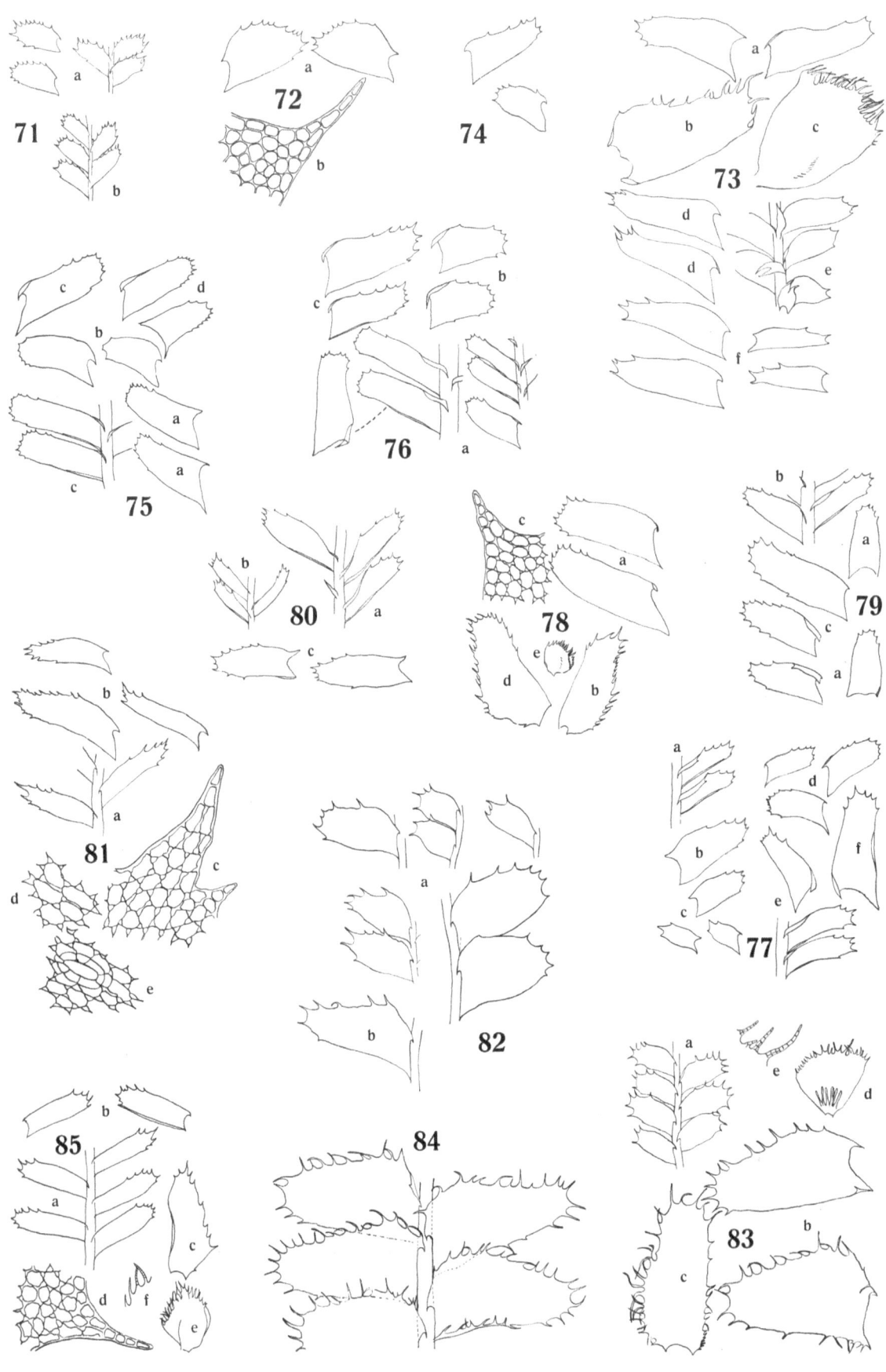

Tafel VIII

Fig. 86. *Plagiochila Regnelliana* Steph.

Faxina (Schiffner 1376). — a Stengelblätter, 6/1; b Astblätter, 6/1; c Hüllblätter, 6/1; d Perianth, 6/1; e Perianthmündung, 17/1.

Fig. 87. *Plagiochila Regnelliana* Steph.

Caldas (Regnell; Orig. Ex.). — a Stengelblätter, 6/1; b Astblätter, 6/1.
Rio Janeiro (Glaziou, Herb. Stephani). — c Stengel- und Astblatt, 6/1.

Fig. 88. *Plagiochila simulans* Steph.

Brasilia (Orig. Ex.). — a Stengelblatt, 6/1; b Astblatt, 6/1; c Fragment eines Ästchens, 6/1.

Fig. 89. *Plagiochila scissifolia* Steph.

Apiahy (Puiggari 2081). — a Stengelfragment, 6/1; b Stengelblätter, 6/1; c Astfragment, 6/1; d Astblatt, 6/1.

Fig. 90. *Plagiochila falcata* Steph.

Apiahy, ♂ (Puiggari 819). — a Stengel- und Astblätter, 6/1.
(Puiggari 288c). — b Stengel- und Astblätter, 6/1.

Fig. 91. *Plagiochila Kroneana* Steph.

Sa. Catarina (Krone; Orig. Ex.). — a Stengelfragment in Ventralansicht (links oben ein Stengelblatt von Glaziou n. 18.698), 6/1; b Stengelblätter, 6/1; c Zahn des Blattrandes, 100/1; d Basale Blattzellen, 100/1; e Weibliche Hüllblätter, 6/1; f Perianth, 6/1; g Perianthmündung, 17/1.

Fig. 92. *Plagiochila Kroneana* Steph.

In silvis prope Apiahy (Schiffner s. n.). — a Stengelblätter, 6/1; b Astblätter, 6/1; c Zahn des Blattrandes, 100/1; d Basale Blattzellen, 100/1; e Weibliches Hüllblatt, 6/1; f Perianth, 6/1.

Fig. 93. *Plagiochila Kroneana* Steph.

Brasso Grande (Schiffner 1551). — a Stengelblatt, 6/1; b Astblätter, 6/1; c Perianthien und weibliche Hüllblätter, 6/1.

Fig. 94. *Plagiochila patula* (Sw.) Dum.

Jamaica (Swartz, Orig. Ex.; Herb. Stephani). — a Stengelblätter, 6/1; b Astblatt, 6/1; c Weibliches Hüllblatt, 6/1; d Perianth, 6/1.
P. patuloides Schffn. — Apiahy (Puiggari; Herb. Stephani). — e Stengelblätter, 6/1; f Astblatt, 6/1.

Fig. 95. *Plagiochila vastifolia* Steph.

Brasilia (Ule 21; Herb. Stephani). — a Zwei Stengelblätter, 6/1; b Astblatt 1. Ordnung, 6/1; c Stengelblatt, 6/1; d Astblatt 1. und 2. Ordnung, 6/1; e Randzellen und Zahn eines Blattes, 100/1; f Basale Blattzellen, 100/1; g Weibliche Hüllblätter, 6/1; h Perianthien, 6/1. Alles vom selben Individuum.
Apiahy (Puiggari 288; Herb. Stephani). — i Stengelblatt, 6/1; j Astblatt 1. und 2. Ordnung, 6/1.

Fig. 96. *Plagiochila Kunertiana* Steph.

Rio Grande, Forromecco (Kunert 104). — a Astfragment in Ventralansicht, 6/1; b Stengelblätter, 6/1; c Weibliches Hüllblatt, 6/1; d Perianth, 6/1; e Stengelblätter einer männlichen Pflanze, in situ und ausgebreitet, 6/1; f ♂ Astblatt, 6/1; g Perianthmündung, 17/1.

Fig. 97. *Plagiochila dichotoma* (Nees) Dum.

Brasilia (Herb. Lindenberg n. 626; Orig. Ex.). — a Stengelblätter und Subinvolucralblatt, 9/1.
Silva amazonica, Fl. Negro et Casiquiari (Spruce). — b Stengelblatt, 6/1.
Plagiochila lingua Steph. — Apiahy (Puiggari). — c Sproßfragment in Ventralansicht, 6/1.

Fig. 98. *Plagiochila flabelliflora* Steph.

Brasilia (Glaziou 11.758 p. p., ♂; Orig. Ex.). — a Stengelblätter, 6/1.
P. apiahyna G. mscr., Apiahy (Puiggari 288). — b Stengelblätter, 6/1.

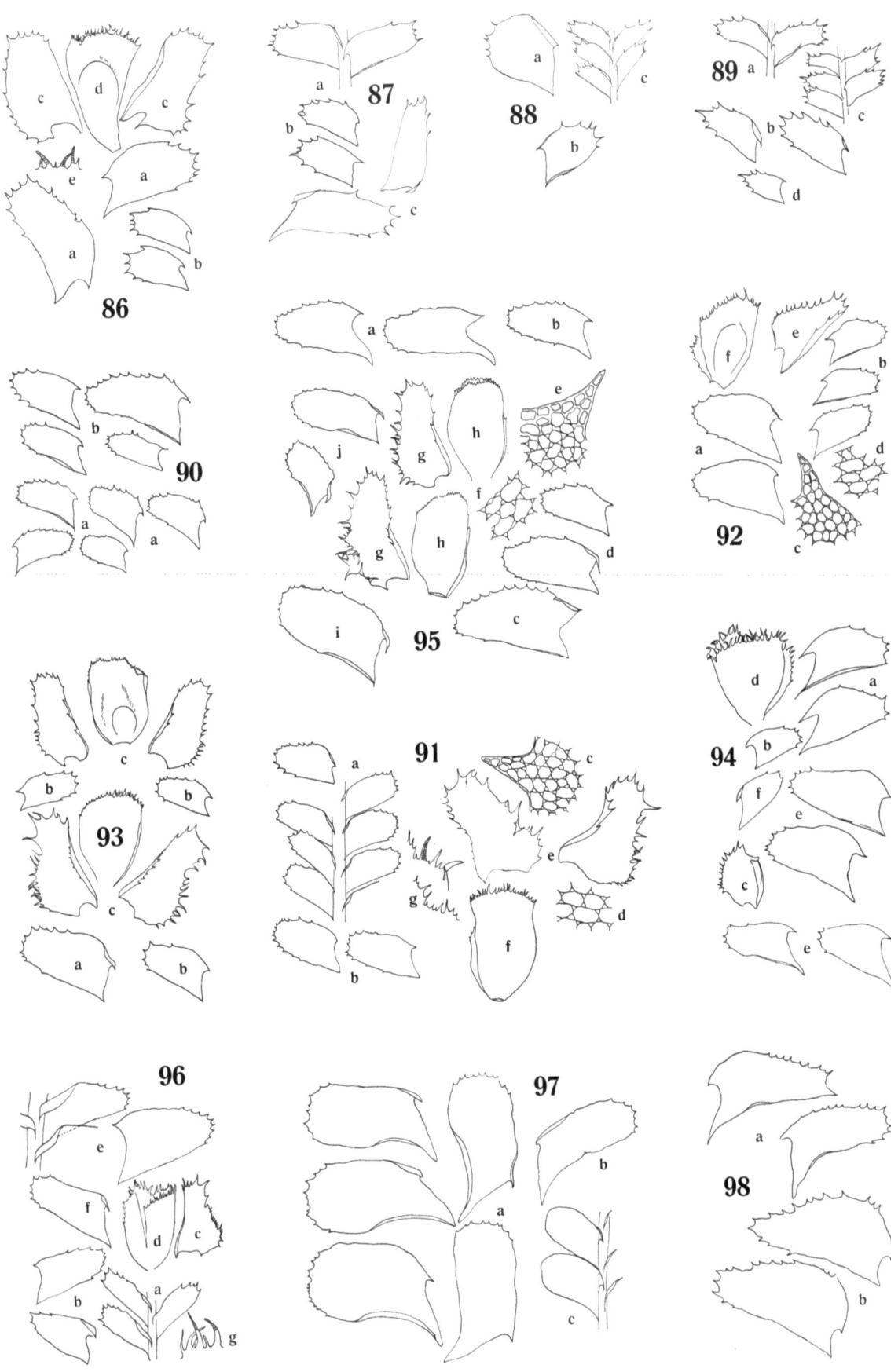

Tafel IX

Fig. 99. *Plagiochila Uleana* Steph.

 Brasilia (Ule 221). — a Stengelblätter, 6/1.
 Brasilia (Ule 222). — b Stengelblätter, 6/1.

Fig. 100. *Plagiochila Beskeana* Steph.

 Brasilia (Miß Beske a. 1849; Herb. Schiffner). — a Stengelblätter, 6/1. — b Astblätter, 6/1.

Fig. 101. *Plagiochila Trichomanes* Spr.

 Rio Janeiro (Glaziou 9203). — a Fragment eines Sprosses in Ventralansicht, 6/1.
 Brasilia (Pohl; Herb. Stephani, olim sub nom. *P. patula* Sw. ß.). — b Stengelblatt, 6/1 (Diese Pflanze ist total verschieden: es ist *P. crispabilis*).

Fig. 102. *Plagiochila multiramosa* Steph.

 Apiahy (Puiggari 836). — a Blätter, 6/1 (Locker- und schmalblättrige Form).
 Apiahy (Puiggari 1101; von Stephani als Orig. Ex. bezeichnet). — b Blätter, 6/1.
 Brasilia (Ule 331). — c Blätter, 6/1.

Fig. 103. *Plagiochila patuloides* Schffn.

 Fazenda Bella Vista (Schiffner 214). — a Fragment eines Sprosses in Ventralansicht, 6/1; b Stengelblätter, 6/1; c Basale Blattzellen, 100/1; d Blätter, 6/1; e Apikaler Blattzahn, 100/1; f Weibliche Hüllblätter, 6/1; g Perianth, 6/1; h Zähne der Perianthmündung, 17/1.

Fig. 104. *Plagiochila Martiana* Nees et Lindnbg.

 Brasilia (Orig. Ex.). — a 1 Stengelblatt und 2 Astblätter 1. Ordnung, 6/1; b Fragment eines Sprosses in Ventralansicht, 6/1; d Blattzahn, 100/1.
 Petropolis (Didrichsen, sub nom. *P. nudiuscula* G. mscr., ex Herb. Gottsche). — c Stengelblatt und Astblatt 1. Ordnung, 6/1.

Fig. 105. *Plagiochila Martiana* Nees et Lindnbg., forma subintegra. — a Hüllblätter, 6/1; b Hüllblatt, 6/1; c Perianth, 6/1; d Perianthmündung, 17/1; e Stengelblätter, 6/1; f Astblätter, 6/1; g Blattzahn und randliches Zellnetz, 100/1.

Fig. 106. *Plagiochila trigonifolia* Steph.

 Apiahy (Puiggari 282; Herb. Stephani). — a 1 Stengelblatt und 3 Astblätter, 6/1.
 Apiahy (Puiggari 785; Orig. Ex.). — b Stengelblätter, 6/1; c Astblätter, 6/1.

Fig. 107. *Plagiochila faxinensis* Schffn.

 Inter Faxina et Apiahy prope Lagos (Schiffner S. n.). — a Blätter, 6/1; b Apikalzahn eines Blattes, 100/1; c Basale Blattzellen, 100/1.

Fig. 108. *Plagiochila Kerneriana* S. Arn.

 Campo Grande (Schiffner 866). — a Blätter; b Zahn des Blattrandes; c Basale Blattzellen; d Weibliches Hüllblatt; e Spore; f Sproßfragment in Ventralansicht; g Perianth in Dorsalansicht; h Fragment der Perianthmündung; i Antheridienstand.
 (Zeichnung S. Arn.)

Fig. 109. *Mylia Dusenii* (Steph.) S. Arn.

 Bertioga prope Santos (Schiffner 1887). — a Blatt und Amphigastrium, 11/1; b Zellen der Blattmitte, 100/1.
 Mylia Dusenii var. *Sprucei* (Schffn.) S. Arn.
 Alto da Serra (Schiffner 1700). — c Sproßfragment in Ventralansicht, 11/1; d Zellen der Blattmitte, 100/1.

Schiffner, Hepaticae Brasilienses   Tafel IX

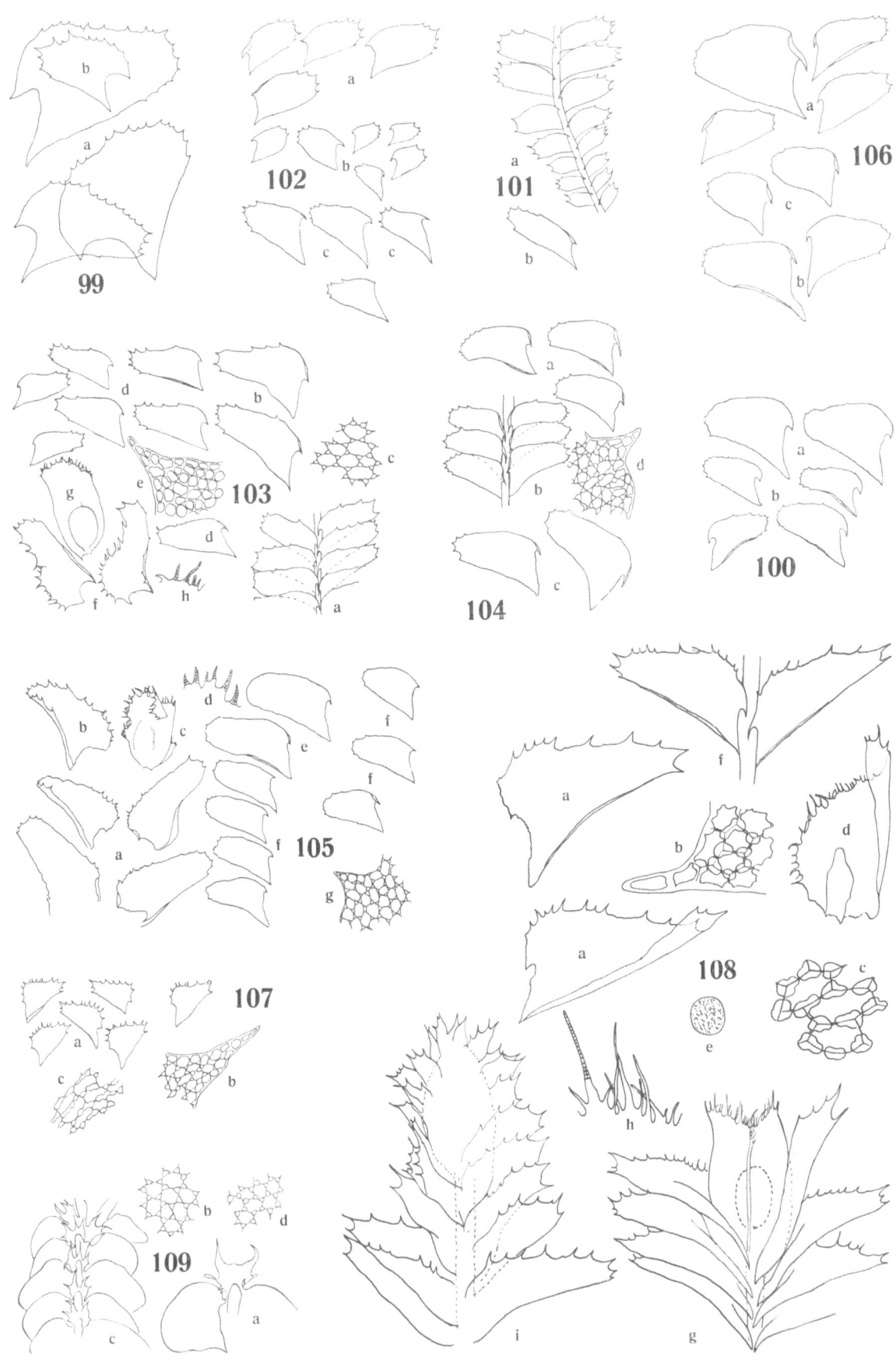

Tafel X

Fig. 110. *Mylia Dusenii* (Steph.) S. Arn. var. *Sprucei* (Schffn.) S. Arn.

Mons Jaraguá prope Taipas (Schiffner 2437). — a Männlicher Gametangienstand, 11/1; b Involucrum und Subinvolucrum I, mit Perianth und subfloraler Innovation, 11/1; c Subinvolucrum II, 11/1.

Fig. 111. *Mylia Dusenii* (Steph.) S. Arn.

Itatiaya, 2100 m (Ule 439; Herb. Stephani). — a Blatt und Amphigastrium, 11/1; b Zellen der Blattmitte, 100/1.
Itatiaya, 2750 m (Schiffner 2272). — c Blätter mit Amphigastrien, 11/1; d Zellen der Blattmitte, 100/1.

Fig. 112. *Clasmatocolea acutiloba* Schffn.

Lapa (Schiffner 2259). — a Pflanze mit Perianth, 17/1; b Pflanze mit Antheridienstand, 17/1; c Involucrum, 17/1; d Spitze eines Blattlappens, 100/1; e Basale Blattzellen, 100/1; f Rand der Perianthmündung, 100/1; g Sporen, 100/1.
Clasmatocolea Doellingeri (Nees) Steph.
h Querschnitt durch die Seta, 30/1; i Spitze eines Blattlappens, 100/1; j Elatere, 100/1; k Spore, 100/1.

Fig. 113. *Lophocolea brasiliensis* Schffn.

Prope cataractam Itú (Schiffner 1984). — a Involucrum, 6/1; b Subinvolucrum, 6/1; c Involucrum einer anderen Pflanze, 6/1; d Zwei etwas anormal entwickelte Involucren, 6/1.

Fig. 114. *Lophocolea brasiliensis* Schffn.

Prope cataractam Itú (Schiffner 1984). — a Sproßfragment in Ventralansicht, 6/1; b Normales Involucrum, 6/1.

Fig. 115. *Lophocolea brasiliensis* Schffn.

Sitio Bülow (Schiffner 277). — a Involucrum, 6/1; b Amphigastrium subinvolucrale, 6/1; c Perianth, 6/1; d Amphigastrien, 6/1; e Spitze eines Involucralblattes, 100/1.

Fig. 116. *Lophocolea brasiliensis* Schffn.

Sitio Bülow (Schiffner 277). — Involucrum, 6/1.

Fig. 117. *Lophocolea brasiliensis* Schffn.

var. *brevidens* Schffn., Sitio Bülow (Schiffner 2440). — a Sproßfragment in Ventralansicht, 6/1; b Starker Ast derselben Pflanze, 6/1; c Blätter, 6/1; d Blattspitze, 100/1.
Sitio Bülow (Schiffner 277). — e Starker Ast einer Form mit langen Zilien, Ventralansicht, 6/1; f Blätter, 6/1.

Fig. 118. *Lophocolea Uleana* Steph.

Brasilia subtropica (Ule 352; Orig. Ex.). — a Involucrum, 6/1; b Sproßfragment, Ventralansicht, 6/1; c Blatt, 6/1.

Fig. 119. *Lophocolea pertusa* Tayl.

Rio Janeiro (ex Herb. Hooker, Orig Ex.; in Herb. Lindenbergn. 4084 sub n. *L. connata*). — a Sproßfragmente in Ventralansicht, 6/1; b Apikaler Blattzahn, 100/1; c Involucrum, 6/1; d Perianth, 6/1.
Rio Janeiro, ex Herb. Stephani (Glaziou 1878). — e Junges Involucrum, 6/1. Die Pflanze ist sicher autözisch; ich halte sie für *L. Martiana* Nees.

Fig. 120. *Lophocolea pertusa* Tayl. var. *grandis* Schffn.

Alto da Serra (Schiffner 2439). — a Sproßfragment in Ventralansicht, 6/1; b Apikaler Blattzahn, 100/1.

Fig. 121. *Lophocolea pertusa* Tayl. var. *grandis* Schffn.

Alto da Serra (Schiffner 2439). — a Involucrum, 6/1; b Perianth, 6/1.

Fig. 122. *Lophocolea itatiayae* Schffn.

Itatiaya (Schiffner 435). — a Sproßfragment in Ventralansicht, 6/1; b Blätter, 6/1; c Amphigastrium, 6/1; d Zellen des Blattrandes, 100/1; e Basale Blattzellen, 100/1.

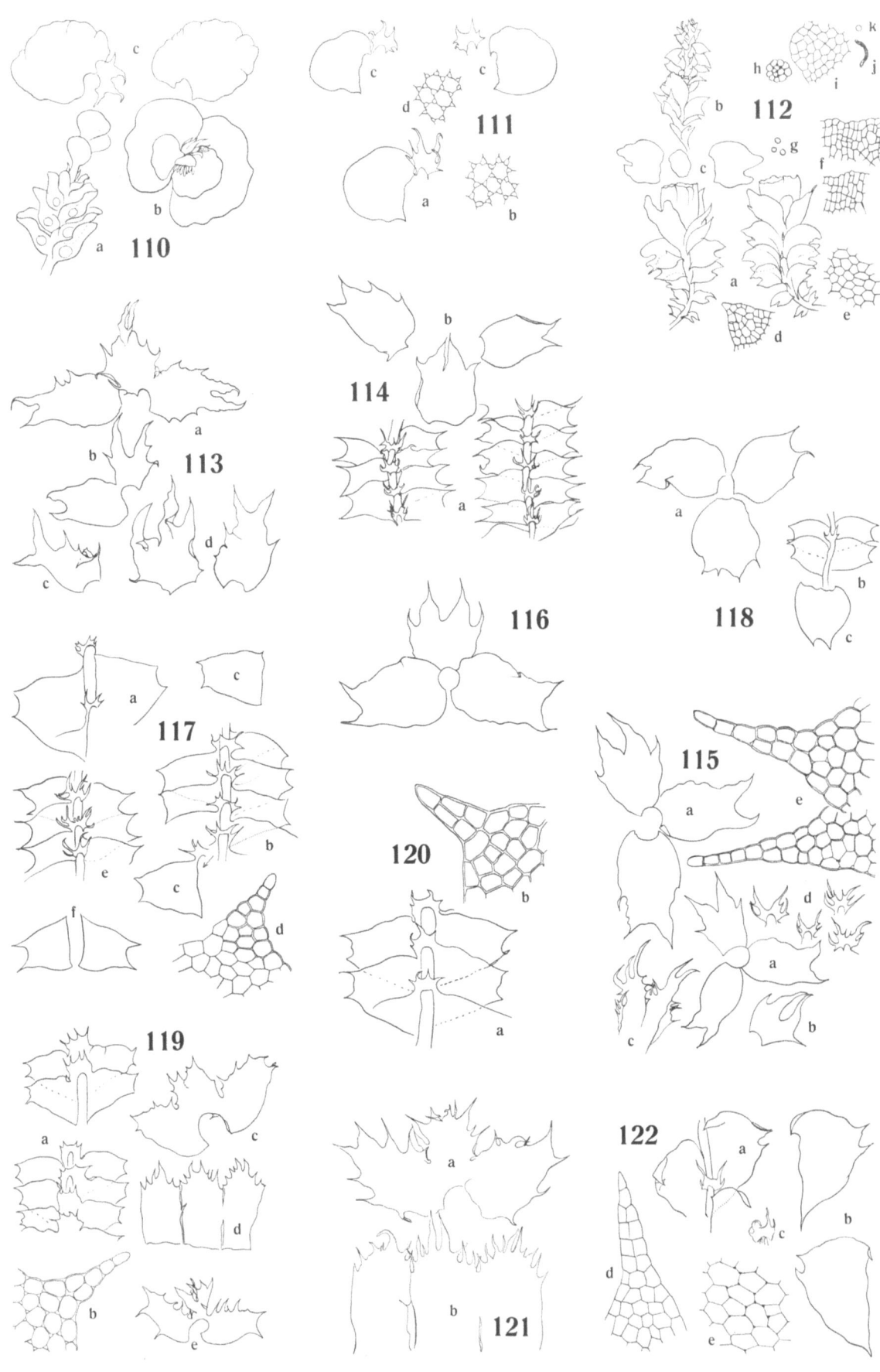

Tafel XI

Fig. 123. *Lophocolea Evansii* Schffn.

Itapetininga (Schiffner 2194). — a Sproßfragment in Ventralansicht, 6/1; b Blätter und Amphigastrien, 6/1; c Apikaler Zahn und basale Zellen eines Blattes, 100/1; d Involucrum, 6/1; e Subinvolucrum, 6/1; f Perianth, 6/1; g Junges Perianth und Involucrum, 6/1.

Fig. 124. *Lophocolea Evansii* Schffn.

Itapetininga (Schiffner 2194). — Jüngeres Perianth ausgebreitet, mit seinem Involucrum, 6/1.

Fig. 125. *Lophocolea subcarnosa* Schffn.

Itatiaya (Schiffner 806). — a Hüllblatt und Hüllunterblatt, 11/1; b Jüngeres Perianth, 11/1; c Sproßfragment in Ventralansicht, 11/1; d Blätter, 11/1; e Randzellen eines Blattes, 100/1; f Basale Blattzellen, 100/1.

Fig. 126. *Lophocolea subcarnosa* Schffn., forma magna.

Salto Grande (Schiffner 2103). — a Involucrum und Perianth, 11/1; b Involucrum einer anderen Pflanze, 11/1; c Sproßfragment in Ventralansicht, 11/1.

Fig. 127. *Lophocolea Lindmannii* Steph.

Mato Grosso (C. A. M. Lindman 539). — b Sproßfragment (apikale Partie) in Ventralansicht, 11/1.
Mato Grosso (C. A. Lindman 2). — a Fragment eines schwächeren Sprosses, 11/1.

Fig. 128. *Lophocolea Martiana* Nees.

„Misit Martius 1832" (Herb. Lindenberg n. 4092; Orig. Ex.). — a Sproßfragment in Ventralansicht, 6/1; b Involucrum, 6/1.

Fig. 129. *Lophocolea Martiana* Nees

Apiahy (Puiggari 2145). — a Sproßfragment in Ventralansicht, 6/1; b Apikalzahn eines Blattes, 100/1; c Involucrum, 6/1; d Perianth, 6/1.

Fig. 130. *Lophocolea Martiana* Nees.

Itajahý (Ule 75). — a Involucrum, 6/1; b Subinvolucrum, 6/1; c Perianth (mit breiten, stark gezähnten Flügeln), 6/1.

Fig. 131. *Lophocolea paraguayensis* Spr.

Paraguay (Balansa 4252; Orig. Ex.). — a Sproßfragmente in ventraler und dorsaler Ansicht, 6/1; b Involucrum, 6/1; c Apikaler Zahn eines Blattes, 100/1; d Perianth, 6/1.

Fig. 132. *Lophocolea paraguayensis* Spr.

Paraná, Villa Velha (Dusén 4195; Herb. Stephani). — a Perianth, 6/1; b Involucrum, 6/1.

Fig. 133. *Lophocolea Puiggarii* Steph.

Apiahy (Puiggari 299; Orig. Ex.). — a Sproßfragment in Ventralansicht, 6/1; b Randzellen eines Blattes, 100/1; c, d Involucrum, 6/1; e Perianth, 6/1.

Fig. 134. *Lophocolea Lorentziana* Steph.

Argentina subtropica, Siambon (P. G. Lorentz; Orig. Ex. ex Herb. Stephani). — a Fragment eines Sprosses in Ventralansicht, 6/1; b Apikaler Zahn eines Blattes, 100/1; c Involucrum, 6/1; d Perianth-Mündung, 6/1.

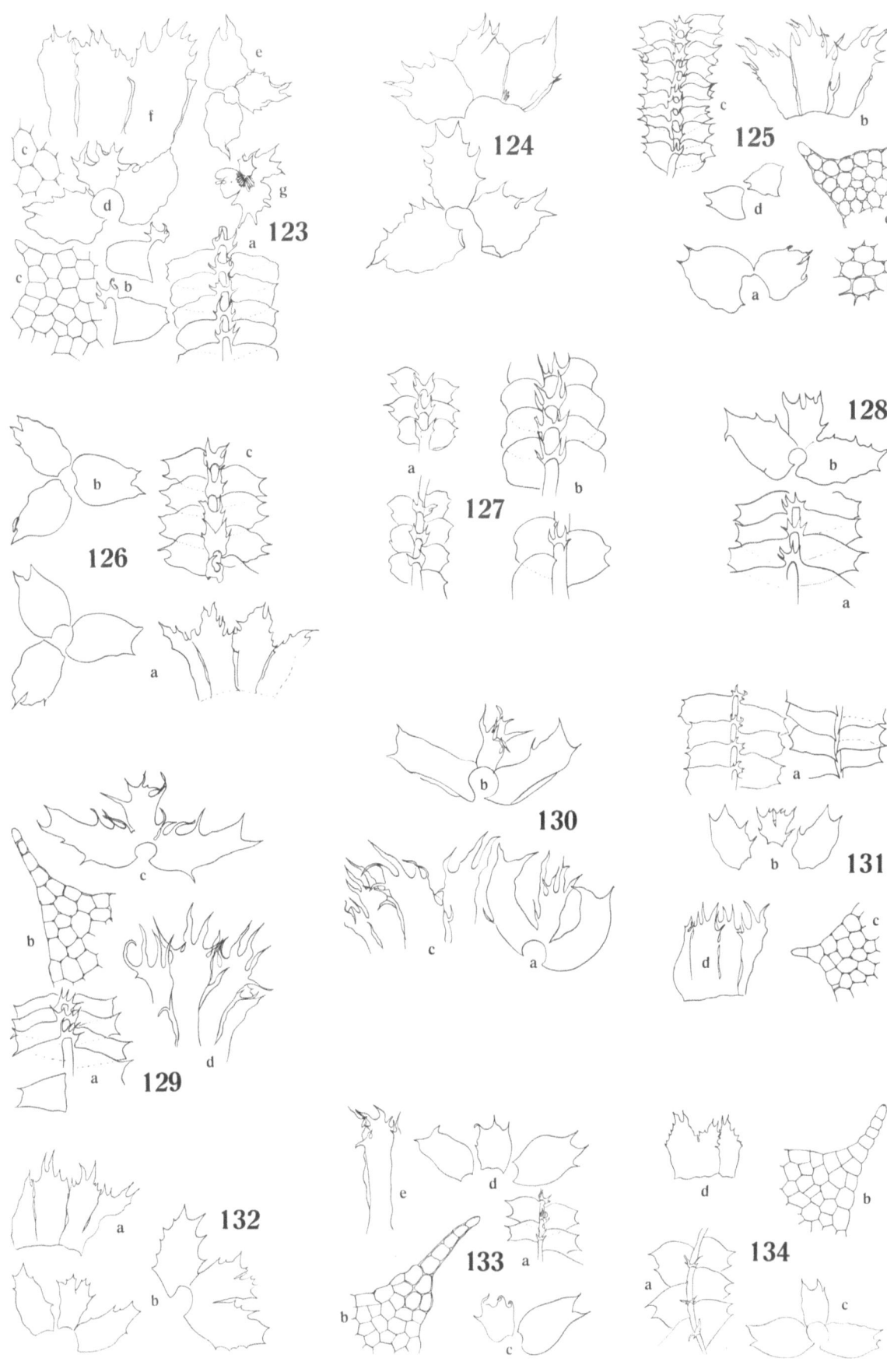

Tafel XII

Fig. 135. *Lophocolea Lorentziana* Steph. var. *decipiens* Schffn.

Salto dos Treis Ranjos (Schiffner 674). — a Sproßfragment in Ventralansicht, 6/1; b Involucrum, 6/1; c Subinvolucrum, 6/1; d Perianthmündung, 6/1.

Fig. 136. *Lophocolea spectabilis* Steph.

Itatiaya (P. Dusén 607; Orig. Ex. ex Herb. Stephani). — a Amphigastrium involucrale, 6/1; b Amphigastrium subinvolucrale I, 6/1; c Involucralblatt, 6/1; d Sehr junges Perianth, ausgebreitet, dreilappig, ganzrandig, 6/1.

Fig. 137. *Chiloscyphus Douinii* (Schffn.) S. Arn.

Campo Grande (Schiffner 763). — a Sproßfragment in Ventralansicht, 6/1; b Dasselbe in Dorsalansicht, 6/1; c Amphigastrium, 6/1; d Involucrum, 6/1; e Subinvolucrum, 6/1; f Fragment der Perianthmündung, 17/1; g Zähne der Perianthmündung, 6/1.

Fig. 138. *Chiloscyphus Douinii* (Schffn.) S. Arn.

Campo Grande (Schiffner 763). — a Randzellen eines Blattes, 100/1; b Androecium, 6/1.

Fig. 139. *Saccogyna scaberula* (Spr.) Steph.

Rio Janeiro (Glaziou 9099; Herb. Stephani ex Herb. Bescherelle). — a Sproßfragment in Ventralansicht, 6/1; b Blätter, 6/1; c Randzellen eines Blattes, 100/1.
Saccogyna ligulata Steph.
Apiahy (Puiggari 266; von Stephani als „optima" bezeichnet). — d Sproßfragment in Ventralansicht, 6/1; e Blätter, 6/1; f Amphigastrium, 6/1; g Randzellen eines Blattes, 100/1.

Fig. 140. *Cephaloziella brasiliensis* S. Arn.

Itatiaya (Schiffner 2332). — a Endstück eines sterilen Sprosses; b Blatt; c Blatt; d Blattlappen; e Amphigastrien; f Älteres Perianth; g Randzellen der Perianthmündung.
(Zeichnung S. Arn.)

Fig. 141. *Porella brasiliensis* (Rad.) S. Arn.

a Blatt; c Lobuli; e Amphigastrien.
Porella madida (Nees) S. Arn.
b Blatt; d Lobuli; f Amphigastrium.
(Zeichnung S. Arn.)

Fig. 142. *Porella madida* (Nees) Arn.

a Sproßfragment in Ventralansicht; b Basis des Lobulus.
Porella brasiliensis (Rad.) S. Arn.
c Sproßfragment in Ventralansicht; d Lobulus.
(Zeichnung S. Arn.)

Fig. 143. *Porella sordida* (Ångstr.) S. Arn.

a Sproßfragment in Ventralansicht; b Blatt; c Blatt und basale Blattzellen; d Lobuli; e Amphigastrien; f Zellen der Blattspitze.
(Zeichnung S. Arn.)

Fig. 144. *Porella rugulosa* (Ångstr.) S. Arn.

a Sproßfragment in Ventralansicht; b Blätter (Oberlappen); c Lobuli; d Amphigastrium; e Blattzellen.
(Zeichnung S. Arn.)

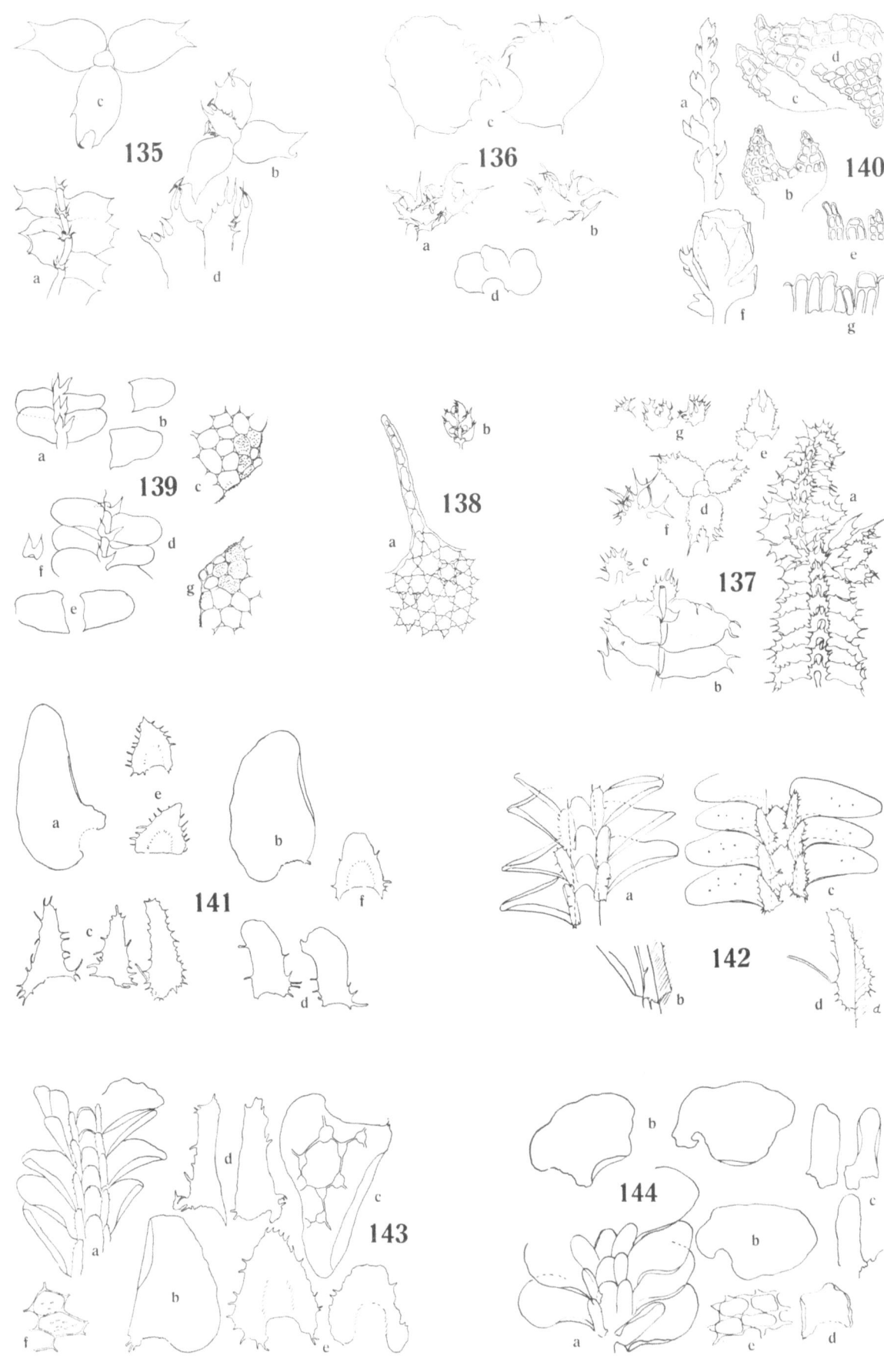

Tafel XII

Tafel XIII

Fig. 145. *Frullania Wullschlaegeli* Steph.

a Weiblicher Ast in Ventralansicht, Perianth anormaler Weise ohne Rostrum; b Derselbe in Dorsalansicht; c Scheitel eines normalen Perianths; d Hüllunterblatt; e Innere Hüllblätter.
(Zeichnung S. Arn.)

Fig. 146. *Frullania tetraptera* Mont.

Itatiaya (Schiffner 2268). — a Weiblicher Ast in Ventralansicht; b Blattoberlappen; c Lobuli; d Zellen des Blattoberlappens; e ebenso, vom Blattrande; f Griffel; g Zellen des Lobulus; h Androecium; i Amphigastrien.
(Zeichnung S. Arn.)

Fig. 147. *Frullania amoena* Steph.

Jaraguá (Schiffner 1019). — a Perianth mit Hüllblättern in Ventralansicht; b Weibliches Hüllblatt; c Hüllunterblätter.
(Zeichnung S. Arn.)

Fig. 148. *Frullania reflexa* Ångstr.

Rocca Nova (Dusén 8161). — a Stengelfragment in Dorsalansicht; b Oberlappen eines Blattes; c Blatt in Ventralansicht; d Lobulus; e Blattzellen vom Rand des Oberlappens; f Blattzellen von einem Lobulus; g Amphigastrium; h Jüngeres und älteres Perianth; i Querschnitt durch ein Perianth.
(Zeichnung S. Arn.)

Fig. 149. *Frullania reflexa* Ångstr.

Rocca Nova (Dusén 8161). — a Weiblicher Sproß in Ventralansicht; b Erstes Hüllunterblatt und inneres weibliches Hüllblatt; c Zweites Hüllunterblatt; d Drittes Hüllunterblatt; e Freies inneres Hüllunterblatt; f Scheitel des Blattoberlappens; g Androecium.
(Zeichnung S. Arn.)

Fig. 150. *Frullania Lindmanii* Steph.

S. Anna (Schiffner 36). — a Perianth in Ventralansicht; b Querschnitt durch das Perianth; c Mündungsrand des Rostrums; d Weibliche Hüllblätter; e Hüllunterblatt; f Amphigastrium, Lobulus und Fragment des Oberlappens; g Blattzelle.
Frullania hirtelliflora G. ex Steph. — h Lobulus und Amphigastrium; i Blattzelle.
Frullania apiahyna G. ex Steph. — j Lobulus; k Blattzelle.
(Zeichnung S. Arn.)

Fig. 151. *Cyclolejeunea lignicola* (Ångstr.) Steph.

Barra Mansa (Schiffner 1882). — a Fragment einer Pflanze mit Perianth, in Ventralansicht; b Perianth mit Hüllblättern, in Ventralansicht; c Blatt; d Amphigastrium; e Rand eines Blattoberlappens mit Brutkörper; f Lobulus.
(Zeichnung S. Arn.)

Fig. 152. *Harpalejeunea Schiffnerii* S. Arn.

São Bernardo (Schiffner 24). — a Sproßfragmente in Ventralansicht; b Randzellen eines Blatt-Oberlappens; c Amphigastrium; d Perianthien in Ventralansicht; e Perianth in Dorsalansicht; f Weibliches Hüllblatt und Hüllunterblatt; g Zilien des Perianths; h Spitze eines Blatt-Oberlappens; i Lobulus.
(Zeichnung S. Arn.)

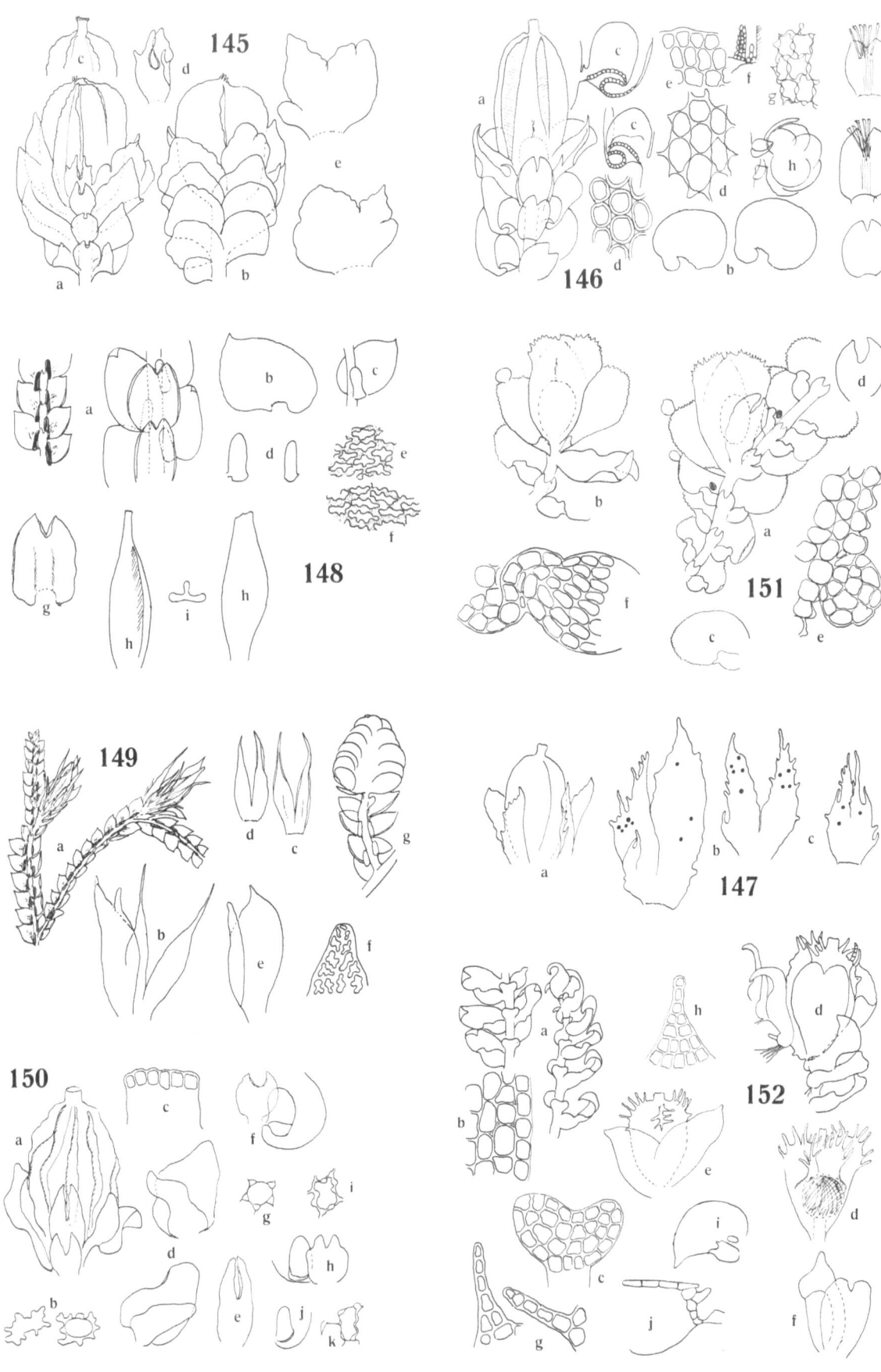

Tafel XIII

Tafel XIV

Fig. 153. *Marchesinia Schiffneri* S. Arn.

Fazenda Monteserrate (Schiffner 602). — a Ast mit Perianth, in Dorsalansicht; b Fertile Äste in Ventralansicht; c Stengelfragment in Ventralansicht; d Astblätter; e Randzellen eines Blattoberlappens; f Basalzellen eines Blattoberlappens; g Lobuli; h Querschnitt durch das Perianth.
(Zeichnung S. Arn.)

Fig. 154. *Microlejeunea subaphanes* Herz.

Alto da Serra (Herzog). — a Sproß mit Perianth und Andröcium, in Ventralansicht; b Blatt; c Amphigastrium.
(Zeichnung S. Arn.)

Fig. 155. *Odontolejeunea Sieberiana* (G.) Steph. var. *spinosa* S. Arn.

Jaraguá (Schiffner 156). — a Sproßfragment mit Perianth und Innovationsast in Ventralansicht; b Blattoberlappen; c Blattzellen; d Randzellen des Blattoberlappens; e Amphigastrium; f Androecium.
(Zeichnung S. Arn.)

Fig. 156. *Pycnolejeunea flagellifera* S. Arn.

Brasso Grande (Schiffner 1845). — a Sproß mit sterilem weiblichem Organ, in Ventralansicht; b Männlicher Ast; c Steriler Sproß mit Flagellum, in Ventralansicht; d Blatt; e Amphigastrien; f Abgefallenes Blatt von der Spitze eines Flagellums; g Randzellen von einem Blattoberlappen, und Wandverdickung einer Zelle; h Weibliche Hüllblätter; i Hüllunterblatt.
(Zeichnung S. Arn.)

Fig. 157. *Thysananthus brasiliensis* S. Arn.

Salto Grande (Schiffner 2199). — a Fragment einer Pflanze mit Perianth und Andröcium; b Blatt; c Lobulus; d Zellen aus der Mitte des Blattoberlappens; e Perianth und Hüllblätter, in Ventralansicht; f Querschnitt durch das Perianth; g Hüllunterblätter: 1. inneres, 2. zweites, 3. drittes Hüllunterblatt; h Amphigastrien.
(Zeichnung S. Arn.)

Fig. 158. *Thysananthus Schiffnerii* S. Arn.

Salto Grande (Schiffner 2097). — a Sproßende mit Perianth, Ventralansicht; b Blatt; c Zellen aus dem mittleren Teil eines Blattes; d Amphigastrium; e Perianth und Hüllunterblatt, Ventralansicht; f Weibliche Hüllblätter; g Andröcium.
(Zeichnung S. Arn.)

Figurenerklärung zu Tafel VI/64.

Plagiochila gymnocalycina (Lehm. et Lindnbg.) Lindnbg.

Brasilia, Joinville (Ule 22). — a 2 Stengel- und 2 Astblätter, 6/1. Hepat. Dominicenses Elliottianae (Herb. Stephani). — b Stengel- und Astblatt, 6/1. Ist eine Form von *P. erronea*?

St. Vincent prope Santos (Herb. Thériot). — c Stengelblätter, 6/1. Silva Amazonica, fl. Negro et Uaupés (Spruce). — d Stengelblätter, 6/1; e Perianth, 6/1; f Perianthmündung, 17/1.

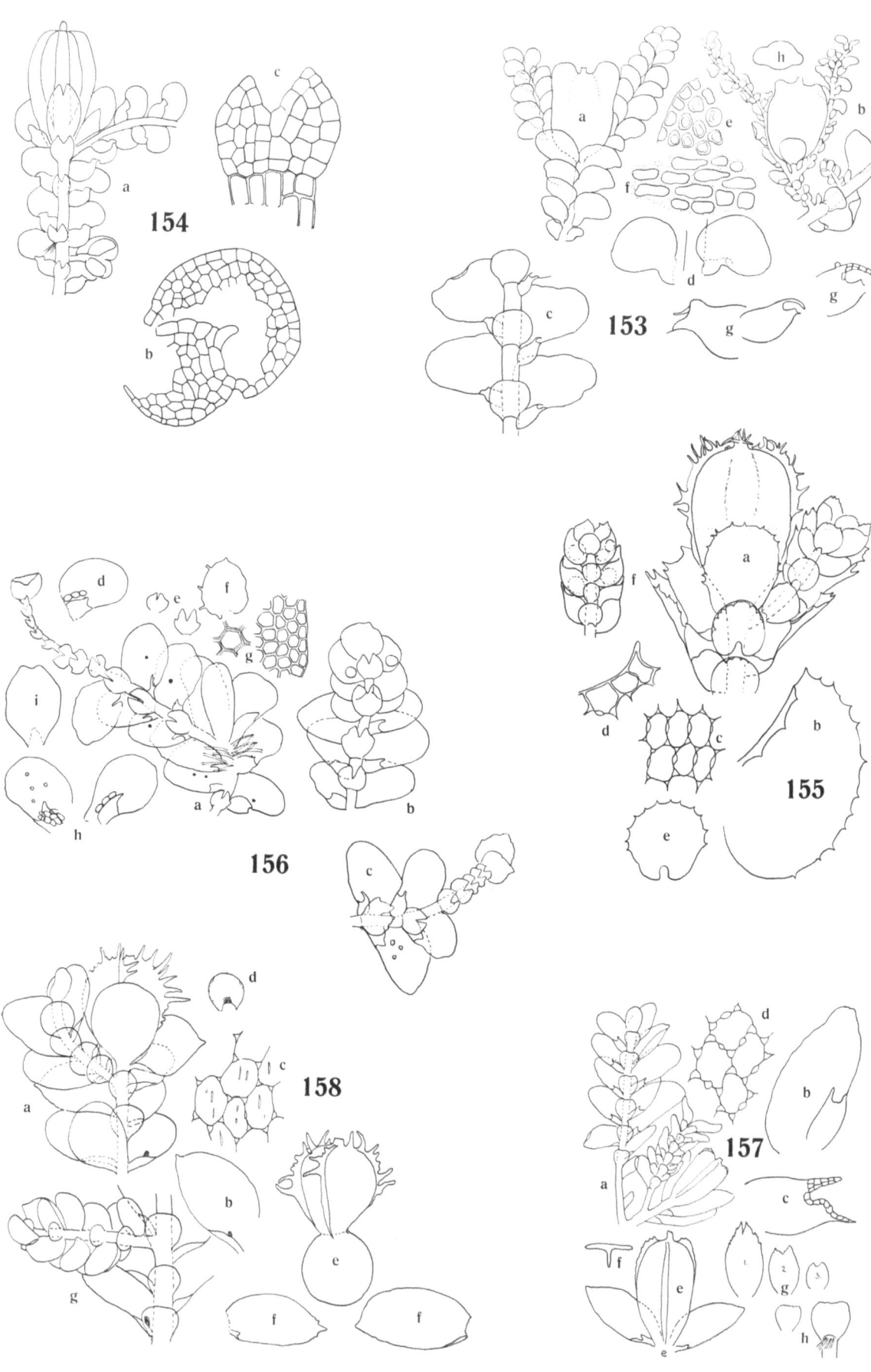

Tafel XIV

Register

Alicularia
    Lindmanii Steph., 36

ALOBIELLA Spr., **74**
    bifida Steph., **74**

ANASTROPHYLLUM Spr., **41**, 73
    brasiliense Schffn., 41, **42**; T. IV/40, e—h, 41
    capillaceum Steph., 41
    conforme (Lindnbg. et G.) Steph., 41, 42; T. IV/42, a—d
    Glaziovii Steph., 41, **42**; T. IV/40, a—d
    leucostomum (Tayl.) Steph., 41, **42**, 73; T. IV/42, e—h; V/43
        var. **capillaceum** Schffn., **42**
    piligerum (Nees) Spr., 41, 42, **43**
Androcryphia Nees, syn., 34
Aneura
    alata Steph., 10
    amazonica Spr., 10
    cataractarum Spr., 10, 18
    diablotina Spr., 12
    digitiloba Spr., 10, 18
    emarginata Steph., 10
    fucoides (Sw.) Steph., 15
    Glaziovii Spr., 10, 16
    hirtiflora Steph., syn., 10, 19
    intermedia Steph., 10
    laticostata Spr., 12
    latissima Spr., 10, 21
    metzgeriaeformis Steph., 10
    palmata (Hedw.) Dum. γ 2. β *concinna* Nees, 18
    pinguis (L.) Dum., 21, 33
    Puiggarii Steph., 10
    Schwaneckei Steph., 10
    stipatiflora Steph., 20
    tenuicula Spr., 10, 18
    tenuifrons Steph., 10
    tripinnata Steph., syn., 16
    Uleana Steph., 10

ANOPLOLEJEUNEA (Spr.) Schffn. 92
    conferta (Meissn.) Evans, 92

APHANOLEJEUNEA Evans, 92
    exigua Evans, 92
    Kunertiana Steph., 92
    sicaefolia (G. in Steph.) Evans, 92
Aplozia
    aperta Schffn. mscr., 41
Apotomanthus Schffn., 40
    succulentus (Lehm. et Lindnbg.) Schffn., syn., 40

ARACHNIOPSIS Spr., 78
    coactilis Spr., 78

ARCHILEJEUNEA Steph., 92
    Auberiana (Mont.) Steph., 92
    badia (Spr.) Steph., 92
    cognata (Nees) Steph., 92
    crispistipula (Spr.) Steph., 92
    Fischeriana (Nees) Steph., 92, **93**
    germana Steph., 92
    negrensis Steph., 92
    parviflora (Nees) Steph., 92
    polyphylla (Tayl.) Steph., 92
    porelloides (Spr.) Steph., 92
    recurvans (Spr.) Steph., 92
    rufa (Spr.) Steph., 92
    saccatiloba Steph., 92, **93**
    Spruceana Steph., 92
    unciloba (Lindnbg.) Steph., 92, **93**

BAZZANIA S. F. Gray, 75
    APPENDICULATAE, sect., 76
    arcuata (Lindnbg. et G.) Trevis., 75
    aurescens Spr., 75
    BIDENTATAE, subg., 75
    Breuteliana (Lindnbg. et G.) Trevis., 75
    chimborazensis Spr., 75
    convexa (Thunbg.) Trevis., **76**, 77
    falcata (Lindnbg.) Trevis., **76**, 77
    Glaziovii (G.) Fulford, 75
    GRANDISTIPULAE, sect., 75
    gracilis (G. et Hpe.) Steph., 77
    heterostipa (Steph.) Fulford, 76
    jamaicensis (Lehm. et Lindnbg.) Trevis., 75
    latidens (G.) Fulford, 77
    longistipula (Lindnbg.) Trevis., 76
    phylloloba Spr., 75
    quadricrenata (G.) Pagán, 77
    roraimensis (Steph.) Fulford, 75
    Schlimiana (G.) Fulford, **76**
    Stephanii (Jack) Fulford, 77
    stolonifera (Sw.) Trevis., 76
    taleana (G.) Fulford, 76
    teretiuscula (Lindnbg. et G.) Trevis., 76
    TRIDENTATAE, subg., 75
    VITTATAE, sect., 76
Blepharostoma
    sejuncta Ångstr., syn., 78

BRACHIOLEJEUNEA Steph., 93
    densifolia (Rad.) Evans, 93
    Uleana Steph., 93

BRYOPTERIS (Nees) Lindnbg., 93
    diffusa (Sw.) Nees, 93
    tenuicaulis Tayl., 94

CALYPOGEIA Rad., 74
    abnormis Ångstr., 74
    cellulosa (Spreng.) Steph., **75**
    heterophylla Steph., **75**

CEPHALOZIA Dum., 74
    asperrima Steph., 74
    connivens (Dicks.) S. O. Lindb., 73
    fortificata Spr., 74
    Puiggari G. mscr., 74

CEPHALOZIELLA (Spr.) Steph., 64, 73
  brasiliensis S. Arn., 73; T. XII/140

CERATOLEJEUNEA (Spr.) Steph., 94
  brasiliensis (G.) Steph., 94
  caducifolia (Spr.) Steph., 94, 96
  ceratantha (Nees et Mont.) Steph., 96
  coarina (G.) Steph., 95
  cornuta (Lindnbg.) Schffn., 95
  fuliginosa (Spr.) Steph., 94, 96
  longicornis (G.) Steph., 94, 95
  luteola (Spr.) Steph., 94, 96
  maritima (Spr.) Steph., 94
  Martiana (G.) Steph., 94, 96
  Mosenii Steph., 94, 96
  Poeppigiana (Nees) Steph., 94, 95
  rionegrensis Steph., 94, 95
  rufo-pellucida (Spr.) Steph., 94, 95
  scaberula (Spr.) Steph., 94
  tenuicornuta Steph., 94
  Uleana Steph., 94

CHEILOLEJEUNEA (Spr.) Steph., 96
  brunella Steph., 96
  grandibracteata Steph., 96
  leptophylla (Ångstr.) Steph., 96
  oxyloba (Lindnbg. et G.) Steph., 96, 106

CHILOSCYPHUS Corda, 35, 37, 71
  amphibolius Nees, 71
    var. *major* G., 71
  bidentulus Nees, 72
  caldensis Ångstr., syn., 38, 68
  combinatus Nees, 72
  Douinii (Schffn. mscr. sub *Heteroscypho*) S. Arn.,
    71, 72; T. XII/137, 138
  Liebmannii Steph., syn., 71
  miradorensis Steph., syn., 72
  pallescens (Ehrh.) Dum., 38
  polyblepharis Spr., syn., 71, 72
    var. *speciosus* Spr., syn., 72
  rivularis Hazsl., 38
  scaberulus Spr., syn., 72
  Schiffneri S. Arn., 71

CLASMATOCOLEA Spr., 40, 63, 64
  acutiloba Schffn., 63, 64; T. X/112, a—g
  Doellingeri (Nees) Steph., 63, 64;
    T. X/112, h—k

COLOLEJEUNEA (Spr.) Steph., 96
  cardiocarpa (Mont.) Steph., 97
  clavatopapillata Steph., 96
  ensifolia (Spr.) G. Beauverd, 96
  fluviatilis Steph., 97
  liliputiana (Spr.) S. Arn., 97
  longispica (Steph.) S. Arn., 97
  Mosenii (Steph.) S. Arn., 97
  myriocarpa (Nees et Mont.) Steph., 97
  obliqua (Nees et Mont.) S. Arn., 97
  platyneura (Spr.) S. Arn., 97
  Uleana Steph., 97

COLURA Dum., 98
  tenuicornis (Evans) Steph., 98
  tortifolia (Mont. & Nees) Trevis., 98

CROSSOTOLEJEUNEA (Spr.) Steph., 98
  apiahyna Steph., 98
  cristulaeflora G. ex Steph., 98
  lignicola (Ångstr.) Steph., 98

CYCLOLEJEUNEA Evans, 98
  accedens (G.) Evans, 98
  grandistipula Steph., 98
  grossidens Steph., 98
  lignicola (Ångstr.) Steph., 99; T. XIII/151
  paulina (Steph.) Steph., 98
  peruviana (Lehm. et Lindnbg.) Evans, 98

CYSTOLEJEUNEA Evans, 99
  lineata (Lehm. et Lindnbg.) Evans, 99

DICRANOLEJEUNEA (Spr.) Steph., 99
  axillaris (Mont.) Steph., 99
  paulina G. ex Steph., 99
  phyllorhiza (Nees) Steph., 99

DIPLASIOLEJEUNEA (Spr.) Steph., 99
  brunnea Steph., 99
  pellucida (Meissn.) Steph., 99
  unidentata (Lehm. et Lindnbg.) Steph., 99

DREPANOLEJEUNEA Steph., 100
  araucariae Steph., 100
  biocellata Evans, 100
  campanulata (Spr.) Steph., 100
  capulata (Tayl.) Steph., 100
    var. flagellifera S. Arn., 100
  lancifolia (G.) Steph., 100
  proboscidea (G. ex Steph.) Steph., 100

DUMORTIERA Reinw., Bl. et Nees, 8
  hirsuta (Sw.) Reinw., Bl. et Nees
    var. brasiliensis Schffn., 8
  irrigua (Wils.) Nees, 8

EUOSMOLEJEUNEA Steph., 100
  Beyrichii (Lindnbg.) Steph., 101
  clausa (Nees et Mont.) Evans, 100, 101
  comans (Spr.) Steph., 101
  duriuscula (Nees) Steph., 101
  fragrantissima (Spr.) Steph., 101
  longiflora (Tayl.) Spr., 101
  suaveolens (Spr.) Steph., 101
  subcrenulata (Spr.) Steph., 101
  tenerrima (Lindnbg.) Steph., 101

FOSSOMBRONIA Rad., 34
  brasiliensis Steph., 34, 35; T. III/23, 24
  paranapanemae Schffn., 34, 35, 36;
    T. III/21, 22

FRULLANIA Dum., 84
  amoena Steph., 86; T. XIII/147
  apiahyna G. ex Steph., 91; T. XIII/150, j—k

arecae G., **84**
arietina Tayl., **84**, 85
atrata Nees, 90
    var. *Martiana* Nees, syn., 89
brachyclada Spr., syn., 84
brasiliensis Rad., **87**, 88
caulisequa Mart., **87**
cerina Steph., **85**
CHONANTHELIA Spr. em. Steph., subg., **84**
confertiloba Steph., 85
Deppii G., **91**
DIASTALOBA Spr., subg., **85**
diffusa Steph., **88**
divergens Lehm. et Lindnbg., **88**
exilis Tayl., **86**
expansa Steph., **91**
fluminensis G. ex Steph., **88**
Galeiloba Steph., subg., syn., 90
gibbosa Nees, **85**
glomerata Lehm. et Lindnbg., **90**
gymnotis Mont., **85**
hians Lehm. et Lindnbg., syn., 84
hirtelliflora G. ex Steph., **91**; T. XIII/150, h—i
involuta Hpe. ex Steph., **89**
julacea Spr., **91**
Leprieurii Lindnbg., **89**
Lindmanii Steph., **91**; T. XIII/150, a—g
Martiana G., **87**
mexicana Lindnbg., syn., 85
METERIOPSIS Spr., subg., **89**
Moritziana Lindnbg. et G., **87**
mucronata (Lehm.) Lehm. et Lindnbg., **88**
obcordata Lehm. et Lindnbg., **86**
Pabstiana Steph., **86**
patens Lindnbg., syn., 88
reflexa Ångstr., **89**; T. XIII/148, 149
riojaneirensis Rad., **84**, 85
rufescens Steph., **89**
sebastianopolitana Lindnbg., 84
semiconnata Lindnbg. et G., syn., 85
semivillosa Lindnbg. et G., **91**
setigera Steph., **88**
squarrosa Nees, **90**
supradecomposita Lehm. et Lindnbg., **87**, 88
tetraptera Mont., **85**; T. XIII/146
THYOPSIELLA Spr., subg., **87**
TRACHYCOLEA Spr., subg., **90**
tunguraguana Clark et Frye, 84
turbata Steph., syn., 89
Uleana Steph., **89**
Warmingiana Steph., 85
Wullschlaegeli Steph., **85**; T. XIII/145
Gymnocolea
  inflata (Huds.) Dum., 35
Gyrothyra Howe, 39, 41
Haplozia Dum., 39, 40
  lanceolata (Schrad.) Dum., 34

HARPALEJEUNEA (Spr.) Steph., **102**
ancistrodes (Spr.) Steph., **102**
blepharogona (Spr.) Steph., 102
diversicuspis (Spr.) Steph., 102
granatensis Jack et Steph., **103**
lignicola (Spr.) Steph., 102, **103**
longibracteata (Spr.) Steph., 102, **103**
Mohrii Steph., 102
oxyphylla (Mont. et Nees) Steph., **102**
paratropa (Spr.) Steph., 102
pellucida Herz., 102
Schiffnerii S. Arn., **102**; T. XIII/152
tenuicuspis (Spr.) Steph., 102, **103**
tridens (Besch. et Spr.) Steph., **102**
verrucosa Herz., 102, **103**

HERBERTA S. F. Gray, 72, **79**
angustevittata (Steph.) S. Arn., **79**
brasiliensis (Steph.) S. Arn., **79**
serrata Spr., **79**
simplex Steph., **79**
trabeculata (Steph.) S. Arn., **79**

HETEROSCYPHUS Schffn., 71, **72**
Douinii Schffn. mscr., 71, 72
Liebmannii (Steph.) Schffn., 71
miradorensis (Steph.) Schffn., **72**
polyblepharis (Spr.) Schffn., **72**

HYGROLEJEUNEA (Spr.) Steph., **103**
cerina (Lehm. et Lindnbg.) Steph., **104**
eluta (Nees) Steph., **103**
Glaziowii Steph., **104**
matteola (Spr.) Steph., **104**
pallida (Lindnbg. et G.) Steph., **104**
reflexistipula (Lehm. et Lindnbg.) Steph., **103**
rionegrensis (Spr.) Steph., **103**

ISOTACHIS Mitt., 39, **78**
Aubertii (Schwaegr.) Steph., **78**
  fo. **conduplicata** (Lindnbg.) Schffn., **78**
erythrorhiza (Lehm. et Lindnbg.) Steph., **79**
Uleana Steph., **79**
Jamesoniella
  colorata (Lehm.) Spr., 43
Jungermannia L., 39
  apiahyna G. mscr. β *prolixa* G. mscr., 40
  brasiliensis Steph., 39, 40; T. IV/36, f—i
  callithrix Lindnbg. et G., 40; T. IV/36, a—e
  carnea Nees, 39
  conduplicata Lindnbg., syn., 78
  dichotoma Sw., 23
  fucoides Sw., 10
  papulosa Steph., 38, 39, 40; T. IV/37
  rhodina Spr., 39
Leioscyphus
  brasiliensis G., 63
  Dusenii Steph., syn., 62, 63
  Liebmanianus (Lindnbg. et G.) G., syn., 63

LEJEUNEA Lib., **104**
adpressa Nees, 104
artocarpi Spr., 104
caldana Ångstr., syn., 108
cardiocarpa Mont., syn., 97
carolensis Spr., 104
cauapunensis Spr., 104
cavifolia (Ehrh.) Lindb., 105

chaerophylla Spr., syn., 112
coffeae Spr., 104
consimilis G. ex Steph., 104
cordifolia Spr., **106**
Eckloniana Lindnbg., 105
ensifolia Spr., syn., 96
Eulejeunea Spr., subg., syn., 104
flava (Sw.) Nees, **106**
geophila Spr., 104, **105**
glaucescens G., 104, **105**
humefacta Spr., 104
laeta Lehm. et Lindnbg., 104, **106**
lepida Lindnbg. et G., 104, **106**
leucophaea Spr., 104
liliputiana Spr., syn., 97
limbata Spr., 105, **107**
monimiae Steph., **105**
muscicola Spr., 105
obidensis Spr., 105
obliqua Nees et Mont., syn., 97
orbicularis Spr., 105
ovaliifolia Steph., 105
petropolitana G. et Hpe., 63
piliiloba Spr., **106**
platyneura Spr., syn., 97
ptosimophylla Mass., 105
Puiggariana Steph., **105**
pulvinata Lehm. et Lindnbg., **105**
Regnellii Ångstr., syn., 105, 106
resupinata Steph., 105, **106**
Rosana G. mscr., 106
setiloba Spr., **105**
setistipa Steph., **105**
siccata Spr., 105
subhyalina Lindnbg. et G., 105
subsessilis Spr., 105
symphoreta Spr., 105, **106**
Uleana Steph., 105

LEJEUNEACEAE Kold.-Rosenv., **92**

LEPIDOZIA Dum., **77**
   cupressina (Sw.) Lindnbg., **77**
   fusifera Spr., syn., 78
   inaequalis Lehm. et Lindnbg., **77**
   plumaeformis Spr., **77**
   verrucosa Steph., **77**

LEPTOLEJEUNEA (Spr.) Steph., **107**
   elliptica (Lehm. et Lindnbg.) Steph., **107**
   hamulata (G.) Schffn. ex Steph., **107**
   stenophylla (Lindnbg. et G.) Steph., **107**
   unguiculata Steph., **107**

Leptoscyphus
   Dusenii var. *Sprucei* Schffn. mscr., 63

LEUCOLEJEUNEA Evans, **107**
   Sellowiana Steph., **108**
   xanthocarpa (Lehm. et Lindnbg.) Evans, **107**

LOPHOCOLEA Dum., 35, 27, **64**
   bidentata (L.) Dum., 67
   brasiliensis Schffn., 64, **65**; T. X/113—116, 117, e
     var. **brevidens** Schffn., **66**; T. X/117, a—d
   caldensis (Ångstr.) Steph., 38, **68**
   coadunata (Sw.) Nees, 70
   Evansii Schffn., 64, **67**, 71; T. XI/123, 124
   Glaziovii Steph., 64, **70**
   hirta Steph., 64, **69**
   itatiayae Schffn., 64, **67**; T. X/122
   Liebmaniana G., 64
     var. *brasiliensis* herb. Puiggari, 69
   Lindmannii Steph., 46, **68**; T. XI/127
   Lorentziana Steph., 65, **70**, 71; T. XI/134
     var. **decipiens** Schffn., 65, **70**; T. XII/135
   Martiana Nees, 65, 66, 67, **69**, 72; T. X/119, e; XI/128—130
   montana Steph., 65
   muricata Nees, 65, **69**
   paraguayensis Spr., 65, 67, **69**, 70; T. XI/131, 132
   pertusa Tayl., 65, **66**; T. X/119
     var. **grandis** Schffn., **66**, 69; T. X/120, 121
   platensis Steph., 65
   Puiggarii Steph., 65, **70**; T. XI/133
   serratana Steph., 38, 65, **68**, 70
   spectabilis Steph., 65, **71**; T. XII/136
   subcarnosa Schffn., 65, **68**; Taf. XI/125, 126
   tenera Ångstr., 65, 71
   Uleana Steph., 65, 70; T. X/118
   Weinionis Steph., 65, **68**
   Widgrenii Steph., 65

LOPHOLEJEUNEA (Spr.) Steph., **108**
   apiahyna (G. ex Steph.) Steph., **108**
   caldana (Ångstr.) S. Arn., **108**
   sagraeana (Mont.) Steph., **108**
Lophozia Dum., 39
Madotheca
   caldana G. ex Steph., syn., 84
   Kunertiana Steph., syn., 83
   ligula Steph., syn., 82
   Lindbergiana G. ex Steph., syn., 83
   madida Nees, syn., 83
   meridana Steph., syn., 84
   reflexa Lehm. et Lindnbg., syn., 84
   rugulosa Ångstr., syn., 83
   sordida Ångstr., syn., 83

MARCHANTIA L., **8**
   Bescherellei Steph., 9
   brasiliensis Lehm. et Lindnbg., 9
   chenopoda L., 8, **9**; T. I/4, j
   emarginata Nees, 9
   faxinensis Schffn., **9**; T. I/4
   papillata Rad., 9

MARCHESINIA Gray, **109**
   brachiata (Sw.) Schffn., **109**
   corcovadensis Steph., **109**
   languida (Nees et Mont.) Steph., 109
   Schiffneri S. Arn., **109**; T. XIV/153

MASTIGOLEJEUNEA Steph., **110**
   auriculata (Wils. et Hook.) Steph., **110**
   plicatiflora (Spr.) Steph., **110**

METZGERIA Rad., **21**
  acuminata Steph., 21
  adscendens Steph., 21, 26, **27**
  albinea Spr., 21, 22, **26**, 28, 29; T. II/14
    var. **aberrans** Schffn., 22, **27**; T. II/14, e—h
  angusta Steph., 21, 25, **26**, 27
    var. **pectinata** Schffn., **26**
  aurantiaca Steph., 21, **22**, 23
  brasiliensis Schffn., 21, **22**, 25, 26; T. II/12
    var. **subnuda** Schffn., **23**
  conjugata Lindb., 21
  consanguinea Schffn., 26
  convoluta Steph., 21, 22, 23, **24**
  cratoneura Schffn., 21, **24**, 25; T. II/13
  crenata Steph., 28, 29
  crenatiformis Schffn., 21, **28**, 29; T. II/16, 17
  dichotoma (Sw.) Nees, 21, 23, 25, 29
    fo. *angusta* det. Steph., 25
  effusa Steph., 21, 26
  furcata (L.) Lindb., 27
  grandiretis Schffn., 21, **29**; T. II/18
  hamata Lindb., 21, 26, **27**
    var. *angustior* Schffn., 27
    var. **breviseta** Schffn., **27**; T. II/15
  imberbis Steph., 25
  Jackii Steph., 21, 23, **24**, 25
    var. **subnuda** Schffn., **24**
    var. **valida** Schffn., **24**
  leptomitra Spr., 21, **28**
  leptoneura Spr., 27
  Liebmanniana Lindnbg. et G., 21
  longitexta Steph., 22
  myriopoda Lindb., 21, 25, 28, **30**
  polytricha Spr., 21, 22, 29
  procera Steph., 30
  psilocraspeda Schffn., 21, **25**
    var. **cornuta** Schffn., **25**, 26
  subaneura Schffn., 21, **22**; T. II/11
  Uleana Steph., 21, 25, 29

MICROLEJEUNEA Steph., **110**
  aphanella (Spr.) Steph., **110**
  aphanes (Spr.) Steph., **110**
  bullata (Tayl.) Steph., **111**
  corcovadae (G. ex Steph.) Steph., **111**
  cystifera Herz., **110**
  globosa Spr., **111**
  laetevirens (Mont. et Nees) Evans, **111**
  subaphanes Herz., **111**; T. XIV/154
  subulistipa Steph., **111**

MONOCLEA Hook., **33**
  Gottschei Lindb., **33**

MYLIA Gray, **62**
  Dusenii (Steph.) S. Arn., **62**; T. IX/109, a—b; X/111
    var. **Sprucei** (Schffn. mscr.) S. Arn., **63**; T. IX/109, c—d; X/110
  Taylori (Hook.) Gray, **71**

NARDIA Gray, 38, **39**, 40
  Alicularia, sect., 40
  Apotomanthus Spr., subg., 40
  callithrix (Lindnbg. et G.) Spr. **40**, 41; T. IV/36—37
  compressa (Hook.) Gray, 40
  crenulata (Sm.) Lindb., 35, 39, 40
  geoscypha (De Not.) Lindb., 40
  hyalina (Lyell) Carr., 39, 40
  Lindmanii Steph., syn., 35, 36
  scalaris (Schrad.) Gray, 40
  succulenta (Lehm. et Lindnbg.) Spr., **40**
  tortistipula Spr., 40

NEUROLEJEUNEA (Spr.) Schffn., **111**
  Breutelii (G.) Steph., **111**

NOTEROCLADA Tayl., 34, 36, 40
  confluens Tayl., 32, 34

NOTOSCYPHUS Mitt., **35**, 37, 39
  argillaceus (Nees) Steph., **39**, T. IV/35, b—g
  caldensis (Ångstr.) Schffn., **38**; T. IV/33, 34
  carneus (Nees) Steph., **38**, 39; T. IV/35, a
  fluviorum Schffn., **37**; T. IV/32
  Lindmanii (Steph.) Schffn., 35, 36, **37**, 40; T. III/25
  lutescens (Lehm. et Lindnbg.) Mitt., 40
  macroscyphus Schffn., **37**, 38; T. III/29; IV/30, 31
  paulensis Schffn., **36**, 38; T. III/26, 27, 28

ODONTOLEJEUNEA (Spr.) Steph., **111**
  levistipula Steph., **111**
  lunulata (Web.) Steph., **112**
  Sieberiana (G.) Steph.
    var. **spinosa** S. Arn., **112**; T. XIV/155

ODONTOSCHISMA Dum., 42, **74**
  atropurpureum Steph., **74**
  caracanum Steph., **74**
  Glaziovii Steph., **74**

OMPHALANTHUS Lindnbg. et Nees, **112**
  filiformis (Sw.) Nees, **112**
  grandistipulus Steph., **113**

OTIGONIOLEJEUNEA (Spr.) Schffn., **113**
  apiahyna Steph., **113**
  xiphotis (Spr.) Schffn., **113**

PALLAVICINIA Gray, **30**, 73
  difformis (Nees) Steph., 30
  indica Schffn., 30
  Lyellii (Hook.) Gray, **30**
  Wallisii Steph., 30
Pellia
  ulvea (Poin.) Prtl., 118
Phragmicoma
  Bongardiana Lindnbg., 109
Physocolea
  clavatopapillata Steph., syn., 96
  longispina Steph., syn., 97
  Mosenii Steph., syn., 97

PLAGIOCHILA Dum., **46**
　AMPLIATAE, 59
　apiahyna G. mscr., 57; T. VIII/98, b
　arenacea Schffn., **53**; T. VII/81
　asplenioides (L.) Dum., 35
　aurea Steph., **50**, **52**; T. V/53, d—e; VII/73, a—e
　　var. **longiretis** Schffn., **50**, **52**; T. VII/73, f
　Beskeana Steph., **57**, **59**; T. IX/100
　Bunburyi Tayl., **59**
　buturoba Schffn. in sched., 59
　capilliformis Steph., syn., 62
　confertifolia Tayl., 46, **51**; T. VII/74
　confertissima Steph., **59**
　corrugata (Nees) Nees et Mont., **61**
　crispabilis Lindnbg., 46, **51**, 53; T. VII/75; IX/101, b
　cristata (Sw.) Dum., **60**
　dichotoma (Nees) Dum., **56**; T. VIII/97, a—b
　　fo. **subdenticulata** Schffn., **56**, 57
　disticha (Lehm. et Lindnbg.) Mont., **60**, 61
　distinctifolia Spr., non Lindnbg., 58
　erronea Steph., 47, **48**; T. VI/60—62
　falcata Steph., 45, **55**; T. VIII/90
　faxinensis Schffn., **60**; T. IX/107
　flabelliflora Steph., **57**; T. VIII/98
　Funckiana Steph., 61
　grandistipula G. in sched., 73
　Guilleminiana Mont., **61**
　gymnocalycina (Lehm. et Lindnbg.) Lindnbg., 46, 47, **48**, **50**; T. V/53, a—b, 54, a; VI/59, c—f; VI/64—66
　　fo. *grandifolia* Spr., 47
　　fo. *paucispinosa* Steph., 47
　　fo. *peruviana* Spr., 47
　horrida G., **62**
　hypnoides (Willd.) Lindnbg., 49, **60**
　intermedia Lindnbg. et G., **52**, 53
　itatiajensis Steph., **49**; T. VI/69
　Kerneriana S. Arn., **60**; T. IX/108
　Kroneana Steph., 46, **55**, **56**; T. VIII/91—93
　Kunertiana Steph., 51, 55, **56**; T. VIII/96
　　var. **brevifolia** Schffn., **56**
　Lambertiana G., 47; T. VI/55
　latitrigona Schffn., **48**; T. VI/63
　lingua Steph., syn., 56, 57; T. VIII/97, c
　lutescens Steph., 51, **52**
　Martiana Nees et Lindnbg., 53, 57, **59**; T. IX/104
　　forma subintegra, 59; T. IX/105
　megalodon G. mscr., 55
　multiramosa Steph., 54, 56, **58**; T. IX/102
　　fo. *laxa-angustifolia* herb. Puiggari, 56
　nudiuscula G. mscr., Figurenerklärung zu T.VIII/104
　parallela Steph., 46, 51, **56**; T. VII/76
　patentissima Lindnbg., 46, 51, 52, **53**; T. VII/77, 78
　patula (Sw.) Dum., **58**; T. VIII/94, a—d
　PATULAE I, 46; II, 50; III, 50; IV, 53; V, 54; VI, 57
　patuloides Schffn., 58, **59**; T. VIII/94, e—f; IX/103
　Pohliana Steph., **53**, 54; T. VII/82
　portoricensis Hpe. et G., 46, 47
　pulchella Steph., **49**, 50, 53; T. VI/70; VII/71—72
　Raddiana Lindnbg., **60**
　Regnelliana Steph., **54**; T. VIII/86—87
　remotifolia Hpe. et G., 46, 47, 48, **49**, 58; T. V/54, b—d; VI/67
　rutilans Lindnbg., 46, 47, 49, 50, 54, 58; T. V/53—58
　　var. *laxa* Lindnbg., T. VI/55
　　fo. *paucispinosa* Hb. Thériot, 49
　scissifolia Steph., **54**; T. VIII/89
　serrata (Roth) Lindnbg., **60**
　simplex (Sw.) Dum., 48, 49, **54**; T. VI/59, a—g
　　var. *major* Lindnbg., 48
　simulans Steph., syn., 54; T. VIII/88
　socia Lindnbg. et G., 46, 51, **52**; T. VII/79
　Suringarii Steph., 61
　tamariscina Steph., 54; T. VII/80
　tenuis Lindnbg., 49; T. VI/59, h
　trabeculata Steph., 52
　translucens Schffn., **49**, 50; T. VI/68
　Trichomanes Spr., **58**; T. IX/101, a
　trigonifolia Steph., **59**; T. IX/106
　Uleana Steph., **57**; T. IX/99
　ulophylla Nees et Mont., 62
　vastifolia Steph., 46, 55, **56**; T. VIII/95
　　fo. **umbrosa** Steph., **56**
　vastifolia Steph. ampl. S. Arn., 55
　Wettsteiniana S. Arn., **53**; T. VII/83—84
　Wiemanniana S. Arn., 53, **54**; T. VII/85

PORELLA Kold.-Rosenv., **82**
　brasiliensis (Rad.) S. Arn., **82**, 83; T. XII/141, a, c, e; 142/c—d
　madida (Nees) S. Arn., **83**; T. XII/141, b, d, f; 142, a—b
　meridana (Steph.) S. Arn., **84**
　reflexa (Lehm. et Lindnbg.) S. Arn., **84**
　rugulosa (Ångstr.) S. Arn., **83**; T. XII/144
　sordida (Ångstr.) S. Arn., **83**; T. XII/143

PRIONOLEJEUNEA (Spr.) Steph., **113**
　eroso-dentata Steph., **113**
　prionodes Steph., **113**
　scaberula (Spr.) Steph., **113**
　validiuscula (Spr. ex Steph.) Steph., **113**
Pseudoneura
　bogotensis G., 10
　Regnellii Ångstr., 10

PTYCHOCOLEUS Trev., **113**
　juliformis (Nees) Steph., **113**
　polycarpus (Nees) Evans, **113**
　torulosus (Lehm. et Lindnbg.) Evans, **113**

PYCNOLEJEUNEA (Spr.) Steph., **114**
　caldana Steph., **114**
　densistipula (Lehm.) Steph., **114**
　densiuscula (Spr. ex Steph.) Steph., **114**, 115
　flagellifera S. Arn., **114**; T. XIV/156
　Galatheae Steph., 115
　Uleana Steph., **114**

RADULA Dum., **80**
  andicola Steph., 80, **81**
  decora G., 80, **82**
  Didrichsenii Steph., **80**
  flaccida Lindnbg. et G., 80
  glauca Steph., 80
  Gottscheana Tayl., 80
  Kegelii G., 80
  Korthalsii Steph., 80, **81**
  ligula Steph., 80
  mammosa Spr., 80
  mexicana Lindnbg. et G., **81**
  montana Steph., 80, 81
  nudicaulis Steph., 80, 81
  obtusifolia Steph., 80, **81**
  pallens (Sw.) Nees, 80
    var. *brasiliensis* Nees, syn., 80
  pseudostachya Spr., 80
  quadrata G., 80, **82**
  ramulina Tayl., 80, **81**
  recubans Tayl., 80, **81**
  sinuata G., 80, **81**
  stenocalyx Mont., 80, **82**
  subinflata Lindnbg. et G., 80, **81**
  subtropica Steph., 80, **81**
  surinamensis Steph., 80, **81**
  tenella G., 80
  tenera Mitt., 80, **81**
  Uleana Steph., 80

RECTOLEJEUNEA Evans, **115**
  apiahyna Steph., 115
  Bornmuelleri Steph., 115
  mandiocana Steph., 115
  parviloba (Ångstr.) Steph., 115

RICCARDIA Gray, **10**
  alata (Steph.) Schffn., 10, 11, 13, **15**
  amazonica (Spr.) Schffn., 10, 11, **17**
  andina (Spr.), 11, 12, 13
  bogotensis (G.), 10, 11
  cataractarum (Spr.) Schffn., 10, 11, **18**
  devexa Schffn., 10, 11, **12**, 13, 72; T. I/5
  digitiloba (Spr.) Schffn., 10, 13, **17**, 18, 19, 20, 35; T. II/9, g
    fo. **lignicola** Schffn., 17
    fo. **propagulifera** Schffn., 13, **17**
  emarginata (Steph.) Schffn., 10, 12, 13, 14, 17
  fucoides (Sw.) Schffn., 10, 11, **12**, 16, 17
    fo. **subaquatica** Schffn., 12
  gemmipara Schffn., 10, 11, **18**, 19, 20; T. II/9
  Glaziovii (Spr.), 10, 11, 16
  grossidens (Steph.), 16
  hirtiflora (Steph.) Schffn., 10, 11, 14, **19**
  humilis (G.), 17
  insignis Schffn., 10, 11, **15**, 16; T. I/7
  intermedia (Steph.) Schffn., 10, **13**, 14
  laticostata (Spr.), 12
  latissima (Spr.) Schffn., 10, 11, 14, **20**, 21
  lobata Schffn., 21
  Loefgrenii Schffn., 10, **14**; T. I/6
  maxima Schffn., 21
  metzgeriaeformis (Steph.), 10, 11

  multifida (L.) Gray, 18
  paulensis Schffn., 10, 11, **16**; T. II/8
  pinguis (L.) Gray, 20, 21
    var. *minor*, 21
  pseudopinguis Herz., 10, 11
  Puiggari (Steph.), 10, 11
  Regnellii (Ångstr.), 10, 11, 19
  Schwaneckei (Steph.) Schffn., 10, 11, 17, **20**
  sinuata Trevis., 19
  squamifera Schffn., 10, 11, 17, 18, **19**, 20; T. II/10
    fo. **terricola** Schffn., **20**
  stipatiflora (Steph.), 20
  tenuicula (Spr.) Schffn., 10, 11, **13**
  tenuifrons (Steph.), 10, 11
  trichomanoides (Spr.), 16
  Uleana (Steph.), 10, 11
  viridissima Schffn., 21

RICCIA Michx., **5**; **6**, subg.
  brasiliensis Schffn., **6**, 7; T. I/2
  canaliculata Hoffm., 5
  echinatispora Schffn., **5**; T. I/1, 2, h
  fluitans L.
    forma **terrestris**, 5
  lanigera Spr., 6
  Lindmanii Steph., 7
  membranacea G. et Lindnbg., 6
  Michelii Rad., 7
  nigrella DC., 7
  RICCIELLA (A. Braun) Steph., subg., 5
  Weinionis Steph., **7**; T. I/3
  Ricciella
    fluitans (L.) A. Braun
      var. *canaliculata* (Hoffm.) Lindnbg., syn., 5

RICCIOCARPUS Corda, **5**
  natans (L.) Corda, **5**

SACCOGYNA Dum., **72**
  ligulata Steph., 72, **73**; T. XII/139, d—g
  scaberula (Spr.) Steph., 72, **73**; T. XII/139, a—c
  viticulosa (Mich.) Dum., 73

SCAPANIA Dum., **80**
  portoricensis Hpe. et G., **80**
Schisma
  angustevittatum Steph., syn., 79
  brasiliense Steph., syn., 79
  simplex Steph., syn., 79
  trabeculatum Steph., syn., 119
Schulthesia
  brasiliensis Rad., syn., 82

SOLENOSTOMA Mitt., 39, **41**
  apertum (Schffn.) S. Arn., **41**; T. IV/38—39
  callithrix Lindnbg. et G., 39

STICTOLEJEUNEA (Spr.) Steph., **115**
  Kunzeana (G.) Steph., 115
  squamata (Willd.) Steph., 115

STREPSILEJEUNEA (Spr.) Steph., **116**
   acutangula (Nees) Steph., **116**
   gabrielensis (Spr.) Steph., **116**
   Hieronymi (Spr.) Steph., **116**
   Lindenbergii Steph., **116**
   Theriotii Steph., **116**

SYMBYEZIDIUM Trevis., **116**
   barbiflorum (Lindnbg. et G.) Steph., **116**
   subrotundum (Hook.) Steph., **116**

SYMPHYOGYNA Nees et Mont., **31**
   brasiliensis Nees, 31, **32**, 33
      var. **subsinuata** Schffn., **32**
   Brongniartii Mont., 31, 33
   canaliculata Steph., 31, **32**, **35**, **41**; T. III/20, d
   leptothelia Tayl., 31, 33
   rubescens Steph., 31, **32**
   sinuata Mont. et Nees, 31, 32, **33**
   stipitata Steph., 31, **33**
   submarginata Schffn., **31**, **32**; T. III/19, 20

SYZYGIELLA Spr., **43**, **45**
   anomala (Lindnbg. et G.) Steph., **43**, **45**, **46**; T. V/47, 48
   biloba Schffn., **43**, **45**; T. V/49—51
      var. **grandistipula** Schffn., **46**; T. V/52
   contigua (G.) Steph., **43**, **44**, **45**, **62**; T. V/45
   linguifolia Schffn., **43**, **44**; T. V/46
   parvula Schffn., **43**, **44**, **45**; T. V/44
   rubricaulis (Nees) Steph., **43**, **44**
   variegata (Lindnbg.) Spr., 45
   virescens Steph., 43

TAXILEJEUNEA Steph., **116**
   asthenica (Spr.) Steph., **116**
   brasiliensis Steph., **116**
   caracensis (Lindnbg.) Steph., **116**
   Chamissonis (Lindnbg.) Steph., **117**
   crebriflora (Spr.) Steph., syn., 117
   Iheringii Steph., **116**
   implexa (Spr.) Steph., syn., 117
   isocalycina (Nees) Steph., **117**
   lusoria (Lindnbg. et G.) Steph., **117**
   multiflora Steph., **117**
   obtusangula (Spr.) Steph., **117**
   pterogonia (Lehm. et Lindnbg.) Steph., **117**
   Puiggarii Steph., **117**
   Uleana Steph., **117**

TELARANEA Spr., **78**
   fusifera (Spr.) Schffn., **78**
   nematodes (Aust.) Howe, syn., 78
   sejuncta (Ångstr.) S. Arn., 74, **78**

THYSANANTHUS Lindnbg., **118**
   amazonicus (Spr.) Steph., 119
   brasiliensis S. Arn., **118**; T. XIV/157
   Schiffnerii S. Arn., **119**; T. XIV/158

TRACHYLEJEUNEA Steph., **117**
   Didrichsenii Steph., **117**
   inflexa (Hpe.) Steph., **117**
   polystachya Steph., **118**
   Raddiana (Lindnbg.) Steph., **118**
   subplana Steph., **118**

TRICHOCOLEA Dum., **79**
   brevifissa Steph., **79**
   elegans Lehm., **79**
   subquadrata Steph., **80**
   tomentosa (Ehrh.) Dum., 79
   Uleana Steph., **80**

TYLIMANTHUS Mitt., **62**
   approximatus (Lindnbg.) Steph., 62
   Fendleri (G.) Steph., **62**

ZOOPSIS Hook. f. et Tayl., **73**
   integrifolia (Spr.) Steph., **73**

If you have any concerns about our products,
you can contact us on
ProductSafety@springernature.com

In case Publisher is established outside the EU,
the EU authorized representative is:
**Springer Nature Customer Service Center GmbH
Europaplatz 3, 69115 Heidelberg, Germany**

Printed by Libri Plureos GmbH
in Hamburg, Germany